压水堆核电厂操纵人员基础理论培训系列教材

核反应堆热工水力学

Nuclear Reactor Thermal Hydraulics

郝老迷 编著

中国原子能出版社

图书在版编目(CIP)数据

核反应堆热工水力学 / 郝老迷编著. —北京:原子能出版社,2010.12(2024.8 重印)

(压水堆核电厂操纵人员基础理论培训系列教材)

ISBN 978-7-5022-4765-2

Ⅰ. ①核… Ⅱ. 郝… Ⅲ. 反应堆—热工水力学—技术培训—教材 Ⅳ. TL33

中国版本图书馆 CIP 数据核字(2009)第 243485 号

内容简介

本书主要讲解核反应堆热工水力学的基本概念、基础理论和某些问题的分析及计算。全书共分六章,内容包括核燃料、包壳材料、冷却剂及其热物性,反应堆内的释热,反应堆传热,燃料元件和堆内部件的传热及其温度分布,稳态工竞下反应堆流体力学分析,堆芯稳态工水力设计等。

本书是压水堆核电厂操纵人员基础理论培训系列教材之一,也可供从事核电工程的相关技术人员及高等院校核工程专业的师生参考。

核反应堆热工水力学

策　　划	刘　朔　张　琳
出版发行	中国原子能出版社(北京市海淀区阜成路 43 号　100048)
责任编辑	刘　岩
技术编辑	冯莲凤
责任印制	赵　明
印　　刷	北京天恒嘉业印刷有限公司
经　　销	全国新华书店
开　　本	787 mm×1092 mm　1/16
印　　张	14.25　　**字　数**　351 千字
版　　次	2010 年 12 月第 1 版　2024 年 8 月第 9 次印刷
书　　号	ISBN 978-7-5022-4765-2
定　　价	**70.00 元**

网址:http://www.aep.com.cn　　**E-mail:atomep123@126.com**

发行电话:010-68452845

《压水堆核电厂操纵人员基础理论培训系列教材》

编　委　会

《压水堆核电厂操纵人员基础理论培训系列教材》

校审专家

（按姓氏拼音顺序排列）

一审专家：

高秀清　高永春　李文琰　李永章　刘耕国

罗璋琳　彭木彰　浦胜娣　吴炳祥　夏益华

张培升　赵兆颐

二审专家：

陈　跃　付卫彬　黄志军　蒋祖跃　李守平

马明泽　毛正宥　潘泽飞　唐锡文　王瑞正

魏　挺　薛峻峰　杨　炜　朱晓斌

统审专家：

曹述栋　丁卫东　丁云峰　宫广臣　苟　峰

顾颖宾　郭利民　何小剑　黄世强　廖伟明

刘志勇　马明泽　毛正宥　缪亚民　戚屯锋

苏圣兵　孙光弟　王晓航　魏国良　吴　放

吴　岗　杨昭刚　俞卓平　张福宝　张志雄

周卫红

前　言

核电厂操纵人员的素质关系到核电厂的安全运营，而培训工作是保证人员素质的基本环节之一。为适应当前我国大力发展核电的形势，保证核电厂操纵人员的培训质量，使基础理论培训满足国家核安全法规与行业规定的要求，便于对培训过程实施统一规范的管理，国家主管部门决定编写一套适用于核电厂操纵人员的基础理论培训教材——《压水堆核电厂操纵人员基础理论培训系列教材》。鉴于核工业研究生部在近20年的核电基础理论培训中，积累了丰富的教学及管理经验，具有稳定的师资队伍和较完整的教材体系，故由核工业研究生部具体承担教材编写的组织工作。

为了编好操纵人员培训教材，核工业研究生部牵头组织长期从事核电培训的专家、教授进行认真分析和讨论，根据我国现有堆型的特点，从压水堆核电厂入手，由核电厂、核动力运行研究所、操纵人员资格审查委员会等单位的专家共同参与编写。这套教材共十二册，包括《核反应堆物理》、《核反应堆热工水力学》、《核电厂辐射防护》、《核电厂材料》、《核电厂通用机械设备》、《核电厂水化学》、《核电厂电气原理与设备》、《核电厂核蒸汽供应系统》、《核电厂蒸汽动力转换系统》、《核电厂仪表与控制》、《核电厂核安全》、《核电厂运行概论》。这套教材内容以核电厂相关专业的基本概念、基本原理及基础知识为主，可为操纵人员下一步培训打下良好的理论基础。

本套教材是经过充分准备、精心组织而完成的。首先，根据核电厂操纵人员的培训目标，按照《核电厂操纵人员的执照考核标准》(EJ/T 1043—2004)的相关内容和要求进行课程设置、制定教材编写原则、明确每种教材应涵盖的内容；在总结以往教学经验的基础上，充分征求各核电厂专家的意见，形成了内容完整、要求明确的教材编写大纲。其次，聘请既有较高的专业水平又有较强的实际工作能力和丰富的教学经验的专家担任本套教材的编者，并为编者提供教材编写技巧、《著作权法》等相关知识的讲座和模拟机现场观摩学习；编者根据教材编写原则和大纲编写具体内容，力求做到既符合学员的认知规律又贴近核电厂的实际。再次，请理论功底扎实、教学经验丰富的教授、专家根据教学原则对教材内容的准确性、系统性等进行审查，并广泛征求任课教师的意见；同时请实践经验丰富的核电厂专家结合实际进行审查。编者根据上述意见对教材进行认真修改后，再征求各方意见，最终由操纵人员资格审查委员会审定。

本套教材中《核电厂电气原理与设备》由江苏核电有限公司具有丰富实际工作经验的专家编写。其余的各分册由核工业研究生部多年从事核电培训教学工作、教学及实践经验丰富的教授、专家编写。

在本套教材的编审过程中，核工业研究生部的任课教师们认真参与教材的编审和研讨；江苏核电有限公司专门成立“电气教材编写专项组”，精心组织编审；各核电厂积极推荐审稿专家，提供编写教材所需资料；核电秦山联营有限公司组织一线人员与编者进行对口交流，创造条件为编者提供模拟机现场演示与讲解；各核电厂、核动力运行研究所、操纵人员资格审查委员会等单位的专家们认真审稿，提出许多宝贵意见；原子能出版社自始至终给予通力合作，提前介入指导，缩短了出版周期。

本套教材的编制出版，凝聚着编、审、校、印及组织管理人员的大量心血，同时得到各相关单位的大力支持和热情帮助，在此深表谢意！

编委会

2010 年 11 月

编者的话

《核反应堆热工水力学》是根据核电基础理论培训教材编写大纲要求，在广泛听取核电专家意见的基础上编写的，是《压水堆核电厂操纵人员基础理论培训系列教材》之一，也可供核电厂相关人员参考。

本书根据《核动力厂运行安全规定》(HAF103)和《核电厂人员的配备、招聘、培训和授权》(HAD103/05)的要求，内容以基础理论知识、基本概念和基本原理为主，涵盖了《核电厂操纵人员的执照考核》标准(EJ/T 1043—2004)附录A.2.5～2.9和B.1.2的相关内容。

本书以核工业研究生部核电厂操纵人员培训讲义《反应堆热工流体力学》为基础，结合任课老师的教学实践作了修改和补充。在编写上，尽量从原理上着重讲清楚基本概念，并注意联系实际，将这些基本概念与核电厂的运行实际相结合。在内容选择和安排上，为便于读者理解，力求做到由浅入深，尽量避免艰深的理论和繁杂的公式推导，做到既重点突出，又具有一定的全面性、系统性。

全书共分6章。第1章介绍了核燃料、包壳材料、冷却剂及其热物性，燃耗对燃料和其热物性的影响；第2章介绍反应堆内的释热，包括反应堆内的热源及其分布，核热通道因子，燃料棒和堆芯释热的计算，停堆后的释热及其冷却；第3章介绍反应堆传热，包括反应堆内热量的传输过程，单相流体的对流换热和沸腾换热；第4章介绍燃料元件和堆内部件的传热及其温度分布；第5章介绍稳态工况下反应堆流体力学分析，包括流体的特征和主要物理性质，流体静力学，单相流动和两相流动及其压降计算，临界流动，气(汽)-液逆向流动，水锤现象，流动不稳定性，堆芯冷却剂流量分配，自然循环等；第6章介绍堆芯稳态热工水力设计，主要包括堆芯热工设计的步骤、热工设计准则，堆芯热工设计参量的分析，热通道和热点，热通道因子和热点因子，单通道模型的反应堆稳态热工设计，子通道分析模型，核反应堆热工参量的选择等。

在编写的过程中，邵向业和浦胜娣教授对初稿提出了建议和意见，张培升、唐锡文、毛正宥等专家审校了全文，编者表示诚挚的谢意。

书中如有不妥之处，恳请批评指正。

编者

2010年11月

目　录

第1章 核燃料、包壳材料、冷却剂及其热物性

在核反应堆热工水力学设计和分析中，需要计算堆芯内冷却剂的压力、流速和比焓（或温度）等参量的分布以及燃料和包壳的温度场，而这些计算与冷却剂、燃料和包壳的热物性密切相关。本章简要介绍这些材料，并给出它们的一些热物性的数据和计算方法。

1.1 核燃料

铀-235（$^{235}_{92}U$）、铀-233（$^{233}_{92}U$）和钚-239（$^{239}_{94}Pu$）这三种核素可以在各种不同能量的中子作用下产生裂变反应，通常把它们称为易裂变核素。自然界中存在的易裂变核素只有铀-235一种。含有易裂变核素，能够在反应堆里实现自持裂变链式反应、释放核能的材料称为核燃料。广义的核燃料还包括可转换核素：钍-232（$^{232}_{90}Ph$）和铀-238（$^{238}_{92}U$）。这两种核素在能量低于其裂变阈能的中子作用下不能产生裂变反应，但在俘获中子后能转变为易裂变核素铀-233和钚-239，故被称为可转换核素。目前在核反应堆中使用的易裂变核素主要是铀-235。可转换核素本身虽不易裂变，但在俘获中子后能转变为易裂变核素，从而补充易裂变核素的消耗。在反应堆内它们或者与裂变燃料混合使用，或者在包裹层中单独使用。

根据在反应堆中使用的形式不同，可以把核燃料分为固体燃料和液体燃料两类。由于液体燃料还有许多技术问题需要解决，因此它还没有达到工业应用的程度。固体燃料按其物理化学形态的不同又可分为金属型（包括合金）、陶瓷型和弥散体型。当前实际应用的主要是固体燃料。

1.2 对核燃料、包壳材料及冷却剂的一般要求

1.2.1 核燃料

对于固体核燃料来说，除了要求它能够产生核裂变外，还有如下要求：

（1）具有良好的辐照稳定性，保证燃料元件在深燃耗后，其尺寸和形状的变化能够保持在所允许的范围之内；

（2）具有良好的热物性，即要求熔点高、热导率大和膨胀系数小等，这样使反应堆能够达到高的功率密度；

（3）在高温下与包壳材料的相容性好；

（4）与冷却剂接触不产生强烈的化学腐蚀；

（5）工艺性能好，制造成本低，便于后处理。

早期建造的动力反应堆曾使用金属铀及其合金作燃料，但因为它们的使用温度低，在中子辐照下会发生“长大”和“肿胀”现象（即燃料变形），以及辐照稳定性差等缺点，所以已经被性能

良好的UO_2陶瓷燃料和弥散体燃料所代替。目前动力反应堆使用的燃料主要有以下两类：

(1) UO_2陶瓷燃料

UO_2陶瓷燃料被制成烧结的圆柱形燃料小块(称为燃料芯块)。它的主要优点是熔点高、深燃耗、高温和辐照稳定性都比较好。在压水堆正常运行条件下对水的抗腐蚀性能好。这是轻水堆和重水堆采用它为燃料的最主要的原因。它的缺点是导热性能比较差。

(2) 含UO_2弥散体的燃料

UO_2弥散体燃料是用机械的方法把UO_2均匀弥散在非裂变材料基体中制成的燃料。基体材料可以是金属,如铝、锆合金、不锈钢,也可以是非金属,如石墨。金属基体具有热导率高、耐辐照、耐腐蚀和高温稳定性好等优点。UO_2带有涂层,用以防止裂变产物扩散到基体。性能较好的基体是锆合金和不锈钢。美国已用锆合金-UO_2弥散体燃料取代了 Shippingport 第一个堆芯所用的铀-锆合金燃料。

1.2.2 包壳材料

虽然要求燃料对冷却剂具有良好的抗腐蚀性,但是它们在高温下长期相互接触,腐蚀的量还是显著的。腐蚀产物落在水中会使冷却剂的放射性剂量远远超过所允许的限值。另外,UO_2燃料芯块在运行过程中会发生碎裂,并且会释放出裂变气体。为了解决这些问题,最普遍的方法是用一层机械强度高而又耐腐蚀的金属把燃料覆盖并封闭起来,这种覆盖层就是通常所说的包壳。

选择包壳材料必须综合考虑下列因素：

(1) 具有良好的核性能,也就是中子吸收截面要小,感生放射性要低；

(2) 具有良好的导热性能；

(3) 与燃料的相容性要好,也就是说在燃料元件的工作条件下,包壳和燃料的交界面处不会发生使燃料元件性能变坏的物理作用和化学反应；

(4) 具有良好的机械性能,即有足够的机械强度和韧性,使得在燃耗较深的条件下,仍然保持燃料元件的完整性和可冷却的几何形状；

(5) 具有良好的抗腐蚀能力；

(6) 具有良好的辐照稳定性；

(7) 容易加工成形,制造成本低,便于后处理。

综合上述要求,适合作燃料包壳的主要材料是:铝、镁、锆、不锈钢以及镍基合金等。过去曾经使用铝、铝合金、镁合金和不锈钢作为动力堆的燃料包壳。由于锆合金具有热中子吸收截面小,在压水堆工作条件下有较好的机械性能和抗腐蚀性能等优点,因此它在水堆中被广泛地用作燃料元件的包壳。其中应用最普遍的锆合金是锆-2 和锆-4 合金。

从热工的角度上考虑,要求包壳能耐较高的温度,导热性能要好。因为包壳允许使用的最高温度,是限制提高堆芯出口冷却剂温度的重要因素之一。由于铝合金和镁合金在高温水中抗腐蚀性能较差,故压水堆都不采用它们作为包壳材料,只能用锆合金或不锈钢作为包壳。

西方国家的核电站压水堆多采用锆-4 合金作为燃料包壳,沸水堆和部分压水堆也使用锆-2 合金作为燃料包壳,俄罗斯的轻水堆则用锆-铌合金作为包壳材料。快中子增殖反应堆常采用不锈钢作包壳。

锆合金长期和高温水接触,到了一定天数之后,腐蚀的速率会突然增加,称为腐蚀的转折点。例如，水温为 310 ℃，锆-2 合金的腐蚀转折点为 500 天；水温为 360 ℃，锆-2 合金的腐蚀转折点下降到 100 天；在 400 ℃的水蒸气中，其转折点只有 30 天。故目前在压水堆稳态热工设计中，包壳外表面的最高限制温度一般不超过 350 ℃。

在先近的高性能燃料组件中，新的包壳材料有法国研发的 M5 合金和美国西屋公司研发的 ZIRLO 合金等，它们的耐腐蚀性能比 Zr-4 合金更好，更有利于制造高燃耗燃料组件。

1.2.3　冷却剂

用来对反应堆进行冷却，并把堆芯裂变释放的热量传输到反应堆外面的液体或气体介质，称之为冷却剂。

对冷却剂的一般要求如下：

(1) 中子吸收截面小，感生放射性弱；

(2) 具有良好的热物性，例如，沸点高、热导率大、热容量大等，以便从较小的传热面携带走更多的热量；

(3) 黏度低，密度高，使循环泵消耗的功率小；

(4) 与燃料和结构材料的相容性好；

(5) 良好的辐照稳定性和热稳定性；

(6) 慢化能力与反应堆类型相匹配；

(7) 成本低，使用方便。

可以利用的液体冷却剂有轻水、重水、液态金属等；可以利用的气体冷却剂有二氧化碳、氦气和水蒸气等。目前，商用动力堆广泛使用轻水、重水、二氧化碳和氦气以及液态金属（钠、钾及它们的合金）。

轻水具有良好的热物性，如导热性能好，比热容和汽化潜热都比较大，价格便宜，使用方便，所需的唧送泵功率较小，是性能比较好的冷却剂。缺点是中子吸收截面较大，沸点低，在高温下运行保持液相需要较高的压力，在高温下腐蚀作用强等，与之接触的设备和部件必须使用耐腐蚀的高强度材料制造。重水具有与轻水相接近的性质，但它有比轻水中子吸收截面较小的优点，其缺点是价格昂贵。

1.3　核燃料、包壳材料和冷却剂的热物性

计算反应堆冷却剂的压力、流速和比焓（或温度）分布以及燃料和包壳的温度场所涉及的一些热物性，最重要的是密度、热导率、比定压热容、黏度、比焓以及燃料和包壳的熔点和膨胀系数等。

1.3.1　二氧化铀燃料的热物性

1. 密度

二氧化铀的理论密度是 10.98×10^3 kg/m^3。但实际制造出来的二氧化铀，由于存在孔隙，其密度小于这个数值。加工方法不同，所得二氧化铀制品的密度也不同。例如，振动密实的二氧化铀粉末，其密度可达理论密度的 82%～91%；烧结的二氧化铀燃料的密度要高

一些，可达理论密度的88%～98%。

2. 熔点

未经辐照的二氧化铀熔点的比较精确的测定值是(2 805±15)℃。辐照以后，随着固相裂变产物的积累，二氧化铀熔点会有所下降，燃耗越深，下降得越多(详见1.4.1节)。

氧化铀中氧和铀的原子比(O/U)的改变，会影响其熔点的变化。氧铀原子比为2的二氧化铀的熔点最高。随氧铀原子比值的减小或增加，二氧化铀的熔点会下降，如表1-1所示。

表1-1 UO_2熔点(℃)随氧铀原子比值的变化

O/U	1.686	1.803	1.90	2.00	2.02	2.05	2.15
Christensen测定			2 560	2 800	2 745	2 520	2 400
Lambert，Bare测定	2 535	2 681	2 740	2 790	2 560	2 360	2 360

二氧化铀中含有杂质，其熔点也会改变。一般对用作燃料的二氧化铀中所含杂质都有严格的要求，在规定要求范围内的杂质对熔点的影响是较小的。裂变过程中生成的裂变产物也是一种杂质，会明显使熔点下降，把这种影响都归并到燃耗对熔点的影响中去。在1.4.1节对此再加以介绍。

3. 热导率

二氧化铀的热导率在燃料元件的传热计算中具有特别重要的意义。因为导热性能的好坏将直接影响二氧化铀芯块内整体温度的分布，而温度则是决定二氧化铀的物理性能、机械性能的主要参量，也是支配二氧化铀中裂变气体释放、晶粒长大等动力学过程的主要参量。曾经对二氧化铀的热导率做了大量的实验研究，其结果表明，除了温度以外，燃料的密度、燃耗和氧铀原子比等对热导率也都有明显的影响。

图1-1示出了一些研究者所提供的未经辐照的二氧化铀的热导率。从各条曲线的变化趋势来看，可以粗略地认为，温度低于1 600 ℃，二氧化铀的热导率随温度的升高而减小；超过1 600 ℃，二氧化铀的热导率则随温度的升高而又有某种程度的增大。

密度为95%理论值的冷压烧结二氧化铀的热导率k_{95}通常用下面公式计算：

$$k_{95}=\frac{3\ 824}{402.55+t}+4.788\times10^{-11}(t+273.15)^3\quad \mathrm{W/(m\cdot ℃)} \tag{1-1}$$

式中，t为二氧化铀的温度，℃。式(1-1)的适用范围是：温度从0到2 450 ℃，燃耗从0到10^4兆瓦·日/吨铀。

表1-2给出使用公式(1-1)计算得到的k_{95}的值与文献[1]附录Ⅰ表Ⅰ-2给出的k值的比较。

表1-2 UO_2热导率k_{95}计算值与文献[1]附录Ⅰ表Ⅰ-2中k值的比较

温度 t/℃	499	1 093	1 699	2 204
公式(1-1)计算值 k_{95}/[W/(m·℃)]	4.26	2.68	2.19	2.20
文献[1]附录Ⅰ表Ⅰ-2值 k/[W/(m·℃)]	4.33	2.60	2.16	4.33

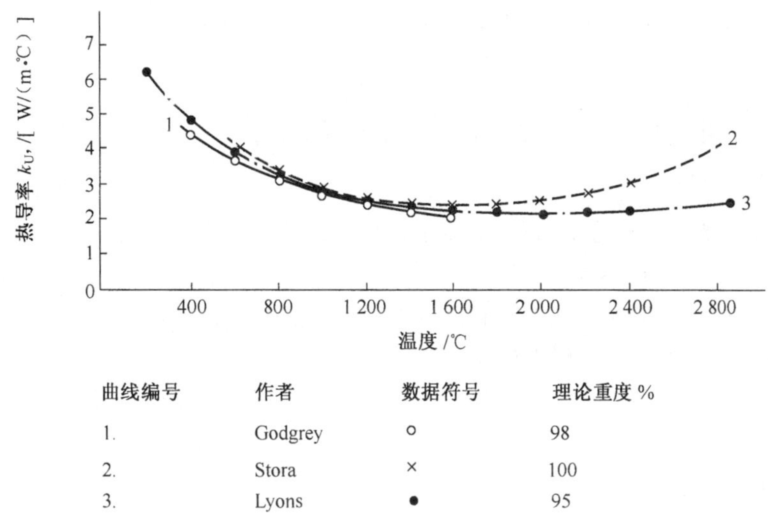

图 1-1　未经辐照的二氧化铀的热导率随温度的变化

公式(1-1)是根据 Lyons 的试验数据整理的。该数据是在反应堆内测量得的，燃耗从 0 到 10^4 兆瓦・日/吨铀，燃料元件表面热流密度为 $(2.372\sim284.88)\times10^4$ W/m^2。Lyons 分别用了四种不同的测量方法得到的结果是一致的。由图 1-1 可以看到，Lyons 测得的热导率的数值比较小，从设计的角度来看是偏于安全的。

公式(1-1)只适用于氧和铀的原子比(O/U)为 2 的二氧化铀(UO_2)，而且只适用于密度为 95%理论值。对于不同的 O/U 和不同密度的核燃料，还要对式(1-1)计算的热导率作一些修正。

(1) 化学成分的影响

二氧化铀的氧铀原子比不同或含有杂质，会改变热导率的数值。在低温下，随着氧铀比的增加，其热导率将显著减小；随着温度的升高，O/U 对热导率的影响变小，当温度超过 1 500 ℃时，O/U 对热导率的影响更小。

(2) 孔隙率的影响

二氧化铀密度的降低主要由于燃料存在孔隙。孔隙的存在，不但减少了固体的横截面的导热面积，而且由于边界面积的增大而增加了散射作用。这两个效应均使热导率变小。但是燃料总是有孔隙的，因为在燃料芯块烧结过程中一定会产生孔隙，而且，为了容纳所产生的裂变产物，减少芯块肿胀，也需要保留一定的孔隙。

设孔隙体积占芯块体积的份额称为孔隙率，以 R_h 表示，则孔隙率为 R_h 的燃料的热导率 k_R 为

$$k_R = Ck_{100} \tag{1-2}$$

式中，k_{100} 是孔隙率为零(理论密度时)的燃料的热导率；C 是与孔隙率有关的函数，通常可用 Maxwell，Eucken 公式计算：

$$C = \frac{1 - R_h}{1 + \beta R_h} \tag{1-2A}$$

式中，当 $R_h \leqslant 0.1$ 时，取决于材料的经验常数 $\beta=0.5$；当 $R_h > 0.1$ 时，经验常数 $\beta=0.7$。k_{100}

是理论密度的二氧化铀的热导率，可近似按下式计算：

$$k_{100} = \frac{1+0.05\beta}{0.95} \cdot k_{95} \tag{1-2B}$$

式中，k_{95} 为 95%理论密度的热导率，用公式(1-1)计算。

4. 比定压热容

二氧化铀的比定压热容 c_p 可以表示成温度 t 的函数：

当 25 ℃≤t≤1 226 ℃的情况下，

$$c_p = 304.38 + 2.51 \times 10^{-2} t - 6 \times 10^{6}/(t+273.15)^2 \quad \mathrm{J/(kg \cdot ℃)} \tag{1-3A}$$

当 1 226 ℃<t≤2 800 ℃的情况下，

$$c_p = -712.25 + 2.789t - 2.71 \times 10^{-3} t^2 + 1.12 \times 10^{-6} t^3 - 1.59 \times 10^{-10} t^4 \quad \mathrm{J/(kg \cdot ℃)} \tag{1-3B}$$

式中，t 的单位是℃。

表 1-3 给出使用公式(1-3)计算得到的比定压热容 c_p 的值与文献[1]附录Ⅰ表Ⅰ-2 给出的 c_p 值的比较。

表 1-3 UO_2 比定压热容 c_p 计算值与文献[1]附录Ⅰ表Ⅰ-2 中 c_p 值的比较

温度 t/℃	32	732	1 732	2 232
公式(1-3)计算值 c_p/[J/(kg·℃)]	240.7	316.8	377.1	519.7
文献[1]附录Ⅰ表Ⅰ-2 值 c_p/[J/(kg·℃)]	237.4	316.1	376.8	494.1

1.3.2 包壳和某些结构材料的主要热物性

包壳和某些结构材料的主要热物性综合在附录Ⅰ中。

1. 包壳材料的热导率

(1) Zr-2 合金：

$$k_{Zr-2} = 71(0.17 + 1.04 \times 10^{-4} t + 1.08 \times 10^{-7} t^2) \quad \mathrm{W/(m \cdot ℃)} \tag{1-4}$$

(2) Zr-4 合金：

$$k_{Zr-4} = 7.73 + 3.15 \times 10^{-2} t - 2.87 \times 10^{-5} t^2 + 1.552 \times 10^{-8} t^3 \quad \mathrm{W/(m \cdot ℃)} \tag{1-5}$$

(3) 锆表面氧化层 ZrO_2：

$$k_{ZrO_2} = 1.22 + 1.2 \times 10^{-3} t \quad \mathrm{W/(m \cdot ℃)} \tag{1-6}$$

(4) 不锈钢(SS306)：

$$k_{SS} = 16.13 + 1.31 \times 10^{-2} t \quad \mathrm{W/(m \cdot ℃)} \tag{1-7}$$

在公式(1-4)～(1-7)中，t 为温度，℃。

2. 惰性气体的热导率

惰性气体通常指氖、氦、氩、氙和氪等气体。新的燃料元件的芯块与包壳之间的间隙内充有氦气。在裂变过程中，裂变气体释放到间隙中。在这些裂变气体中，一般设氪约占裂变气体的 15%(分子比)，氙占 85%。由于氦、氪和氙的混合气体的热导率不具有重量权重的性质，所以要计算间隙混合气体的热导率时，不但要知道纯氦、氪和氙的热导率，还应该有计算混合气体热导率的方法。

惰性气体的热导率可用下式计算：

$$k = AT^{B} \quad \mathrm{W/(m \cdot K)} \tag{1-8}$$

式中，T 为绝对温度，K；A 和 B 为实验常数，见表 1-4。

表 1-4　公式(1-8)中的常数值

文献		GE-TM-66-7-9	WAPD-TM-618
年份		1966	1970
Ne	A	1.17×10^{-3}	
	B	0.648 6	
He	A	3.9×10^{-3}	2.5×10^{-3}
	B	0.645	0.72
Ar	A	0.386×10^{-3}	
	B	0.676 1	
Xe	A	0.094×10^{-3}	0.065×10^{-3}
	B	0.721 9	0.791
Kr	A		$0.037\ 7\times10^{-3}$
	B		0.954

混合气体的热导率 k_G 可按下式计算：

$$k_G = \frac{\sum_{i=1} x_i M_i^{1/3} k_i}{\sum_{i=1} x_i M_i^{1/3}} \quad \mathrm{W/(m \cdot ^\circ C)} \tag{1-9}$$

式中：

x_i——气体 i 的分子率(即混合气体中 i 种气体所占分子比)；

M_i——气体 i 的分子量；

k_i——气体 i 的热导率，W/(m・℃)；

角标 i——气体种类。

3. 包壳材料的比定压热容

(1) Zr-2 合金的比热容 c_p 随温度 t 的变化关系式为：

当 t=0～633 ℃时，

$$c_p = 285 + 9\ 994.7 \times 10^{-5}(1.8\ t + 32) \quad \mathrm{J/(kg \cdot ^\circ C)} \tag{1-10A}$$

当 t=633～813 ℃时，

$$c_p = 359.6 + 9\ 994.7 \times 10^{-5}(1.8\ t + 32) \quad \mathrm{J/(kg \cdot ^\circ C)} \tag{1-10B}$$

当 t=972～1 050 ℃时

$$c_p = 357.9 + 9\ 994.7 \times 10^{-5}(1.8\ t + 32) \quad \mathrm{J/(kg \cdot ^\circ C)} \tag{1-10C}$$

(2) Zr-4 合金的比热容 c_p 随温度 t 的变化关系式为：

当 0<t<750 ℃时

$$c_p = 286.5 + 0.1\,t \quad \text{J/(kg·℃)} \tag{1-11A}$$

当 $t > 750$ ℃时

$$c_p = 360 \quad \text{J/(kg·℃)} \tag{1-11B}$$

在式(1-10)～(1-11)中，t 为温度，℃。

1.3.3 膨胀系数

膨胀系数是物体的几何尺寸由于温度变化而产生的变化率。常用的有线膨胀系数 α_L 和体积膨胀系数 α_V，分别定义为

$$\alpha_L = \frac{\Delta L}{L_0} \tag{1-12}$$

$$\alpha_V = \frac{\Delta V}{V_0} \tag{1-13}$$

式中，ΔL、ΔV 分别为温度每增加 1 ℃时长度和体积的变化量；L_0、V_0 分别为在基准温度下的长度和体积。

膨胀系数一般随温度的变化而稍有改变。二氧化铀燃料在温度 24 ℃到 2 800 ℃的范围内，其膨胀系数约为 11.02×10^{-6}/℃。包壳和某些结构材料的膨胀系数见附录Ⅰ。

1.3.4 水和水蒸气的热物性

1. 饱和水与饱和水蒸气(在饱和线上)的热物性

饱和水与饱和水蒸气的热物性主要包括比容 ν、比焓 h、动力黏度 μ、热导率 k、比熵 s、普朗特数 Pr 和水的表面张力 σ 等。它们都只是饱和温度 T_S 或者饱和压力 p_s 的函数，如附录Ⅱ所示。

2. 欠热水和过热水蒸气的热物性

欠热水和过热水蒸气的某些热物性如附录Ⅲ所示，它们都是温度和压力的函数。但主要取决于温度。

重水的热物性与轻水相接近。

1.4 辐照(或燃耗)对热物性的影响

燃耗表示装在堆芯内的每单位质量的燃料在换料之前一共发出多少能量，一般以铀燃耗兆瓦·日/吨为单位。这是反应堆设计中一项重要的技术经济指标。早期的压水堆，燃耗只达几千铀燃耗兆瓦·日/吨燃料，目前的核电站压水堆可以达到 50 000 铀燃耗兆瓦·日/吨燃料左右。

燃料发生裂变以及材料受到辐照后，热物性会发生变化，在设计中必须加以考虑。下面简要介绍辐照对二氧化铀的熔点、热导率和肿胀的影响。

1.4.1 辐照(或燃耗)对二氧化铀熔点的影响

燃料在反应堆中不但受到强烈的辐照，而且在裂变过程中会产生固相的裂变产物，这些

效应都使燃料的熔点下降。燃耗越深,熔点下降越大。表 1-5 给出了二氧化铀的熔点和燃耗的关系。

表 1-5　不同燃耗下 UO_2 的熔点

铀燃耗 MW·d/t	0	2 000	9 500	13 100	18 000	27 500	52 000
熔点/℃	2 800	2 780	2 760	2 760	2 720	2 680	2 640

目前设计中所采用的 UO_2 的熔点,通常取值为 2 760～2 800 ℃,燃耗每加深 10 000 铀燃耗兆瓦·日/吨,其熔点下降 32 ℃。

1.4.2　辐照(或燃耗)对二氧化铀热导率的影响

二氧化铀的热导率随燃耗的加深会不断下降,特别是当燃耗很深时,热导率下降的幅度很大。而且,在低温下热导率随辐照而下降的幅度要比高温下大。燃耗加深 UO_2 热导率下降的主要原因是:

(1) UO_2 的晶格结构在辐照下发生变化;

(2) 燃料中铀发生裂变,铀块中的氧含量相对增大;

(3) 在裂变过程中生成裂变产物。

1.4.3　辐照(或燃耗)对燃料芯块肿胀的影响

随着燃耗的加深,二氧化铀燃料在裂变过程中产生裂变气体和裂变产物,使其体积增大,造成芯块肿胀。芯块的肿胀会使芯块与包壳之间的间隙变小,甚至互相接触挤压。

复习题

1. 易裂变燃料是指哪三种核素?
2. 压水堆常使用哪两种燃料?
3. 压水堆常使用哪两种包壳材料?在稳态热工设计中,包壳外表面的最高限制温度一般是多少?
4. 氧-铀原子比为 2 的二氧化铀的熔点是多少?
5. 二氧化铀的热导率随温度的变化规律怎样?
6. 随着辐照和燃耗的加深,二氧化铀的熔点和热导率是增大还是减小?

第 2 章　反应堆内的释热

2.1　核裂变产生的能量及其在堆芯内的分布

反应堆所能允许产生的功率大小，主要取决于反应堆传输热量的能力。要使反应堆在某一功率下安全运行，就必须采用适当的输热系统把堆内释热传输出来，以便保证反应堆内各处的温度都不超过限定值。

为了计算反应堆释出的热功率和堆内温度分布，首先必须了解堆内热源的由来及其分布。堆内热源的分布取决于堆的具体设计，即堆的类型、堆芯的形状以及堆内燃料、控制棒、慢化剂、冷却剂、反射层等的布置。

2.1.1　反应堆的热源

反应堆的热源来自核裂变过程和堆内材料与中子的辐射俘获(n,γ)反应中所释放出来的能量，其大致的数值和分配列在表 2-1 中。从表 2-1 可见，每次核裂变释放出来的总能量平均约为 200 MeV，一般用 E_f 表示此值，即 E_f=200 MeV。

表 2-1　堆内能量的大致分配

类型	来源		能量/MeV	射程	释热地点
核裂变	瞬发	裂变碎片的动能	168	极短	在燃料元件内
		裂变中子的动能	5	中等	大部分在慢化剂内
		瞬发 γ 射线的能量	7	长	堆内各处
	缓发	裂变产物衰变的 β 射线能[1)]	7	短	大部分在燃料元件内 小部分在慢化剂内
		裂变产物衰变的 γ 射线能	6	长	堆内各处
堆内材料与中子的辐射俘获(n,γ)反应	瞬发和缓发	过剩中子引起的非裂变反应加上(n,γ)反应产物的 β 衰变和 γ 衰变能	7	有长 有短	堆内各处
总计			200		

注：1) 伴随着 β 衰变还放出约 10 MeV 的中微子能量，但中微子会穿出堆外，因此这部分能量不能得到利用，故未包括在上表中。

裂变碎片的动能约占总能量的 84%，它们的射程极短，约为 0.012 7 mm，因而可以认为它们的动能就在燃料内裂变处转化成热能，只有很少一部分裂变碎片会穿入包壳内，但不会穿透包壳。在干净的和均匀装载的反应堆内，由裂变碎片动能转化成的热能的分布与燃料元件内中子注量率的分布基本上相同。裂变中子包括瞬发中子和缓发中子(缓发中子的动能很小，约占总能量的 0.02%，可以认为 E_f 已包括了它)，在和慢化剂头几次碰撞中就失去了大部分的能量，它们的射程从几十 mm 到几百 mm 不等。其能量转化成热量的分布取决于它们的平均自由程。裂变过程中产生的 γ 射线(包括瞬发 γ 射线和缓发 γ 射线),其穿透能力很强(即长射程),因此它们的能量将分别在堆芯、反射层、热屏蔽、生物屏蔽和压力容器中转化成热能,也有极少部分 γ 射线穿出堆外。由 γ 射线产生的热量的分布与堆的具体设计有关。高能 β 粒子的射程较短,其能量大部分在燃料元件内转化成热能。

从以上分析可以看出,裂变能的绝大部分是在燃料元件内转化成热能的。在缺乏精确数据的情况下,对于热堆可以假定 90%以上的总裂变能是在燃料元件内转化成热能的,大约 5%的总裂变能是在慢化剂中转化成热能的,而余下的不足 5%的总裂变能则在反射层、热屏蔽和堆内部件中转化成热能。近年来在大型压水堆设计中,往往取燃料元件的释热量占堆总释热量的 97.4%。

应当指出,堆的热源及其分布不仅和空间有关,而且还和时间有关。在一个新装料的堆芯内,因为裂变产物尚未达到一定的数量,衰变过程尚未达到平衡,所以每次裂变产生的能量低于表 2-1 给出的数值。但是经过相当短时间的稳定运行之后,裂变能就达到上面所讨论的平衡值。

2.1.2　堆芯体积释热率

从堆物理计算得知,单位体积的裂变率 R_f 为

$$R_f = \sum\nolimits_f \varphi = N_f \sigma_f \varphi \quad 1/(s \cdot cm^3) \tag{2-1}$$

式中:

$\sum_f$——宏观裂变截面,cm^{-1};

φ——中子注量率,$1/(cm^2 \cdot s)$;

σ_f——有效微观裂变截面,cm^2;

N_f——可裂变核子的密度,$1/cm^3$。

堆芯内(主要是燃料元件和慢化剂)单位时间和单位堆芯体积内由裂变反应释放的能量称为堆芯体积释热率,记为 $q_{v,c}$,可表示成

$$q_{v,c} = F_C E_f R_f = F_C E_f N_f \sigma_f \varphi \quad MeV/(s \cdot cm^3) \tag{2-2}$$

式中,F_C 是堆芯的释热量占反应堆总释热量的份额。如果 $q_{v,c}$ 以 W/m^3 表示,则式(2-2)变成

$$q_{v,c} = 1.602 \times 10^{-7} F_C E_f N_f \sigma_f \varphi \quad W/m^3 \tag{2-3}$$

设堆芯体积为 $V_C(m^3)$,如果 N_f 和 σ_f 在堆芯内为常数,则整个堆芯释出的热功率 $P_{th,c}$ 为

$$P_{th,c} = 1.602 \times 10^{-7} F_C E_f N_f \sigma_f \bar{\varphi} V_C \quad W \tag{2-4}$$

式中,$\bar{\varphi}$ 是整个堆芯体积内的平均中子注量率。如果计入位于堆芯之外的反射层、热屏蔽和其他部件的释热量,则反应堆释出的总热功率 $P_{th,t}$ 为

$$P_{th,t} = P_{th,c}/F_C = 1.602 \times 10^{-7} E_f N_f \sigma_f \bar{\varphi} V_C \quad W \tag{2-5}$$

可见反应堆的热功率与平均中子注量率 $\bar{\varphi}$ 成正比。

2.1.3　堆芯和燃料元件的功率度量表示法

堆芯和燃料元件的功率度量是反应堆热工设计的重要指标,下面介绍它们的几种表示方法,在反应堆热工设计和计算中要经常用到它们。

(1) 堆芯平均比功率

在整个堆芯内,平均每千克燃料发出的热功率,称为堆芯平均比功率,记作 $\bar{P}_W$,用公式表示为

$$\bar{P}_W = \frac{P_{th,t}}{M_f} \quad \text{W/kg 燃料} \tag{2-6}$$

式中:

$P_{th,t}$——反应堆总热功率,W;

M_f——堆芯装载的燃料质量,kg。

堆芯平均比功率是设计反应堆的一项重要指标。比功率大,表示堆芯装载较少的核燃料可以获得较大的热功率。目前压水堆核电站,比功率一般约为 30~40 kW/kg 燃料。这就是说,一个热功率为 1 000 MW 的核电站反应堆,需要低浓缩燃料约 30 000 kg。

(2) 堆芯平均功率密度

在整个堆芯内,平均每单位堆芯体积所发出的功率,称为堆芯平均功率密度,记作 $\bar{P}_V$,用公式表示为

$$\bar{P}_V = \frac{P_{th,t}}{V_C} \quad \text{W/m}^3 \tag{2-7}$$

式中,V_C 是堆芯体积,m^3。

堆芯平均功率密度也是设计反应堆的一项重要指标。平均功率密度大,表示较小的堆芯可以发出较大的功率。对于移动式核电站、舰船或空间所用反应堆,都要求较大的堆芯平均功率密度。压水堆经过几代改进,功率密度有了相当大的提高,目前的压水堆平均功率密度已达到 1×10^5 kW/m³,即一个热功率为 1 000 MW 的压水堆,堆芯体积为 10 m³。

(3) 堆芯平均燃料体积释热率

在整个堆芯内,平均每单位燃料体积所产生的热功率,称为堆芯平均燃料体积释热率,记作 $\bar{q}_{V,f}$,用公式表示为

$$\bar{q}_{V,f} = \frac{P_{th,t}}{V_f} \quad \text{W/m}^3 \tag{2-8}$$

式中,V_f 是堆芯内燃料总体积,m^3。

(4) 堆芯平均元件表面热流密度

在整个堆芯内,平均从单位元件表面积所通过的热功率,称为堆芯平均元件表面热流密度,记作 $\bar{q}_S$,用公式表示为

$$\bar{q}_S = \frac{P_{th,t}}{S_t} \quad \text{W/m}^2 \tag{2-9A}$$

式中,S_t 为堆芯内全部燃料元件释热的表面积,m^2。对于棒状燃料元件:

$$S_t = N\pi d_{CS} H \tag{2-9B}$$

式中:

N——堆芯内总燃料棒根数;

d_{CS}——燃料棒包壳外表面直径,m;

H——元件燃料芯块总高度,m。

根据热平衡,可以写出堆芯平均燃料体积释热率 $\bar{q}_{V,f}$ 与堆芯平均元件表面热流密度 $\bar{q}_S$ 之间的关系:

对于棒状燃料元件：
$$\bar{q}_S = \frac{\bar{q}_{V,f}\, d_U^2}{4 d_{CS}} \tag{2-9C}$$

对于板状燃料元件：
$$\bar{q}_S = \bar{q}_{V,f}\, a \tag{2-9D}$$

式中：

d_U——棒状燃料元件燃料芯块直径，m；

a——板状燃料元件燃料芯体的半厚度，m。

(5) 堆芯平均元件棒线功率密度

在整个堆芯内，平均单位长度元件棒发出的热功率，称为平均元件棒线功率密度，记作 $\bar{q}_L$，按定义写为

$$\bar{q}_L = \frac{P_{th,t}}{L_T} \quad \mathrm{W/m} \tag{2-10}$$

式中，L_T 是所有燃料棒的燃料总长度，m。

根据热平衡，可以写出棒状燃料元件的 $\bar{q}_L$、$\bar{q}_S$ 和 $\bar{q}_{V,f}$ 之间的关系：

$$\bar{q}_L = \bar{q}_S \pi d_{CS} = \bar{q}_{V,f} \cdot \frac{\pi}{4} d_U^2 \tag{2-11}$$

$\bar{P}_W$、$\bar{P}_V$、$\bar{q}_{V,f}$、$\bar{q}_S$ 和 $\bar{q}_L$ 都是按整个堆芯计算的平均值，并且假定裂变能（不包括中微子带走的部分）全部是以热能形式在燃料中释放出的。但是，实际上绝大部分裂变能（约占总裂变能的 95%～98%＝F_U）是在燃料中转化成热能的，另外还有一小部分能量是在燃料外转化成热能的。

2.1.4　堆芯内释热率的分布

堆芯内释热率的分布是随燃耗寿期而改变的。在对堆芯作详细的热工分析计算时，堆芯释热率的分布随寿期的变化应由核物理计算给出。下面只讨论具有代表性的，作了若干简化后的释热率的分布。

假定燃料在堆芯内的分布是均匀的，则可以认为 N_f 和 σ_f 是常数。由式(2-2)可以看到，堆芯内体积释热率 $q_{v,c}$ 的分布就只取决于中子注量率 φ 的分布了。各种几何形状的均匀裸堆（无反射层）的中子注量率 φ 的分布函数列于表 2-2 中。

表 2-2　均匀裸堆堆芯热中子注量率分布

几何形状	坐标	中子注量率 φ 的分布函数
无限平板	x	$\varphi(x) = \varphi_0 \cos\left(\frac{\pi x}{H_e}\right)$
有限圆柱体	r, z	$\varphi(r,z) = \varphi_0 J_0\left(\frac{2.405r}{R_e}\right)\cos\left(\frac{\pi z}{H_e}\right)$
球体	r	$\varphi(r) = \varphi_0 \sin\left(\frac{\pi r}{R_e}\right)\Big/\pi\left(\frac{r}{R_e}\right)$

在表 2-2 中，H_e 是堆芯外推高度，m；R_e 是堆芯外推半径，m；x、r 和 z 分别是由堆芯几何中心算起的水平方向、径向和轴向的坐标，m；$\varphi_0=\varphi(0,0)$ 是堆芯几何中心处（$r=0, z=0$）的热中子注量率，1/(cm^2·s)；J_0 是零阶贝赛尔函数。有限圆柱体均匀裸堆堆芯中子注量率分布示于图 2-1。

对于均匀装载的非均匀反应堆，特别是对于采用低富集度的 UO_2 细棒或薄片元件的压水堆，在不考虑干扰的情况下，堆内平滑的宏观中子注量率分布(理论注量率分布)可以看成是实际注量率分布的平均值，如图 2-2 所示。因此，用均匀裸堆的注量率分布来近似地表示这种非均匀堆的宏观释热率分布不会产生很大的误差。所以，由有限圆柱体均匀裸堆的中子注量率分布可以近似写出有限圆柱形非均匀堆的堆芯释热率 $q_{v,c}(r,z)$ 的分布：

$$q_{v,c}(r,z) = q_{v,c}(0,0)J_0\left(\frac{2.405r}{R_e}\right)\cos\left(\frac{\pi z}{H_e}\right) \tag{2-12}$$

式中：

$q_{v,c}(r,z)$——堆芯内任一位置(r,z)处的体积释热率，W/m^3；

$q_{v,c}(0,0)$——堆芯中心点(0,0)的体积释热率(最大体积释热率)，W/m^3；其值为

$$q_{v,c}(0,0)=1.602\times10^{-7}F_C E_f N_f \sigma_f \varphi(0,0)\text{，W/m}^3；$$

$\varphi(0,0)$——堆芯中心点上(0,0)的中子注量率，中子/(cm^2 · s)；

R_e——堆芯外推半径，m；

H_e——堆芯外推高度，m；

r 和 z 分别为圆柱坐标系中的径向和轴向的坐标，m，其坐标原点$(r=0,z=0)$位于堆芯的中心点。

需要指出的是式(2-12)只适用于无干扰的、燃料均匀装载的圆柱形裸堆。实际上反应堆的宏观功率分布(即释热率的分布)都不同程度地偏离该式所表达的分布。例如在动力堆内，由于燃料分区装载、燃耗、控制棒以及空泡等效应的影响，使堆芯的中子注量率分布变得十分复杂，通常需要由数值计算才能确定。但是，尽管如此，式(2-12)对于热工分析和估算仍然是很有用的。

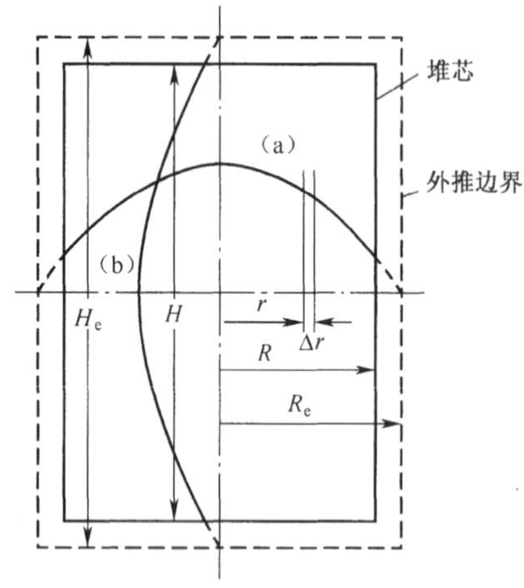

图 2-1　有限圆柱体均匀裸堆堆芯中子注量率分布

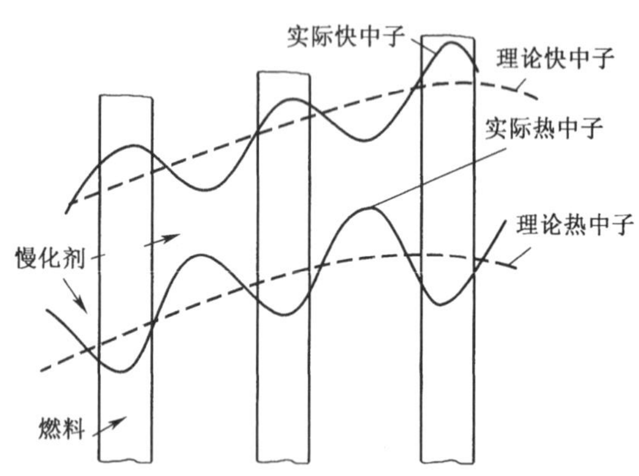

图 2-2　非均匀堆的燃料和慢化剂内的中子注量率分布

2.1.5　影响堆芯功率分布的因素

式(2-12)表明，即使在无干扰的、均匀装载的堆芯中，反应堆的宏观功率分布也是不均

匀的。如果再考虑到实际反应堆中的燃料分区装载、控制棒、反射层、水隙和空泡以及其他一些工程上的随机因素的影响，则堆内功率的分布就更加复杂化。下面简要讨论这些影响。

(1) 燃料装载对功率分布的影响

早期大多数压水堆采用均匀装载燃料，其缺点是堆芯中央区会出现高的功率峰值。此外，即使在寿期末期，最外围的燃料元件也只有中等程度的燃耗，所以平均燃耗比较低。克服这些缺点的一种途径是采用分区装载燃料，即堆芯装载三种或多种不同富集度的燃料元件。富集度最高的燃料元件装在堆芯最外区，富集度最低的燃料元件装在堆芯中央区。既然功率密度近似地正比于热中子注量率与可裂变燃料富集度之积，那么这种装料方案就会降低堆芯内区的功率水平和提高外区的功率水平。

对于采用三区分批装料的反应堆，图 2-3 示出了换料后平衡堆芯内的典型径向功率分布。图中给出的功率分布是给定点的功率与该点轴向位置处的堆芯平均功率之比。这种装料方案，随着燃耗的加深，峰值功率要降低，而低功率区内的功率却升高。

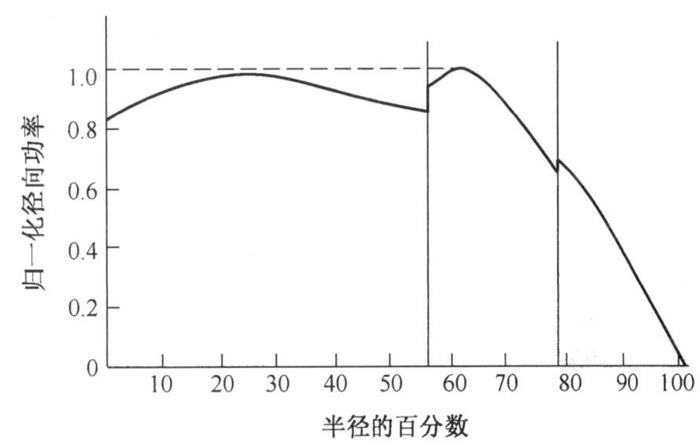

图 2-3　压水堆采用三区分批装料时的归一化径向功率分布

(2) 控制棒对功率分布的影响

在某些反应堆设计中，全部剩余反应性是通过插入控制棒抵消的。强吸收材料的存在，在轴向和径向都会扰动中子注量率。但是这不完全是缺点，因为控制棒可以改善径向中子注量率分布。例如在寿期初期，堆芯中央区的某几根控制棒或全部控制棒部分插入堆芯，可以降低径向中子注量率及功率峰值(径向功率分布得到展平)，如图 2-4 所示。因为在控制棒的边界与在堆的外推边界处一样，中子注量率基本上等于零。中央区中子注量率及功率水平降低的同时，外区的中子注量率及功率水平则提高了。

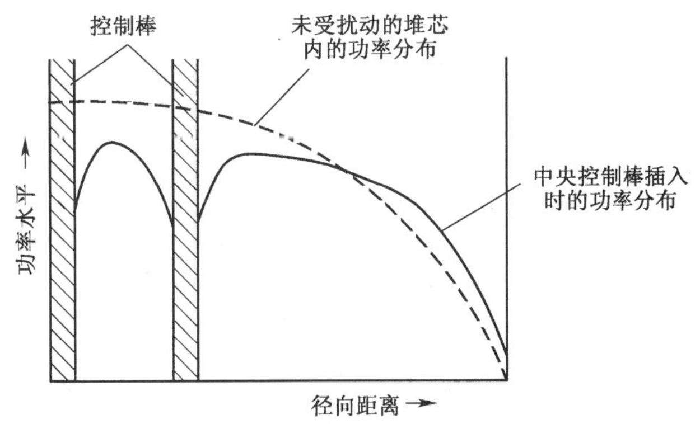

图 2-4　圆柱形反应堆有控制棒和无控制棒时的径向功率分布

插入控制棒使径向中子注量率及功率分布得到的改善往往超过对轴向功率分布的不利影响。图 2-5 给出了压水堆中常见的情况，控制棒由顶部插入。在寿期初期，局部插入的控制棒使中子注量率及功率峰值移向堆芯底部。在寿期末期，由于控制棒提出，堆芯顶部燃耗较低的燃料使中子注量率及功率峰值移向堆芯顶部。同时，如图 2-5 中所看到的，功率的峰值与平均值之比会比未受扰动时的要高。

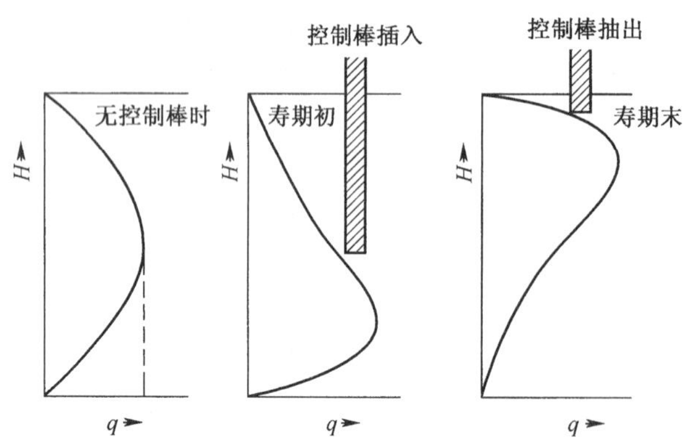

图 2-5　控制棒对轴向功率分布的影响

目前，压力壳式压水堆几乎都普遍采用了化学补偿控制。这意味着，如果堆芯装载单一富集度的燃料，那么在整个堆芯寿期内，反应堆可以在控制棒几乎完全提出的情况下以满功率运行。从而减少了控制棒运动所造成的轴向中子注量率及功率的畸变。

（3）水隙和空泡对功率分布的影响

在压水堆中，轻水既是冷却剂又是慢化剂，所以必须考虑由附加的水隙所引起的局部功率峰值。附加水隙是指燃料组件之间的间隙、栅格尺寸变化和提出控制棒后所留下的空间。水隙中的水起附加的慢化作用，从而提高了局部的热中子注量率和功率。对于采用不锈钢包壳、低富集度燃料的堆芯，一个圆形水隙对中子注量率的影响示于图 2-6。为了使堆芯功率分布均匀，应尽量避免水隙或减小它的影响。例如可采用低吸收截面材料做的挤水棒。现代压水堆多采用棒束型控制组件，控制棒的数量多而细(小直径)，这样控制棒上提后留下的水隙较小，由此引起的中子注量率峰值并不明显。

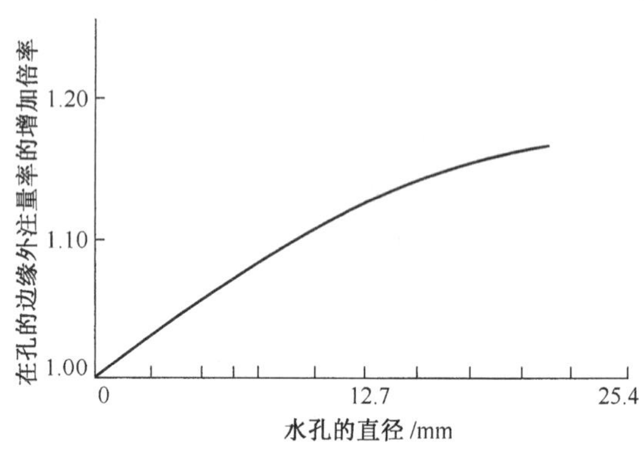

图 2-6　圆形水隙边缘处中子注量率峰值

在压水堆堆芯最热区可能产生蒸汽，蒸汽泡的存在会使反应性下降，从而使空泡区域的中子注量率及其功率相应降低。在反应堆瞬态工况和事故工况下，冷却剂的比焓大大高于其正常值，这种空泡效应更加显著。由于产生蒸汽空泡会使功率降低，所以可减轻某些事故的严重性。

(4) 结构材料对功率的扰动

燃料棒包壳、组件定位格架以及支撑结构等都是中子吸收体，它们会引起中子注量率局部降低。如果材料的中子吸收截面低，这种影响较小；如果材料的中子吸收截面高，这种影响就相当可观。

2.2　核热通道(热管)因子

如前所述，堆芯内的功率分布是不均匀的，因而堆芯内热工参量的分布也是不均匀的。在堆芯内存在着最恶劣的局部热工参量值，它限制着堆芯功率的输出。为了衡量各有关热工参量的最大值偏离其平均值(或名义值)的程度，引进了一种修正因子，这种修正因子称之为热通道因子(也称热管因子)。热通道因子是用各有关热工(或物理)参量的最大值与其平均值的比值来表示的。

热通道因子分成两类：一类是核热通道因子；另一类是工程热通道因子(详见第 6 章 6.3.2 节)。下面先讨论核热通道因子。

$$\text{径向核热通道因子}:F_R^N=\frac{\text{热通道的平均热流密度}}{\text{堆芯平均通道的平均热流密度}} \tag{2-13}$$

$$\text{轴向核热通道因子}:F_Z^N=\frac{\text{热通道的最大热流密度}}{\text{热通道的平均热流密度}} \tag{2-14}$$

所以，因中子注量率分布(径向和轴向)引起的热流密度核热通道因子 F_q^N 可用下式表达：

$$F_q^N=F_R^N\cdot F_Z^N=\frac{\text{热通道的最大热流密度}}{\text{堆芯平均通道的平均热流密度}} \tag{2-15}$$

对于均匀圆柱形裸堆芯(见表 2-2)，假定 $R\approx R_e$，$H\approx H_e$，因为热流密度与中子注量率成正比，所以式(2-13)可以表示成

$$F_R^N=\frac{\bar{\varphi}(0,z)}{\bar{\varphi}(r,z)}=\frac{\dfrac{\varphi_0 J_0(0)}{H}\displaystyle\int_{-H/2}^{H/2}\cos\left(\frac{\pi z}{H}\right)\mathrm{d}z}{\dfrac{\varphi_0}{\pi R^2 H}\displaystyle\int_0^R J_0\left(\frac{2.405r}{R}\right)2\pi r\mathrm{d}r\int_{-H/2}^{H/2}\cos\left(\frac{\pi z}{H}\right)\mathrm{d}z}$$

$$=\frac{\varphi_0 J_0(0)\cdot\dfrac{2}{\pi}\cdot\sin\dfrac{\pi}{2}}{\dfrac{\varphi_0}{\pi R^2 H}\cdot\dfrac{2\pi R^2 J_1(2.405)}{2.405}\cdot\dfrac{2H}{\pi}\cdot\sin\dfrac{\pi}{2}}=\frac{2.405J_0(0)}{2J_1(2.405)}=\frac{2.405\times1}{2\times0.519}=2.317 \tag{2-16}$$

式(2-14)可以表示成

$$F_Z^N=\frac{\varphi_0}{\dfrac{\varphi_0 J_0(0)}{H}\displaystyle\int_{-H/2}^{H/2}\cos\left(\frac{\pi z}{H}\right)\mathrm{d}z}=\frac{1}{J_0(0)\cdot\dfrac{2}{\pi}\cdot\sin\dfrac{\pi}{2}}=1.57 \tag{2-17}$$

根据式(2-15)得

$$F_q^N=F_R^N\cdot F_Z^N=2.317\times1.57=3.638 \tag{2-18}$$

事实上 3.638 是个十分保守的数值。在实际的反应堆中，采用了不同富集度的燃料分区装载和合理的控制棒插入，使堆芯功率得到展平，因此热流密度核热通道因子远小于 3.638。例如某些有反射层的圆柱形堆的 F_q^N 大约为 2.4。

另外，在实际计算中，必须考虑控制棒、水隙、空泡等局部因素造成的局部峰核热通道因子 F_L^N（目前有些堆设计中取 $F_L^N=1.1$），在核设计中如应用 $r-z$ 坐标计算时的方位角修正因子 F_θ^N，以及核计算误差修正因子 F_U^N。考虑了这些修正因子之后，式(2-15)变成

$$F_q^N = F_R^N \cdot F_Z^N \cdot F_L^N \cdot F_\theta^N \cdot F_U^N \tag{2-19}$$

2.3 燃料棒和堆芯释热计算

2.3.1 单根燃料棒的释热计算

中子注量率及体积释热率在单根燃料元件内并不是常数。在压水堆内，燃料元件一般是垂直地放在非均匀堆芯内，其活性区长度等于堆芯燃料高度 H，如图 2-7所示。

每根燃料棒的横截面积与整个堆芯横截面积相比是如此之小，以至于可以忽略燃料棒内中子注量率的径向变化。但是燃料棒内中子注量率的轴向变化及体积释热率的轴向变化必须予以考虑。这个变化可以看作是燃料棒所在位置的堆芯中子注量率的轴向变化。

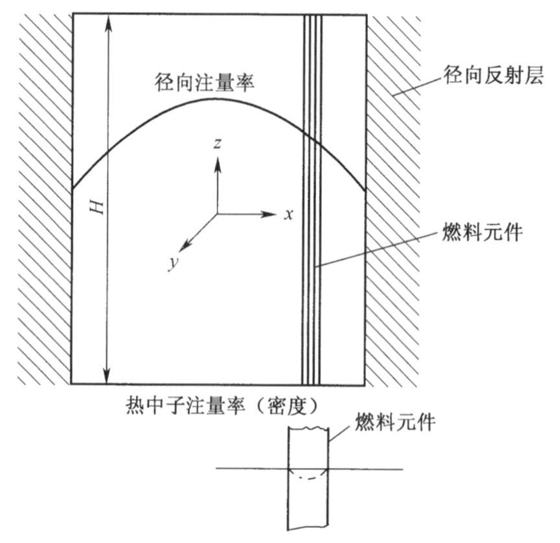

图 2-7 大堆芯区内的细燃料元件棒

根据反应堆物理方面的考虑，中子注量率在某一外推高度 H_e 处下降到零，即在$z=\pm H_e/2$处，$\varphi=0$，而 $z=0$ 对应于堆芯中平面。如果中子注量率 φ 在轴向上的变化是 z 的纯余弦函数，则单根燃料元件棒内 $\varphi(r,z)$以及燃料的体积释热率 $q_{v,\mathrm{f}}(r,z)$的最大值将位于它的中平面上（即 $z=0$ 处），把它们用 $\varphi(r,0)$和 $q_{v,\mathrm{f}}(\mathrm{r},0)$来表示。它们当然只是这一根元件棒的最大值。在堆芯中心点上（即 $r=0,z=0$），燃料元件棒通常具有最高的 $\varphi(r,0)$和 $q_{v,\mathrm{f}}(r,0)$值，记作 $\varphi(0,0)$和 $q_{v,\mathrm{f}}(0,0)$。这里应该指出，由于在水慢化的堆芯内有较大的温升，不均匀燃耗造成的燃料富集度的改变或者部分插入控制棒等原因，反应率要随 z 改变，此时的轴向注量率可能明显地偏离余弦函数。在这种情况下，φ 和 $q_{v,\mathrm{f}}$沿 z 的变化将是另外的函数关系。如果 φ 和 $q_{v,\mathrm{f}}$沿 z 的变化很复杂，则可将燃料元件棒沿轴向分成若干段来分段求解，其中每一段的 φ 和 $q_{v,\mathrm{f}}$的变化可以采用 z 的简单线性函数来近似。

把位于堆芯径向位置 r 处的一根燃料元件棒的总释热功率用 $P_\mathrm{f}(r)$表示，则

$$P_\mathrm{f}(r) = \int_{-H/2}^{H/2} q_{v,\mathrm{f}}(r,z) A_\mathrm{U} \mathrm{d}z \tag{2-20}$$

式中，A_U 是燃料元件棒燃料芯块的横截面积，m^2；$q_{v,\mathrm{f}}(r,z)$可近似按有限圆柱形均匀裸堆处理，即用式(2-12)计算：

$$q_{v,\mathrm{f}}(r,z) = q_{v,\mathrm{f}}(0,0) J_0\left(\frac{2.405r}{R_\mathrm{e}}\right)\cos\left(\frac{\pi z}{H_\mathrm{e}}\right) \tag{2-21}$$

将上式代入式(2-20)得

$$P_f(r)=\int_{-H/2}^{H/2}q_{v,f}(0,0)J_0\left(\frac{2.405r}{R_e}\right)\cos\left(\frac{\pi z}{H_e}\right)A_U\mathrm{d}z \tag{2-22}$$

由于燃料元件棒的横截面积远小于堆芯横截面积,因而可以忽略棒内中子注量率沿棒径向的变化,即认为 $J_0\left(\frac{2.405\mathrm{r}}{R_e}\right)$ 为常数,故式(2-22)可写成

$$P_f(r)=A_Uq_{v,f}(0,0)J_0\left(\frac{2.405r}{R_e}\right)\int_{-H/2}^{H/2}\cos\left(\frac{\pi z}{H_e}\right)\mathrm{d}z \tag{2-23}$$

积分式(2-23)可得

$$P_f(r)=q_{v,f}(0,0)\cdot\frac{2}{\pi}\cdot A_UH_e\cdot J_0\left(\frac{2.405r}{R_e}\right)\sin\left(\frac{\pi H}{2H_e}\right) \tag{2-24}$$

当忽略外推长度时,即 $H\approx H_e$ 时,则上式简化成

$$P_f(r)=q_{v,f}(0,0)\cdot\frac{2}{\pi}\cdot A_UH_e\cdot J_0\left(\frac{2.405r}{R_e}\right) \tag{2-25}$$

式中,$q_{v,f}(0,0)$ 与 $\varphi(0,0)$ 之间的关系为

$$q_{v,f}(0,0)=1.602\times10^{-7}F_CE_fN_f\sigma_f\varphi(0,0)\quad \mathrm{W/m^3} \tag{2-26}$$

2.3.2　非均匀堆芯的总释热

对于具有大量燃料元件棒的非均匀反应堆,其堆芯总释热功率 $P_{c,t}$ 可按如下简化方法计算。

根据热流密度核热通道的定义式(2-15)有

$$F_q^N=F_R^N\cdot F_Z^N=\frac{\text{热通道的最大热流密度}}{\text{堆芯平均通道的平均热流密度}}=\frac{\text{最大燃料体积释热率}}{\text{平均燃料体积释热率}}=\frac{q_{v,f}(0,0)}{\bar{q}_{v,f}}$$

所以,$\bar{q}_{v,f}=q_{v,f}(0,0)/F_q^N$,从而得 $P_{c,t}$ 为

$$P_{c,t}=\bar{q}_{v,f}NA_UH=\frac{q_{v,f}(0,0)NA_UH}{F_q^N} \tag{2-27}$$

式中,N 为堆芯内燃料棒总数目。将式(2-18)$F_q^N=3.638$ 代入上式得

$$P_{c,t}=\frac{q_{v,f}(0,0)NA_UH}{3.638}=0.275q_{v,f}(0,0)NA_UH \tag{2-28}$$

上式中仅仅表示堆芯燃料芯块内总释热功率。为了得到堆芯内总释热功率,还必须考虑慢化剂和其他反应堆材料内的释热。一个合理的近似方法是将上式乘以 1.05,于是得堆芯总释热功率为

$$P_{c,t}=0.289q_{v,f}(0,0)NA_UH\quad \mathrm{W} \tag{2-29}$$

式中,$q_{v,f}(0,0)$ 按式(2-26)计算。

例题 2-1

设有一个非均匀圆柱形反应堆的堆芯内装有 27 632 根燃料棒,燃料芯块直径 $d_U=8.2$ mm,堆芯高度 $H=3.66$ m,已知堆芯中心点处的最大体积释热率 $q_{v,f}(0,0)=1\ 250\ \mathrm{MW/m^3}$,试求堆芯中心轴线上的一根燃料棒的释热率 $P_f(0)$ 和堆芯总热功率 $P_{c,t}$(包括慢化剂和其他反应堆材料内的释热)。(假设 $H\approx H_e$)。

解:按公式(2-25)有

$$P_f(0) = q_{v,f}(0,0) \cdot \frac{2}{\pi} \cdot A_U H \cdot 1$$

$$P_f(0) = q_{v,f}(0,0) \cdot \frac{2}{\pi} A_U H = q_V(0,0) \frac{2}{\pi} \cdot \frac{\pi}{4} d_U^2 H$$

$$P_f(0) = 1\,250 \times \frac{1}{2} \times (0.008\,2)^2 \times 3.66 = 0.154\ \text{MW};$$

按公式(2-29),$P_{c,t} = 0.289 q_{v,f}(0,0) N A_U H$

$$P_{c,t} = 0.289 \times 27\,632 \times 1\,250 \times \frac{\pi}{4}(0.008\,2)^2 \times 3.66 = 1\,929.4\ \text{MW}。$$

2.4 结构材料、慢化剂和压力容器的释热

2.4.1 堆芯结构材料内的 γ 释热

燃料包壳、定位格架、控制棒导向管以及燃料组件骨架(或元件盒)等这样一些堆芯结构材料内的释热,几乎完全是由于吸收来自堆芯的各种 γ 辐射。若认为结构材料对 γ 射线的吸收正比于材料的密度,则堆芯某处(r,z)结构材料因吸收 γ 射线而引起的体积释热率$q_{v,\gamma}(r,z)$可近似表示为

$$q_{v,\gamma}(r,z) = 0.105 q_{v,h}(r,z) \frac{\rho}{\rho_{av}} \quad \text{W/m}^3 \tag{2-30}$$

式中,$q_{v,h}(r,z)$是在均匀化处理后的堆芯位置(r,z)上的体积释热率,W/m^3,它按下式计算

$$q_{v,h}(r,z) = q_{v,f}(r,z) \frac{\text{燃料体积}}{\text{堆芯体积}} \tag{2-31}$$

ρ是结构材料的密度,kg/m^3;ρ_{av}是堆芯材料的平均密度,kg/m^3。

2.4.2 慢化剂的释热

慢化剂中所产生的热量主要来自裂变中子的动能、吸收裂变产物放出的 β 粒子的能量和吸收 γ 射线的能量。慢化剂中的体积释热率 $q_{v,m}(r,z)$可近似用下式计算:

$$q_{v,m}(r,z) = 0.105 q_{v,h}(r,z) \frac{\rho_m}{\rho_{av}} + 1.602 \times 10^{-7} \sum\nolimits_s \varphi_F \Delta E \tag{2-32}$$

式中:

ρ_m——慢化剂在堆芯内的平均密度,kg/m^3;

$\sum_s$——快中子宏观弹性散射截面,cm^{-1};

φ_F——快中子注量率,1/(cm^2 · s);

ΔE——中子每次碰撞时的平均能量损失,MeV,它按下式计算:

$$\Delta E = \frac{E_F - E_T}{n} \tag{2-33}$$

式中:

E_F——快中子能量,MeV;

E_T——热中子能量,MeV;

n——快中子慢化成热中子所需的平均碰撞次数，其值为

$$n = \frac{\ln(E_F/E_T)}{\xi} \tag{2-34}$$

这里，ξ是平均对数能量缩减，对于轻水，$\xi=0.92$。

2.4.3　压力容器或厚壁构件的 γ 释热

在反应堆的压力容器、反射层、热屏蔽和控制棒等部件中产生的热量，主要是由这些部件的材料吸收 γ 射线而生成的。照射在部件上的 γ 射线能量，并非全部被吸收。因此，要研究在部件中产生的热量应该从 γ 射线的能量和部件对 γ 射线能量的吸收这两个方面着手。γ 射线的来源有三个，即裂变时瞬发 γ 射线、裂变产物衰变时放出的 γ 射线和中子俘获产物放出的 γ 射线。这三种 γ 射线照射在部件上只有部分能量被吸收，其余部分或是穿透或是被反射。要计算有多少 γ 射线能量被部件所吸收，需要计算出 γ 射线的总能量以及 γ 光子的能级，因为材料吸收 γ 射线的能量份额与光子的能级有关。对于压力容器、反射层、热屏蔽等圆筒部件对 γ 射线能量的吸收可以近似按平板处理。

假设在平板的一侧有 γ 射线源，坐标原点（即 $x=0$）设在这侧板面上，则在距离板面 x 处吸收各种 γ 射线能量后的体积释热率 $q_{v,\gamma}(x)$ 为

$$q_{v,\gamma}(x) = 1.6 \times 10^{-10} \sum_i [(1+\mathrm{B}) I_0 \mu_\gamma \mathrm{e}^{-\mu_\gamma x}]_i \quad \mathrm{kW/m^3} \tag{2-35}$$

式中：

B——经验积累因子，它的计算可参考有关屏蔽计算的文献；

I_0——γ 射线源的强度，$\mathrm{MeV/(cm^2 \cdot s)}$；

μ_γ——材料的能量吸收系数，$\mathrm{cm^{-1}}$；

i——γ 射线能量的种类。

从式(2-35)可以看到，在压力容器、反射层、热屏蔽等堆内部件中热源的强度可以粗略地认为是按指数函数衰减的规律分布的。

2.5　停堆后的释热及其冷却

在反应堆停堆后，由于剩余中子在一段很短时间内还会引起裂变，堆内裂变产物和中子俘获产物还会在很长的时间内衰变，因而堆芯仍有一定的释热率。这种现象称为停堆后的释热，与此相应的功率称为停堆后的功率。

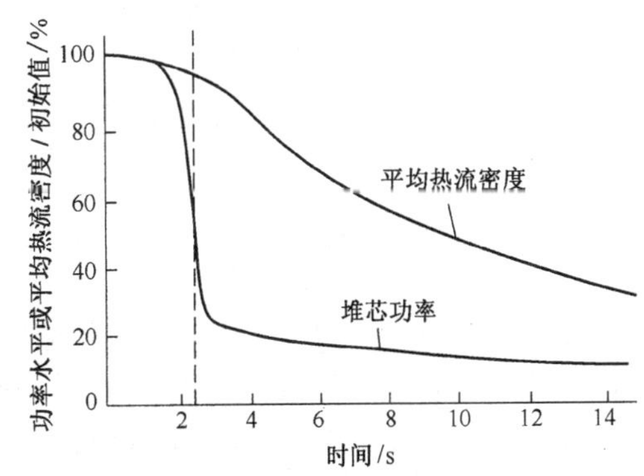

图 2-8　快速停堆后堆芯相对功率和相对热流密度随时间的变化（虚线表示有效快速停堆时刻）

图 2-8 给出快速停堆（控制棒迅速下插）过程及停堆以后堆功率和从燃料元件表面传给冷却剂的平均热流密度随时间的变化。从图中可以看到，在刚停堆的瞬间，反应堆已处于次临界状态，堆功率迅速下降（亦称为功率陡降）。随后，在剩余中子

引起的裂变和裂变产物及俘获产物的衰变共同作用下，功率下降速度变慢，并大体上按指数规律下降。图 2-8 的曲线还表明，相对热流密度的下降要比堆相对功率的下降缓慢得多，这是因为储存在燃料元件中的热量（即显热）也释放出来的缘故。

2.5.1 停堆后的释热功率

停堆后的释热功率包括三部分，如图 2-9 所示。

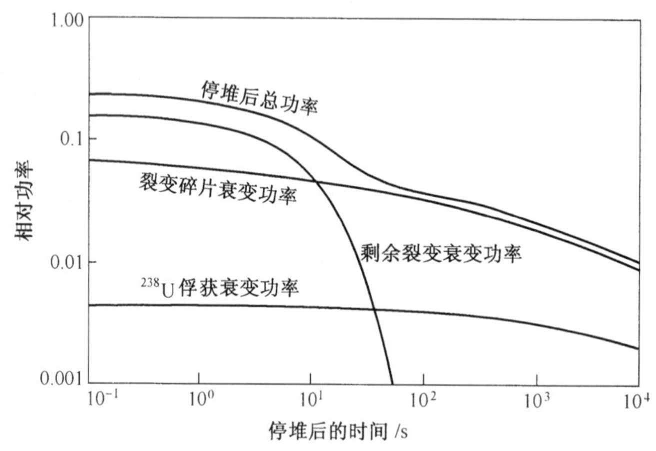

图 2-9　停堆后释热功率的衰减

（1）剩余中子引起的裂变功率

在停堆后，剩余中子引起的裂变功率可分为如下两种情况：在停堆后极短的时间（0.1 s）内，剩余中子功率主要是瞬发中子引起的裂变功率；在停堆后较长时间（1～30 s）内，剩余中子功率主要是缓发中子引起的裂变功率。

（2）裂变产物衰变功率

裂变产物放射性（β 和 γ 射线）衰变热在停堆后很长时间内是停堆后功率的主要部分。一般说来，裂变产物衰变功率与停堆前裂变产物的总产额以及这些产物在停堆后衰变程度有关。前者主要取决于堆的初始功率并与此功率下运行的时间有关。

（3）中子俘获产物衰变功率

中子俘获产物衰变功率是指燃料内^{238}U 俘获中子后的产物^{239}U 和^{239}Np 的放射性衰变热。

2.5.2 停堆后的冷却

停堆后继续释放的功率虽然只有稳态满功率的百分之几，但其绝对值却仍然是一个不小的数字。例如一个热功率为 2 000 MW 的压水堆，其 2%的热功率仍然有 40 MW。这么大而且持久的释热功率，如果不能及时输出到堆芯外，就有可能使堆芯熔化。所以在反应堆停堆以后，必须继续对堆芯冷却，以便带走这些热量。

在动力堆中，对于停堆后的冷却都采用多重性的措施，以确保堆芯安全。这些多重性的措施包括：

(1) 通过主冷却剂系统排出停堆后的释热。在正常停堆或非供电系统和非主冷却剂系统故障而发生的紧急停堆时，可以利用余热排出系统把堆芯热量排出到堆外；

(2) 通过安注系统排出停堆后的释热。在发生失水事故时，可以利用安注箱和安注泵把冷却水注入堆芯，排出堆芯热量；

(3) 增加主循环泵的转动惯量。在设计主循环泵电机时加上飞轮，使水泵和电机的转动惯量增加。在发生失流事故时，增加冷却剂流量惰走时间。这样在刚停堆的一段时间内，使冷却剂流量衰减比反应堆功率衰减慢，就可以保证堆芯不会过热。另外，为切换备用电源，投入安注系统争取了时间；

(4) 依靠自然循环流动来冷却堆芯。现代电站压水堆的堆芯都采用冷却剂自下而上的流动冷却方式，而且在一回路布置时都把蒸汽发生器(冷源)放在高于堆芯(热源)的标高上。利用冷热段冷却剂的密度差形成的驱动压头推动冷却剂流过堆芯，从而排出了停堆后的释热，使反应堆具有固有安全性。

复习题

1. 反应堆的热源主要来自哪两项？
2. 每次核裂变在反应堆内总计产生多少 MeV 的能量？其中大约有百分之多少是在燃料元件内转化成热能的？
3. 在现代大型压水堆设计中，往往取燃料元件的释热量占堆总释热量的百分之多少？
4. 简述堆芯体积释热率 $q_{v,c}$ 的定义。$q_{v,c}$ 与哪几个参量有关？$q_{v,c}$ 的单位是什么？
5. 怎样从核物理的角度计算整个堆芯热功率 $P_{th,c}$？
6. 怎样从核物理的角度计算整个反应堆热功率 $P_{th,t}$？
7. 从反应堆工程设计的角度，怎样计算堆芯平均元件表面热流密度和平均元件棒线功率密度？
8. 对于有限圆柱体的均匀裸堆，堆芯热中子注量率 φ 沿径向 r 呈什么函数分布？沿轴向 z 呈什么函数分布？
9. 影响堆芯功率分布的主要因素有哪些？
10. 径向核热通道因子 F_R^N 的定义是什么？轴向核热通道因子 F_Z^N 的定义是什么？热流密度核热通道因子 F_q^N 的定义是什么？
11. 单根燃料棒的总释热功率 $P_f(r)$ 的表达式是什么？它是怎样推导出来的？
12. 非均匀堆芯的总释热功率 $P_{c,t}$ 的表达式是什么？它是怎样推导出来的？
13. 慢化剂中所产生热量的三个主要来源是什么？
14. 反应堆压力容器、反射层、热屏蔽中 γ 射线能量的三个来源是什么？
15. 停堆后的释热包括哪三项？采用哪些措施带出停堆后的释热？

16. 设有高度为 H、有效高度为 H_e、半径 R、有效半径 R_e 的圆柱形均匀裸堆，试画出其局部体积释热率 $q_{v,c}(r,z)$ 的径向和轴向大致分布曲线。

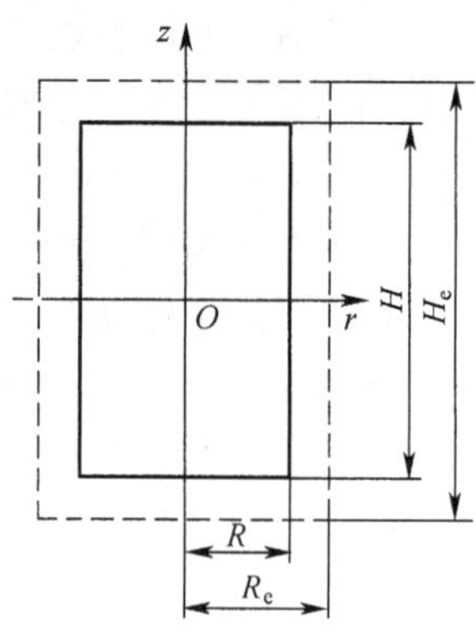

第3章 反应堆传热

3.1 反应堆内热量的传输过程

将堆芯内燃料芯块核反应释放的热量传输到反应堆外，依次经过燃料元件的导热、包壳外表面与冷却剂之间的传热和冷却剂的输热三个过程。

3.1.1 燃料元件的导热

在物体各部分之间不发生相对位移时，从微观上来讲，导热（或称热传导）是指依靠分子、原子和自由电子等微观粒子的热运动而产生的热量传递过程；从宏观上来讲，导热是指物体内部热量从温度较高的部分传递到温度较低的部分，以及温度较高的固体把热量传递给与之接触的温度较低的另一固体的过程。固体中的热量传递完全依靠导热；液体和气体中热量的传递除了导热之外，主要依靠热对流。

导热遵守傅里叶定律，其一般表达式为

$$\boldsymbol{q} = -k\nabla T \tag{3-1}$$

式中，$\boldsymbol{q}$ 是单位时间内通过单位等温面积沿温度降低的方向所传递的热量，W/m^2，它是一个向量，称之为热流密度；k 是材料的物性量，称之为热导率，W/(m·K)或 W/(m·℃)，它是一个正值标量；∇T 是温度梯度，K/m 或℃/m，它是一个向量。式(3-1)中的负号表示热流方向是指向温度降低的方向（即温度梯度的反方向）。对于两个表面都维持均匀温度 T_{W1} 和 T_{W2} 的，无内热源的，具有常热导率 k 的平壁的稳态导热，傅里叶定律有如下最简单的形式：

$$Q = kA_S\frac{T_{W1}-T_{W2}}{\delta}, \quad 或者 \quad q = \frac{Q}{A_S} = k\frac{T_{W1}-T_{W2}}{\delta} \tag{3-1A}$$

式中：

Q——单位时间内通过平壁截面积 A_S 的导热量，J/s 或 W；

A_S——垂直于导热方向的截面积，m^2；

$(T_{W1}-T_{W2})$——平壁两侧面的温差，K 或℃；

δ——平壁的厚度，m。

燃料元件的导热是指在燃料芯块内核反应所产生的热量通过燃料元件内部的热传导（包括燃料、间隙和包壳的热传导）传到燃料元件包壳外表面的过程。它是一种有内热源（在燃料芯块内）或无内热源（间隙和包壳内）的导热问题，遵守傅里叶定律[式(3-1)]。

3.1.2 包壳外表面与冷却剂之间的传热

包壳外表面与冷却剂之间的传热是指通过单相对流、热辐射或沸腾等传热模式把热量从包壳外表面传递给冷却剂的过程。

这里单相对流传热是指固体表面与流动流体之间直接接触时的热交换过程。在这种传热过程中，除了存在流体的导热之外，起主要作用的是由流体位移所产生的热对流。此外，流体的物理性质和流道几何也对单相对流传热有重要影响。单相对流传热可分为强迫对流和自然对流，层流和湍流传热。通常用牛顿冷却定律来描述单相对流传热：

$$q = h(T_C - T_f) \quad 或 \quad q = h(T_W - T_f) \tag{3-2}$$

式中：

q——表面热流密度，W/m²；

T_C——包壳外表面温度（T_W 是固体表面温度），℃或 K；

T_f——在流通截面上流体（冷却剂）主流温度，℃或 K；

h——对流传热系数，W/(m²·℃)或 W/(m²·K)。

h 与热导率 k 不同，k 是物性量，而 h 是过程量，它与流体的运动和传热过程有关。例如，单相水在圆管内作强迫对流定型湍流传热时（如右图所示），式(3-2)可以写成：

$$h = \frac{q}{(T_W - T_f)} \tag{1}$$

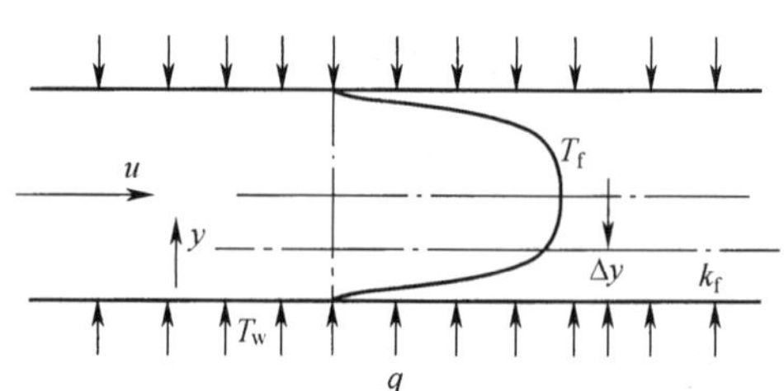

在紧贴管壁附近，有一层厚度为 Δy 的流体薄层作层流流动，流体的大部分径向温差降落在此层内，称此层为热边界层。在热边界层内，垂直于壁面方向所传递的热量主要靠流体的导热，因此有

$$q = -k_f\left(\frac{\partial T}{\partial y}\right)_{y=0} \approx k_f\frac{T_W - T_f}{\Delta y} \tag{2}$$

将式(2)代入式(1)得

$$h \approx \frac{k_f}{\Delta y} \tag{3}$$

在上式中，k_f 是流体的热导率，W/(m·K)或 W/(m·℃)。由式(3)可见，h 与流体热导率 k_f 成正比，与热边界层厚度（亦称流体膜）Δy 成反比。而 Δy 主要取决于流体的运动，一般说来，水的流速越高，Δy 就越小，则对流传热系数 h 就越大。

热辐射是物体因其温度而发射的电磁波传播所造成的热量传递。

沸腾传热是指流体在加热表面发生各种沸腾工况时的传热（详见本章 3.4 节）。

压水堆在正常运行状态下，包壳外表面与冷却剂之间主要是单相对流传热，只在最热通道的出口段可能出现欠热泡核沸腾或饱和泡核沸腾传热，辐射传热可以忽略；在某些事故（如流量丧失事故或冷却剂丧失事故等）过程中，包壳外表面可能经历单相对流传热和各种沸腾传热工况，当温度很高时要考虑辐射传热。

3.1.3 冷却剂的输热

冷却剂的输热是指冷却剂流过堆芯时，把燃料元件传给冷却剂的热量以热焓的形式载出反应堆外的过程，它用冷却剂的热能守恒方程来描述。如果输送到堆外的总热功率为 $P_{th,t}$，所需冷却剂的质量流量为 m_t，则冷却剂流过反应堆的焓升满足下面载热方程：

$$P_{th,t} = m_t(h_{out} - h_{in}) \tag{3-3}$$

当从反应堆进口到反应堆出口所流过的冷却剂都为单相流体时，方程(3-3)也可写成

$$P_{th,t} = m_t\bar{c}_p(T_{f,out} - T_{f,in}) \tag{3-4}$$

式中：

$P_{th,t}$——反应堆输出的总热功率，W；

m_t——流入反应堆的冷却剂总质量流量，kg/s；

h_{out}——堆出口冷却剂的比焓，J/kg；

h_{in}——堆进口冷却剂的比焓，J/kg；

$\bar{c}_p$——反应堆内冷却剂平均比定压热容，J/(kg·K)或 J/(kg·℃)；

$T_{f,out}$——堆出口冷却剂的温度，K 或℃；

$T_{f,in}$——堆进口冷却剂的温度，K 或℃。

例题 3-1

测量出反应堆进口总质量流量 $m_t = 8\ 400$ kg/s，反应堆进口冷却剂温度 $T_{f,in} = 293$ ℃，反应堆出口冷却剂温度 $T_{f,out} = 328$ ℃，在堆内冷却剂压力和平均温度下冷却剂的比定压热容 $\bar{c}_{p,f} = 6\ 000$ J/(kg·℃)，试用热平衡方法计算反应堆输出的总热功率 $P_{th,t}$。

解：根据热平衡

$$P_{th,t} = m_t \bar{c}_{p,f}(T_{f,out} - T_{f,in}) = 8\ 400 \times 6 \times 10^3 \times (328 - 293) = 1\ 764 \times 10^6\ \text{W}。$$

3.2　固体内的导热微分方程

欲求解固体内的温度分布(即温度场) $T(\boldsymbol{r},t)$，需要根据热量平衡关系和傅里叶定律来建立导热微分方程。设静止的均匀固体内含有热源 $q_v(\boldsymbol{r},t)$，假定热导率 $k(T)$ 各向同性，它只是温度 T 的函数，对该固体内任一个很小的控制体 V(如图 3-1 所示)。

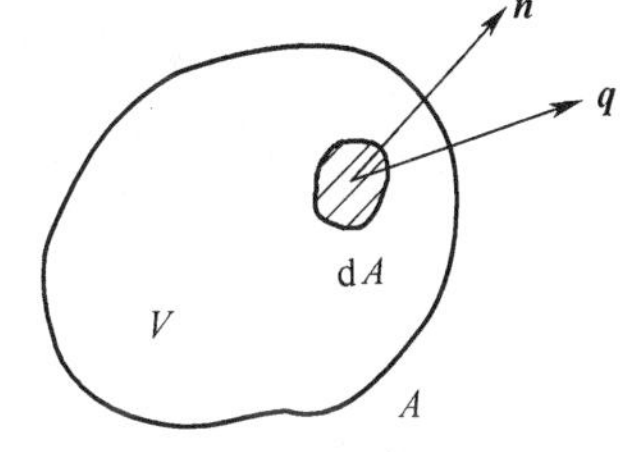

图 3-1　控制体 V

可以写出如下热量平衡关系：

单位时间内 V 内热量的积累 = 单位时间内通过 V 的界面 A 导入的热量 + 单位时间内 V 内产生的热量　(3-5)

单位时间内通过 V 的界面 A 导入的热量 $= -\oint_A \boldsymbol{q} \cdot \boldsymbol{n}\, \mathrm{d}A$

根据高斯定理

$$-\oint_A \boldsymbol{q} \cdot \boldsymbol{n}\, \mathrm{d}A = -\int_V \nabla \cdot \boldsymbol{q} \mathrm{d}V \tag{3-6}$$

式中，A 是控制体元 V 的表面积，$\boldsymbol{n}$ 是面积元 $\mathrm{d}A$ 的外法线方向上的单位向量，$\boldsymbol{q}$ 是 $\mathrm{d}A$ 处的热流密度向量，负号表示热流是向体积元 V 内部的。

$$\text{单位时间内 } V \text{ 内产生的热量} = \int_V q_v(\boldsymbol{r},t)\mathrm{d}V \tag{3-7}$$

$$\text{单位时间内 } V \text{ 内热量的积累} = \int_V \rho c_p \frac{\partial T(\boldsymbol{r},t)}{\partial t}\mathrm{d}V \tag{3-8}$$

式中，ρ 是固体物质的密度，kg/m^3；c_p 是固体物质的比定压热容，J/(kg·℃)。

将式(3-6)、(3-7)和(3-8)代入式(3-5)得

$$\int_V \left[-\nabla \cdot q(\boldsymbol{r},t) + q_v(\boldsymbol{r},t) - \rho c_p \frac{\partial T(\boldsymbol{r},t)}{\partial t} \right] \mathrm{d}V = 0 \tag{3-9}$$

当控制体积 V 取得非常小时，可去掉积分号，由此得到

$$-\nabla \cdot q(\boldsymbol{r},t) + q_v(\boldsymbol{r},t) = \rho c_p \frac{\partial T(\boldsymbol{r},t)}{\partial t} \tag{3-10}$$

将式(3-1)的 $q(\boldsymbol{r},t)$ 的表达式代入方程(3-10)可得到静止的均匀固体内含有热源的各向同

性物体的导热微分方程：

$$\nabla \cdot [k\nabla T(\boldsymbol{r},t)] + q_v(\boldsymbol{r},t) = \rho c_p \frac{\partial T(\boldsymbol{r},t)}{\partial t} \tag{3-11}$$

式中，$\boldsymbol{r}$ 为位置向量。

3.2.1 直角坐标系中的热传导方程

在直角坐标系中，方程(3-11)变成

$$\frac{\partial}{\partial x}\left(k\frac{\partial T}{\partial x}\right) + \frac{\partial}{\partial y}\left(k\frac{\partial T}{\partial y}\right) + \frac{\partial}{\partial z}\left(k\frac{\partial T}{\partial z}\right) + q_v = \rho c_p \frac{\partial T}{\partial t} \tag{3-12}$$

当热导率 k 为常数时(即不随温度和位置而变化时)，则方程(3-12)就简化成

$$k\left(\frac{\partial^2 T}{\partial x^2} + \frac{\partial^2 T}{\partial y^2} + \frac{\partial^2 T}{\partial z^2}\right) + q_v = k\nabla^2 T + q_v = \rho c_p \frac{\partial T}{\partial t} \tag{3-13}$$

令 $a = \frac{k}{\rho c_p}$，则方程(3-13)可以写成

$$\nabla^2 T + \frac{q_v}{k} = \frac{1}{a}\frac{\partial T}{\partial t} \tag{3-14}$$

称 a 为材料的热扩散率(或称导温系数)，m^2/s，a 是物性量，它反映了温度随时间变化的物体内部热量传播的速度，a 越大，则物体内热量传播的越快。

对于稳态导热情况，$\frac{\partial T}{\partial t}=0$，则方程(3-14)就简化成泊松方程：

$$\nabla^2 T + \frac{q_v}{k} = 0 \tag{3-15}$$

对于没有内热源的情况，$q_v=0$，则方程(3-14)就简化成傅里叶方程：

$$\nabla^2 T = \frac{1}{a}\frac{\partial T}{\partial t} \tag{3-16}$$

对于稳态和没有内热源的情况，则方程(3-14)就简化成拉普拉斯方程：

$$\nabla^2 T = 0 \tag{3-17}$$

直角坐标系中的导热微分方程适用于板状燃料元件。

3.2.2 圆柱坐标系中的热传导方程

在圆柱坐标系中的坐标变量为 r,φ,z，如图 3-2 所示。方程(3-11)变成

$$\frac{1}{r}\frac{\partial}{\partial r}\left(kr\frac{\partial T}{\partial r}\right) + \frac{1}{r^2}\frac{\partial}{\partial \varphi}\left(k\frac{\partial T}{\partial \varphi}\right) + \frac{\partial}{\partial z}\left(k\frac{\partial T}{\partial z}\right) + q_v = \rho c_p \frac{\partial T}{\partial t} \tag{3-18}$$

当热导率 k 为常数时(即不随温度和位置而变化时)，则方程(3-18)就简化成

$$\frac{1}{r}\frac{\partial}{\partial r}\left(r\frac{\partial T}{\partial r}\right) + \frac{1}{r^2}\frac{\partial^2 T}{\partial \varphi^2} + \frac{\partial^2 T}{\partial z^2} + \frac{q_v}{k} = \frac{1}{a}\frac{\partial T}{\partial t} \tag{3-19}$$

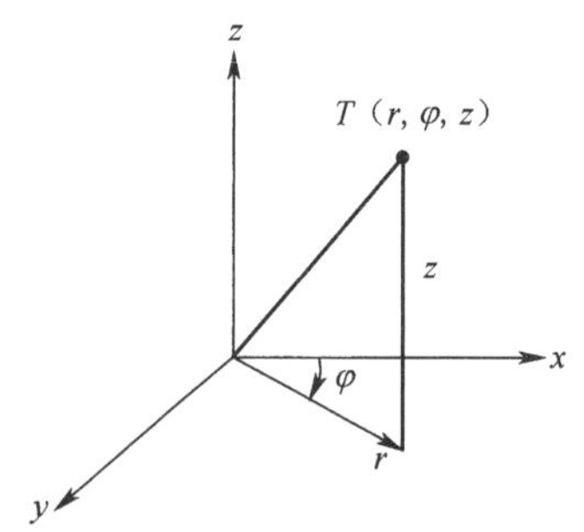

图 3-2 圆柱坐标系(r,φ,z)

对于稳态导热情况，$\frac{\partial T}{\partial t}=0$，则方程(3-19)就简化成泊松方程：

$$\frac{1}{r}\frac{\partial}{\partial r}\left(r\frac{\partial T}{\partial r}\right)+\frac{1}{r^2}\frac{\partial^2 T}{\partial \varphi^2}+\frac{\partial^2 T}{\partial z^2}+\frac{q_v}{k}=0 \tag{3-19A}$$

对于没有内热源的情况，$q_v=0$，则方程(3-19)就简化成傅里叶方程：

$$\frac{1}{r}\frac{\partial}{\partial r}\left(r\frac{\partial T}{\partial r}\right)+\frac{1}{r^2}\frac{\partial^2 T}{\partial \varphi^2}+\frac{\partial^2 T}{\partial z^2}=\frac{1}{a}\frac{\partial T}{\partial t} \tag{3-19B}$$

对于稳态和没有内热源的情况，则方程(3-19)就简化成拉普拉斯方程：

$$\frac{1}{r}\frac{\partial}{\partial r}\left(r\frac{\partial T}{\partial r}\right)+\frac{1}{r^2}\frac{\partial^2 T}{\partial \varphi^2}+\frac{\partial^2 T}{\partial z^2}=0 \tag{3-19C}$$

圆柱坐标系中的导热微分方程适用于棒状燃料元件，其中在第 4 章将用到的是稳态、忽略周向和轴向导热的情况：

对于燃料芯块[有内热源、设燃料热导率为 $k_U(T)$]：

$$\frac{1}{r}\frac{\partial}{\partial r}\left[k_U(T)r\frac{\partial T}{\partial r}\right]+q_v=0 \tag{3-20}$$

对于包壳(无内热源、设包壳热导率为 k_C=常数)：

$$\frac{1}{r}\frac{\partial}{\partial r}\left(r\frac{\partial T}{\partial r}\right)=0 \tag{3-21}$$

关于导热微分方程的应用请见第 4 章。

3.3 单相对流传热

3.3.1 黏性力、层流和湍流

在流动系统中只有一种物相(液相、气相或固相)的流动称为单相流动，例如单相液体或单相气体的流动。实际流体(液体或气体)都是黏性流体，它们在流动时都具有黏性力(内摩擦力)。当黏性流体中发生层与层之间的相对运动时，运动速度快的层对速度慢的层产生一个拖动力使它加速，而速度慢的流体层对速度快的流体层就有阻止它向前运动的阻力。拖动力和阻力是大小相等方向相反的一对力，分别作用在两个紧挨着的但速度不同的流体层上，这就是流体的黏性表现，称为黏性力或摩擦力。两流体层之间单位接触面积上的黏性力称为黏性应力，用 τ 表示，其表达式服从牛顿法则：

$$\tau=\mu\frac{\partial u}{\partial y}\quad \mathrm{N/m} \tag{3-22}$$

式中，$\frac{\partial u}{\partial y}$ 是速度 u 沿速度的垂直方向上的梯度，即两层之间的速度差与两层之间距离的比值；μ 是流体的性质参量，称为动力黏度，μ 的单位是 $\mathrm{N\cdot s/m^2}$ ($\mathrm{Pa\cdot s}$)，μ 的物理意义有两种：其一是两层流体之间的速度梯度 $\frac{\partial u}{\partial y}=1$ 时所产生的黏性应力；其二是单位体积流量所作的功，即 $\frac{\mathrm{N\cdot s}}{\mathrm{m^2}}=\frac{\mathrm{N\cdot m}}{\mathrm{m^3/s}}=\frac{\mathrm{J}}{\mathrm{m^3/s}}=\frac{\text{功}}{\text{流体体积流量}}$。

流体的流动分成层流流动和湍流流动。当流体速度很低时，流体中各质点均沿主流方向平行流动、各平行层之间不发生流体微团的交混，而只有分子间的相互交换，这种流动状态称为层流流动。当流体速度较高时，流体微团在沿主流方向运动的同时还存在横向速度脉动，即流体分子团作无规则的湍动，这种流动状态称为湍流流动。一般用雷诺数 Re 来判断流动是层流还是湍流，雷诺数 Re 的定义为 $Re=\rho uD/\mu=uD/\nu$，它表示流体惯性力与黏性力之比。称 ν 为流体的运动黏度，其单位是 m^2/s。运动黏度 ν 的物理意义是当流体层间存在相对运动时，单位质量流量所作的功，即 $\dfrac{N\cdot s}{m^2\cdot(kg/m^3)}=\dfrac{N\cdot m}{kg/s}=\dfrac{J}{kg/s}=\dfrac{功}{流体质量流量}$。

对于流体在管内流动，当 $Re\leqslant 2\,300$ 时为层流，当 $Re\geqslant 10^4$ 时是湍流，当 $2\,300<Re<10^4$ 时是过渡流。在流体作湍流流动时，流体中一个微团会从一个位置脉动到另一个位置，这种微团的脉动造成流体混合。其作用是：(1) 不同速度的流体层之间，会有附加的动量交换，它产生了附加的切应力；(2) 不同温度的流体层之间，会产生附加的热量交换。这种由湍流脉动而产生的附加的切应力和热量的传递称之为湍流切应力和湍流热流密度。考虑了这两个作用之后，对于流体湍流流动，总切应力 τ 由层流切应力和湍流切应力构成，式(3-22)可以写成

$$\tau=(\mu+\rho\varepsilon_m)\frac{\partial u}{\partial y}\quad N/m^2 \tag{3-23}$$

式中，ε_m 称为湍流动量扩散率(或称湍流黏度)，m^2/s。流体中所传导的综合热流密度为

$$q=(k+\rho c_p\varepsilon_h)\frac{\partial T}{\partial y}\quad W/m^2 \tag{3-24}$$

式中，ε_h 称为湍流热扩散率(或微团热扩散率)，m^2/s。

ε_m 和 ε_h 都是由于流体作湍流运动时的微团脉动所造成的，所以它们取决于流体的运动过程，即是过程量。

湍流流动的流体所产生的附加的切应力和附加的热量的传递要比分子的黏性切应力和分子的热传导大得多。因此，流体作湍流流动时的摩擦力和热量传递的能力要比层流流动时强烈。

3.3.2 速度边界层和温度边界层

1. 速度边界层

如图 3-3 所示，黏性流体在流过平板时，在远离壁面即 y 值较大处，流体速度几乎等于来流速度 u_∞，即速度梯度很小，黏性所造成的黏性应力可以忽略不计。在靠近壁面的区域，因流体黏性的作用，速度逐渐下降，在壁面上($y=0$)速度下降为零。壁面附近这一速度发生剧烈变化的流体薄层，即黏性起重要作用的这一薄层，称之为速度边界层(或称流动边界

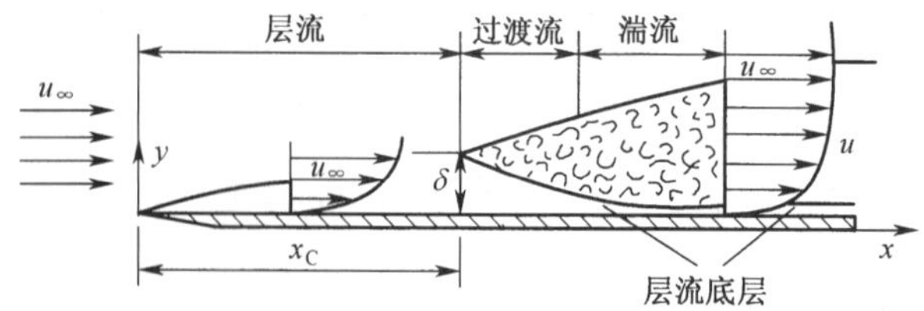

图 3-3 平板上边界层速度分布

层)。通常把从速度为零的壁面到速度达到来流速度 u_∞ 的 99%处的距离,定为速度边界层厚度 δ。相对于平板长度 L,δ 是一个比 L 小一个数量级以上的小量。

由图 3-3 可以看到,随着 x 的增加,由于壁面黏滞力的影响逐渐向流体内部传递,使边界层的厚度 δ 逐渐增厚。在接近平板前缘的一段边界层中,流体作有次序的分层流动,各层互不干扰,这属于层流边界层。其截面上的速度分布近似一抛物线,流体层与层之间的动量传递几乎完全依靠分子的黏性。沿流动方向随着边界层的厚度增加,边界层内部黏性力和惯性力的对比向着惯性力相对强大的方向变化,促使边界层内的流动变得不稳定起来。自距前缘 x_C 处起,流动朝着湍流过渡,最终过渡为旺盛湍流。此时流体质点在沿 x 方向流动的同时,又作着紊乱的不规则脉动,故称湍流边界层。边界层开始从层流向湍流过渡的距离 x_C 由临界雷诺数 $Re_C=\rho u_\infty x_C/\mu$ 确定。对掠过平板的流动,Re_C 根据来流湍流度的不同而在 2×10^5 到 3×10^6 之间。来流扰动强烈、壁面粗糙时,Re_C 甚至低于 2×10^5。在一般情况下,可取 $Re_C=5\times10^5$。在湍流边界层中,其主体核心虽处于湍流状态,但紧靠壁面处分子黏性力仍占主导地位,致使贴附于壁面的一极薄层内仍保持层流性质。这个极薄层称为湍流边界层的层流底层。在湍流核心,流体微团的脉动强化了动量的传递,使截面速度变化较为平缓;在层流底层速度梯度很大,近于直线。所以层流底层虽然很薄,但它对动量的传递却起着很大作用。

2. 温度边界层

如图 3-4 所示,温度为 T_∞ 的流体在流过温度为 T_W 的平板时(设 $T_\infty>T_W$),会发生流体与壁面的对流换热。在壁面附近的一个薄层内,流体温度在壁面法线方向上发生剧烈的变化,而在此薄层之外,流体的温度梯度几乎等于零。壁面附近这一温度发生剧烈变化的流体薄层,即导热起重要作用的这一薄层,称之为温度边界层(或称热边界层)。通常把从温度为 T_W 的壁面到温度达到来流温度 T_∞ 的 99%处的距离,定为温度边界层的厚度 δ_t。除了液态金属和高黏性的流体以外,温度边界层厚度 δ_t 在数量级上是个与速度边界层厚度 δ 相当的小量。

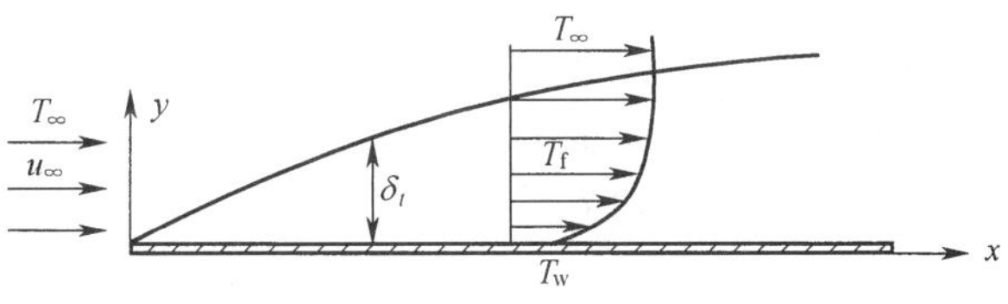

图 3-4 平板上温度边界层

由图 3-4 可以看到,随着 x 的增加,热边界层的厚度 δ_t 逐渐增厚。在层流边界层内,其截面上的温度分布也近似一抛物线,流体层与层之间的热量的传递几乎完全依靠分子的导热。在湍流边界层的湍流核心内,流体微团的脉动强化了热量的传递,使截面温度变化较为平缓;在层流底层内,温度梯度很大,也近于直线。所以层流底层虽然很薄,但它对热量的传递却起着很大作用。此外,湍流越强烈,层流底层越薄,换热能力越强。

3.3.3 速度边界层的厚度 δ 和温度边界层的厚度 δ_t 以及换热系数 h 的计算式

根据边界层积分方程的求解，当流体沿平板流动所形成的速度边界层属于层流时，其边界层厚度 δ 可由下式计算：

$$\frac{\delta}{x}=\frac{4.64}{Re_x^{0.5}} \tag{3-25}$$

对于普朗特数 $Pr\approx1$ 或者 $Pr\geqslant1$ 的流体流过等温平板时，其热边界层的厚度 δ_t 可由下式计算：

$$\frac{\delta_t}{\delta}=0.975Pr^{-1/3} \tag{3-26}$$

式中，Re_x 是距平板前缘为 x 处的雷诺数，$Re_x=\frac{\rho u_\infty x}{\mu}$；$Pr$ 是普朗特数，$Pr=\frac{\mu c_p}{k}$。定义运动黏度 $\nu=\frac{\mu}{\rho}$ 之后，可以将普朗特数写成 $Pr=\frac{\mu/\rho}{k/\rho c_p}=\frac{\nu}{a}$。由于运动黏度 ν 是反映流体中分子动量扩散能力的参量，热扩散率 a 是反映流体中分子热量扩散能力的参量，所以 Pr 数反映了流体中动量扩散和热量扩散能力的对比。当 $\nu=a$ 时，则 $Pr=1$，由式(3-26)可知，热边界层的厚度 δ_t 近似等于速度边界层厚度 δ。

局部表面换热系数 h_x 及局部努塞尔数 Nu_x 的计算式为

$$h_x=0.332\frac{k}{x}Re_x^{1/2}\cdot Pr^{1/3} \tag{3-27A}$$

$$Nu_x=\frac{h_x\cdot x}{k}=0.332Re_x^{1/2}\cdot Pr^{1/3} \tag{3-27B}$$

平板全长 L 的平均努塞尔数 Nu 为

$$Nu=\frac{h\cdot L}{k}=0.664Re^{1/2}\cdot Pr^{1/3} \tag{3-27C}$$

式中，$Re=u_\infty L/\nu$。计算流体物性参量的温度取边界层的平均温度 $T_M=(T_W+T_\infty)/2$。

例题 3-2

压力 $p=0.1$ MPa、温度 $T_\infty=20$ ℃的空气，平行流过一块长 $L=0.4$ m、宽 $b=0.2$ m、壁面温度 $T_W=40$ ℃的平板，设来流速度 $u_\infty=8$ m/s。(1) 试求离平板前缘 $x=0.05$ m、0.1 m、0.2 m、0.3 m、0.4 m 处的速度边界层和温度边界层的厚度。(2) 试求平板与空气的换热率。

解：(1) 空气的物性参量按平板表面温度和空气温度的平均值 30 ℃确定。30 ℃时空气的运动黏度 $\nu=1.6\times10^{-5}$ m²/s，热导率 $k=2.67\times10^{-2}$ W/(m·K)，普朗特数 $Pr=0.7$。对长 $L=0.4$ m 的平板而言：

$Re=\frac{u_\infty L}{\nu}=\frac{8\times0.4}{1.6\times10^{-5}}=2\times10^5$，由此可以断定空气在平板上的流动属于层流边界层流动。根据式(3-25)得速度边界层的厚度为

$$\delta=\frac{4.64x}{Re_x^{0.5}}=4.64x\left(\frac{u_\infty x}{\nu}\right)^{-0.5}=4.64\left(\frac{\nu x}{u_\infty}\right)^{0.5}=4.64\times\left(\frac{1.6\times10^{-5}}{8}\right)^{0.5}x^{0.5}=6.56\times10^{-3}x^{0.5}$$

由于 $Pr=0.7\approx1$，所以可以近似按式(3-26)来计算温度边界层的厚度：

$\delta_t=0.975\delta Pr^{-1/3}=0.975\times(0.7)^{-1/3}\delta=1.1\delta=7.216\times10^{-3}x^{0.5}$

计算结果列表如下：

x/m	0.05	0.1	0.2	0.3	0.4
δ/m	0.001 5	0.002 1	0.002 9	0.003 6	0.004 1
δ_t/m	0.001 6	0.002 3	0.003 2	0.004	0.004 6

讨论：速度边界层的厚度 δ 只与 Re_x 有关，因此只要 Re_x 相同，无论空气还是水，δ 也相同。但 δ_t 还与 Pr 数有关，因此在相同的 Re_x 下，水($Pr=7$) 的温度边界层厚度 δ_t 要比空气的小得多。

(2) 用式(3-27C)计算平板的平均对流传热系数：

$Nu=0.664Re^{1/2}\cdot Pr^{1/3}=0.664\times(2\times10^5)^{1/2}\times(0.7)^{1/3}=263.7$，

$h=\dfrac{k}{L}\cdot Nu=\dfrac{2.67\times10^{-2}}{0.4}\times263.7=17.6\ \mathrm{W/(m^2\cdot ℃)}$，

平板与空气的换热率为

$Q=hA(T_W-T_\infty)=17.6\times(0.4\times0.2)\times(40-20)=28.2\ \mathrm{W}$。

3.3.4 单相强迫对流传热系数

所谓强迫对流是指由泵或风机驱动流体的流动。大多数动力堆在运行状态下，流经反应堆的冷却剂一般都作强迫湍流流动。在这种流动状态下的对流传热系数 h 常用如下经验关系式计算：

$$Nu=CRe^mPr^n \tag{3-28}$$

式中：

Nu——努赛尔数，$Nu=hD_e/k$；

Re——雷诺数，$Re=\rho uD_e/\mu=GD_e/\mu$；

Pr——普朗特数，$Pr=c_p\mu/k$；

C、m 和 n——由实验确定的常数；

h——对流传热系数，W/(m^2·K)或 W/(m^2·℃)；

D_e——通道等效直径，m；

k——流体(冷却剂)热导率，W/(m·K)或 W/(m·℃)；

u——通道中流体平均速度，m/s；

ρ——流体密度，kg/m^3；

G——通道中流体质量流密度，kg/(m^2·s)；

c_p——流体比定压热容，J/(kg·K)或 J/(kg·℃)；

μ——流体动力黏度，N·s/m^2 或 Pa·s。以上各物性参量通常在流体平均温度 T_f(或 T_b)下计算或由物性表查得。通道的水力等效直径 D_e 定义为

$$D_e=\frac{4A}{P_W} \tag{3-29}$$

式中，A 为通道横截面积，m^2；P_W 为通道的湿周长，m。对于圆形通道，$D_e=D$，D 是圆形通道的直径，m。

1. 圆形通道内的强迫对流湍流传热系数

流体在长直圆形通道内作强迫对流湍流流动（即定型湍流流动）时，传热系数 h 常用 Dittus-Boelter 关系式计算，即式（3-28）中的系数 $C=0.023$，指数 $m=0.8$，加热流体时，$n=0.4$，冷却流体时，$n=0.3$，因此

$$Nu = 0.023Re^{0.8}Pr^{n} \tag{3-30A}$$

或

$$h = 0.023\frac{k}{D_e}\left(\frac{\rho u D_e}{\mu}\right)^{0.8}\left(\frac{c_p\mu}{k}\right)^{n} \quad \mathrm{W/(m^2\cdot ℃)} \tag{3-30B}$$

上式的适用范围是：（圆形通道长 L/圆形通道内径 D）$\geqslant 50$，膜温差 $\Delta T_w=(T_w-T_f)<30$ ℃，$10^4\leqslant Re\leqslant 1.2\times10^5$，$0.6\leqslant Pr\leqslant 120$。$T_w$ 是通道壁表面温度，K 或℃。计算流体物性的温度为 T_f，K 或℃。

对于高膜温差（$\Delta T_w>30$ ℃）情况，流体黏度沿通道横截面发生较大变化（对受热水而言，近壁处黏度变小）。流体黏度变化对单相对流传热具有重要影响，必须加以考虑。下列关系式都考虑了流体黏度变化对传热系数的影响。

（1）修正 Dittus-Boelter 关系式

$$Nu = 0.023Re^{0.8}Pr^{n}c_f \tag{3-31}$$

对于液体，$c_f=\left(\frac{\mu_f}{\mu_w}\right)^{a}$，当液体受热时，$a=0.11$；当液体被冷却时，$a=0.25$。

对于气体，$c_f=\left(\frac{T_f}{T_w}\right)^{0.5}$。

但当烟气被冷却时取 $c_f=1$。

（2）Seider-Tate 关系式

$$Nu = 0.027Re^{0.8}Pr^{1/3}\left(\frac{\mu_f}{\mu_w}\right)^{0.14} \tag{3-32}$$

式（3-32）的适用范围除了膜温差以外，其他参量与式（3-30）相同。

（3）米海耶夫关系式

$$Nu = 0.021Re^{0.8}Pr^{0.43}\left(\frac{Pr_f}{Pr_w}\right)^{0.25} \tag{3-33}$$

上式的适用范围是：（圆形通道长 L/圆形通道内径 D）$\geqslant 50$，$10^4\leqslant Re\leqslant 1.75\times10^6$，$0.6\leqslant Pr\leqslant 700$。

（4）格尼林斯基关系式

$$Nu = \frac{(f/8)(Re-1\,000)Pr_f}{1+12.7(Pr_f^{2/3}-1)(f/8)^{0.5}}\left[1+\left(\frac{D}{L}\right)^{2/3}\right]c_f \tag{3-34}$$

对于液体，$c_f=\left(\frac{Pr_f}{Pr_w}\right)^{0.11}$，$\frac{Pr_f}{Pr_w}=0.05\sim20$；对于气体，$c_f=\left(\frac{T_f}{T_w}\right)^{0.45}$，$\frac{T_f}{T_w}=0.5\sim1.5$。式中摩擦因子 $f=(1.82\lg Re-1.64)^{-2}$。L 为圆形通道长度，m。

式（3-34）的适用范围：$2\,300\leqslant Re\leqslant 10^6$，$0.6\leqslant Pr_f\leqslant 10^5$。

在以上各关系式中，μ_f 和 Pr_f 在流体平均温度 T_f 下计算，μ_w 和 Pr_w 则在壁面温度 T_w 下

计算。

当把关系式(3-34)用于气体或液体时，该表达式可以简化如下：

对于气体，
$$Nu = 0.0214(Re^{0.8}-100)Pr_f^{0.4}\left[1+\left(\frac{D}{L}\right)^{2/3}\right]\left(\frac{T_f}{T_w}\right)^{0.45} \tag{3-34A}$$

实验验证范围为 $0.6 < Pr_f < 1.5, 0.5 < \frac{T_f}{T_w} < 1.5, 2\,300 < Re < 10^6$；

对于液体，
$$Nu = 0.012(Re^{0.87}-280)Pr_f^{0.4}\left[1+\left(\frac{D}{L}\right)^{2/3}\right]\left(\frac{Pr_f}{Pr_w}\right)^{0.11} \tag{3-34B}$$

实验验证范围为 $1.5 < Pr_f < 500, 0.05 < \frac{Pr_f}{Pr_w} < 20, 2\,300 < Re < 10^6$。

对于液态金属冷却剂，不能用上述关系式。这是因为液态金属的热导率 k 很大，黏度 μ 和比定压热容 c_p 较低，因而 Pr 数很小。在这种情况下，必须考虑液态金属中的分子热传导。对于沿圆管壁以均匀热流密度加热时的洁净换热面，液态金属冷却剂作湍流流动时的对流传热系数，可按 Lyon-Martinelli 关系式计算：

$$Nu = 7.0 + 0.025Pe^{0.8} \tag{3-35}$$

式中，Pe 为 Peclet 数，其定义为

$$Pe = Re \cdot Pr = \left(\frac{\rho u D_e}{\mu}\right)\left(\frac{c_p\mu}{k}\right) = \frac{\rho u D_e c_p}{k} \tag{3-35A}$$

该式中消去了黏度 μ，这表明液态金属的黏度在传热中是无关重要的参量。式(3-35)中的 Nu 数是由两项组成，第一项为常数项 7.0，它代表分子导热的作用，这表明即使在低流速下(即 Pe 数很低)，液态金属仍然有较大的传热系数。这是由于液态金属有很高的热导率，它与湍流热扩散相比是个不可忽略的因素；第二项即 $0.025Pe^{0.8}$ 代表湍流热扩散的作用，仅当 Pe 数很高时(例如 $Pe \geqslant 1\,000$)它的作用才和第一项的作用相当或大于第一项的作用。对于均匀壁温情况，只要把式(3-35)中的第一项 7.0 换成 5.0 即可。

例题 3-3

水在管内作强迫湍流流动(定型)，如果水的质量流量和水的物性都保持不变，只是将管直径减小到原来的 1/2，试用 Dittus-Boelter 传热关系式分析对流传热系数将变成原来的多少倍。

解：Dittus-Boelter 传热关系式为

$$h = 0.023\frac{k}{D}\left(\frac{\rho u D}{\mu}\right)^{0.8}Pr^{0.4} = 0.023\frac{k}{D}\left(\frac{4m}{\pi D\mu}\right)^{0.8}Pr^{0.4} = 0.023\frac{k}{D^{1.8}}\left(\frac{4m}{\pi\mu}\right)^{0.8}Pr^{0.4};$$

设原来的管径为 D_0，传热系数为 h_0；现在的管径为 D，传热系数为 h。由于流量 m 和物性 k、μ 和 Pr 保持不变，所以依据上面式子可得：$\frac{h}{h_0}=\left(\frac{D_0}{D}\right)^{1.8}$，从而得：

$h=h_0\left(\frac{D_0}{0.5D_0}\right)^{1.8}=h_0\cdot 2^{1.8}=3.48h_0$，即传热系数变成原来的 3.48 倍。

2. 水纵向流过平行棒束中的传热系数

在采用棒束燃料组件的水冷堆芯内，水纵向流过平行棒束，其内的速度场与管内速度场有所不同，因此它们的传热系数计算公式也不相同。对于棒束中的强迫对流传热系数，Weisman 推荐下列关系式：

$$Nu = C Re^{0.8} Pr^{1/3} \tag{3-36}$$

式中系数 C 取决于栅格的排列和栅距，用下式计算：

对于正方形栅格，　当 $1.1 \leqslant \frac{P}{d} \leqslant 1.3$ 时，$C = 0.042 \frac{P}{d} - 0.024$　(3-36A)

对于三角形栅格，　当 $1.1 \leqslant \frac{P}{d} \leqslant 1.5$ 时，$C = 0.026 \frac{P}{d} - 0.006$　(3-36B)

其中，P 是栅距(见下面例题)，m；d 是燃料棒直径，m。

例题 3-4

某压水堆的棒束燃料组件被纵向流过的轻水所冷却。若在棒束高度方向上任取一小段 Δz，在该段内冷却剂水的平均温度 $T_f = 300$ ℃，平均流速 $u = 4$ m/s，冷却剂压力 $p = 14.7$ MPa，燃料元件外表面平均热流密度 $q = 1.3 \times 10^6$ W/m²，棒束栅格为正方形排列，棒外径 $d = 10$ mm，栅距 $P = 13$ mm。试求该段内某一个子通道(如右图所示)的平均对流传热系数 h 和元件外表面温度 T_C。

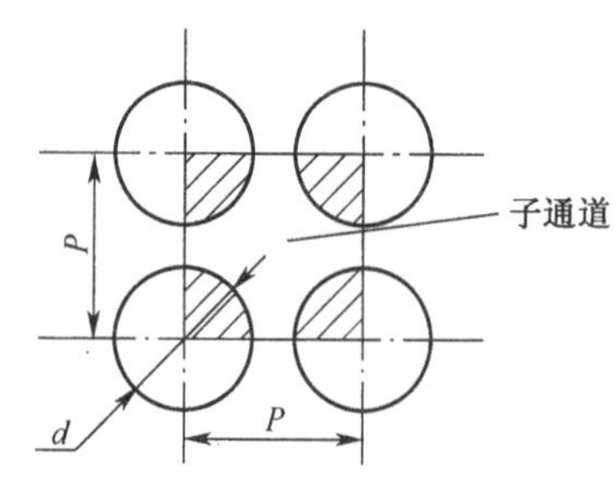

正方形栅格一个子通道

解： $\frac{P}{d} = \frac{13}{10} = 1.3$，此值在式(3-36A)的适用范围，正方形栅格的

$$C = 0.042 \frac{P}{d} - 0.024 = 0.042 \times 1.3 - 0.024 = 0.0306,$$

代入式(3-36)得

$$Nu = 0.030\,6 Re^{0.8} Pr^{1/3}$$

水在 $p = 14.7$ MPa 和 $T_f = 300$ ℃下的物性参量值为 $k_f = 0.564$ W/(m·℃)，$\mu_f = 88.9 \times 10^{-6}$ Pa·s，$\rho_f = 725.7$ kg/m³，$Pr = 0.9$。子通道的水力直径 D_e 为

$$D_e = \frac{4A}{P_w} = \frac{4 \times (P^2 - \pi d^2/4)}{\pi d} = \frac{4 \times (13^2 - \pi \times 10^2/4) \times 10^{-6}}{\pi \times 10 \times 10^{-3}} = 11.5 \times 10^{-3}\ \text{m};$$

$$Re = \frac{\rho u D_e}{\mu} = \frac{725.7 \times 4 \times 11.5 \times 10^{-3}}{88.9 \times 10^{-6}} = 3.755 \times 10^5;$$

$$Nu = 0.030\,6 Re^{0.8} Pr^{1/3} = 0.030\,6 \times (3.755 \times 10^5)^{0.8} \times (0.9)^{1/3} = 851;$$

$$h = \frac{Nu k_f}{D_e} = \frac{851 \times 0.564}{11.5 \times 10^{-3}} = 4.17 \times 10^4\ \text{W/(m}^2 \cdot ℃)$$

由 $q = h(T_C - T_f)$ 得

$$T_C = T_f + \frac{q}{h} = 300 + \frac{1.3 \times 10^6}{4.17 \times 10^4} = 300 + 31.2 = 331.2\ ℃。$$

3. 单相强迫对流层流传热系数

虽然在水冷反应堆正常运行和预期的瞬态工况下不会遇到层流流动，但是在某些事故工况下可能发生冷却剂的层流。对于定型层流流动，其对流传热系数常按如下公式计算

$$\frac{hD_e}{k_f} = 4 \tag{3-37A}$$

考虑到自由对流的影响，米海耶夫推荐下式：

$$\frac{hD_e}{k_f}=0.15\left(\frac{GD_e}{\mu_f}\right)^{0.33}\left(\frac{c_p\mu}{k}\right)_f^{0.43}\left(\frac{Pr_f}{Pr_w}\right)^{0.25}\left[\frac{D_e^3 g\rho_f^2\alpha_V\Delta T}{\mu_f^2}\right]^{0.1} \tag{3-37B}$$

式中，g 是重力加速度，m/s^2；α_V 是液体的体积膨胀系数，1/℃，其定义为 $\alpha_V=\frac{1}{v}\left(\frac{\partial v}{\partial T}\right)_p$ 或 $\alpha_V=-\frac{1}{\rho}\left(\frac{\partial \rho}{\partial T}\right)_p$；$\Delta T=T_w-T_f$；$Pr_f$ 在流体平均温度 T_f 下计算，Pr_w 则在壁面温度 T_w 下计算。其他物性则在流体平均温度 T_f 下计算。

4. 影响单相强迫对流传热系数的主要因素

(1) 流体流动的状态对 h 的影响

流体处于不同的流动状态(层流或湍流)有不同的传热机理。当流体作纯层流时，各层流体之间互不掺混，沿壁面法线方向(即垂直于流动方向)上的传热机理主要是分子导热，即传热系数主要取决于流体的热导率 k_f，如式(3-37A)所示，因此，层流时的传热系数 h 值很低。

当流体作定型湍流流动时(所谓定型湍流是指在进口稳定段之后充分发展的湍流流动或称旺盛湍流)，在层流底层之外的湍流区内，流体微团相互扰动和混合，从而使热量的传递大大强化。流体速度越高，湍流区的交混越剧烈，因而对流传热系数也越大，从式(3-30B)可以看出，h 与 $u^{0.8}$ 成正比。

(2) 流体的物理性质对 h 的影响

不同的流体如空气、燃气、水和油等，它们的物理性质不同，对换热过程的影响也不一样。从式(3-30B)可以看出，影响传热系数 h 的流体物性有流体的热导率 k_f、密度 ρ、黏度 μ 和比定压热容 c_p。无论是层流还是湍流，热导率 k_f 增加，就使传热系数 h 增大。密度 ρ 和黏度 μ 直接影响雷诺数 Re 的大小，从而对 h 造成影响。μ、c_p 和 k 组成 Pr 数，Pr 值对 h 也有较强的影响。

(3) 通道几何对 h 的影响

通道几何包括通道的形状和大小以及传热表面的粗糙度等，它们对传热系数 h 有一定影响。

3.3.5 自然对流传热系数

流体的自然对流或称自由对流是由作用在密度发生变化的流体上的重力引起的流动换热，而密度变化通常由流体内的温度差产生。因此，其换热强度主要取决于流体温度差的大小。

在反应堆工程中，自然对流传热对堆的冷却，特别是对停堆后的冷却以及事故工况的冷却和分析计算，都具有重要意义。自然对流传热准则关系式一般取如下形式：

$$Nu=f(Gr\cdot Pr)=C(Gr\cdot Pr)_m^n \tag{3-38}$$

式中，Gr 是葛拉晓夫数，$Gr=\frac{g\alpha_V D_e^3\rho_f^2(T_w-T_f)}{\mu_f^2}$；$Pr$ 是普朗特数，$Pr=\left(\frac{\mu c_p}{k}\right)_f$。系数 C 和指数 n 主要取决于物体的几何形状、放置方式以及热流方向和 $Gr\cdot Pr$ 的范围等。而下标 m 是指取 $T_m=(T_w+T_f)/2$ 作为计算物性的定性温度。其中 T_w 为换热壁表面温度，T_f 为流体主流温度。

自然对流传热极其复杂，通道几何形状的影响较大，至今尚无一个普遍适用的公式，一般只能从实验得到在某特定条件下的经验关系式。下面给出在 TRAC 程序中所使用的适用于竖直平板和圆柱的自然对流传热关系式：

层流：当 $Gr < 10^9$ 时， $$Nu = 0.59(Gr \cdot Pr)_m^{0.25} \tag{3-39}$$

过渡流：当 $10^9 \leqslant Gr \leqslant 10^{13}$ 时， $$Nu = 0.021(Gr \cdot Pr)_m^{0.4} \tag{3-40}$$

湍流：当 $Gr > 10^{13}$ 时， $$Nu = 0.10(Gr \cdot Pr)_m^{1/3} \tag{3-41}$$

3.4 沸腾传热

在现代大型压水堆设计中，在正常运行状态下一般允许堆芯内冷却剂发生泡核沸腾，即在堆芯内平均通道的出口段允许出现欠热泡核沸腾，在最热通道的出口段还允许出现饱和泡核沸腾，因为这样可以大幅度提高传热能力，相应的也提高了冷却剂的出口温度，从而可提高核电站的热效率。

在水冷核反应堆的某些事故过程中，堆芯内燃料元件外表面可能经历欠热泡核沸腾、饱和泡核沸腾、强迫对流蒸发、临界热流密度、过渡沸腾和膜态沸腾等一系列沸腾传热工况。

因此，沸腾传热在反应堆热工设计和安全分析中十分重要。

沸腾是指液体内部生成气泡或气相并由液态转变成气态的一种剧烈的气化过程，而沸腾传热则指该过程中传递热量的模式。按照发生沸腾的不同方式，沸腾传热可分为均匀沸腾和非均匀沸腾两类。均匀沸腾是指在液体内部没有固定的加热面，在较大的液体过热度下，气泡由能量较集中的液体高能分子团的运动与集聚而产生，例如，在较高压力下的饱和水系统中，如果降低系统压力，则原来的处于饱和状态的水就变成了过热水。当水的过热度超过某一临界值，系统内的部分水就会突然气化成许多细小的蒸汽泡。这种在液体体积内部急剧气化的现象称为“闪蒸(flashing)”。非均匀沸腾则指气泡在与液体相接触的固定加热面上产生、长大的过程，又常称为表面沸腾，所需过热度较低，是一种常见的应用最多的沸腾类型。

按照液体是否流动可将非均匀沸腾分成流动沸腾和池式沸腾(又称大容积沸腾)。下面将详细分析研究非均匀沸腾传热。

3.4.1 池式沸腾传热

浸没在池内(大容积内)原来静止(或流速极低)液体内的受热面上产生的沸腾定义为池式沸腾，又称大容积沸腾。当池内液体整体温度比系统压力下的饱和温度低时的沸腾叫欠热沸腾；当池内液体整体处在与系统压力相应的饱和温度时的沸腾叫饱和沸腾。

3.4.1.1 池式沸腾曲线

图 3-5 是池式沸腾曲线，即 $q-\Delta T_W$ 曲线。q 是受热壁表面热流密度，ΔT_W 是壁面过热度，即壁面温度 T_W 与饱和温度 T_S 之差，即 $\Delta T_W = T_W - T_S$。该曲线上各传热工况如下：

(1) A 点前：单相液体自然对流传热

液体可以处于或低于饱和温度。壁面温度与液体温度相接近，或者只比液体高几度。因为壁面过热度不高，不能生成汽泡。

(2) AB 区:泡核沸腾和自然对流混合传热

随着受热壁温的升高,壁面过热度 ΔT_W 增大,达到了发生泡核沸腾的过热度:$\Delta T_{W,ONB}=2\sigma v_g T_S/(r_c h_{fg})$[例如,在大气压下,水中壁面 $r_c=5\ \mu m(5\times10^{-6}\ m)$的空穴产生汽泡所需要的壁面过热度 $\Delta T_{W,ONB}=7\ K(℃)$]时,紧贴加热面的过热液体层中的壁面起泡核心就生成汽泡,于是泡核沸腾开始了。所生成的少量汽泡有的附着在壁面上,有的汽泡长大脱离壁面进入液体中,依靠浮升力向上运动,并且汽泡可能在途中被冷凝。由于汽泡的形成、长大、脱离和冷凝以及自然对流的作用,使传热增强,q 随 ΔT_W 有较快的增加。

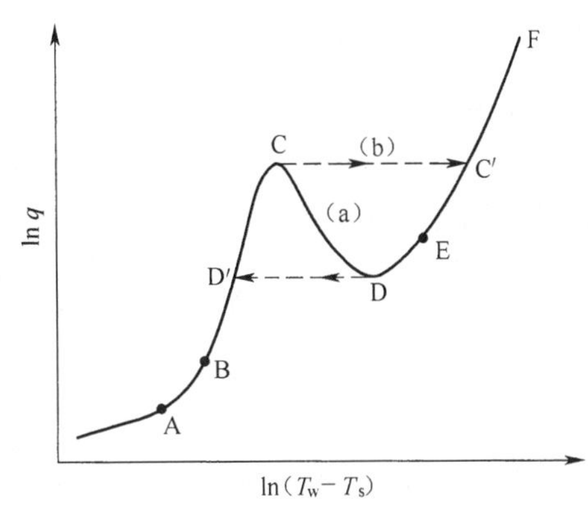

图 3-5 池式沸腾曲线

(a) 是控制壁温 T_W 连续增加,

(b) 是控制热流密度 q 连续增加

(3) BC 区:泡核沸腾传热

由于所产生的汽泡数目增多和大量汽泡脱离壁面,造成了对热边界层内液体的强烈扰动,从而使传热大大增强,q 随 ΔT_W 迅速增加。在加热面附近会形成蒸汽片或蒸汽柱。

(4) C 点:临界热流工况(CHF)

该点标志着泡核沸腾的上限。对于控制壁温的情况(a),在 C 点之后,由于部分加热表面被蒸汽覆盖(蒸汽是低劣的传热介质)而使传热强度减弱,q 随 ΔT_W 的增加反而下降;对于控制热流密度的情况(b),q 的稍微增加,就使壁温 T_W 骤然跃升到 C′点,壁温大幅度跃升将可能导致壁面被烧毁。

(5) CD 区:过渡沸腾传热区

也称部分膜态沸腾工况。在该工况下,液—汽交替覆盖部分加热面,传热变得不稳定。由于有时蒸汽膜覆盖加热面,使传热能力下降,q 随 ΔT_W 的增加反而降低。只有在情况(a)才能用实验方法获得 CD 工况;对于情况(b),稍增 q,就会从 C 跳到 C′,且用时极短,实际上不存在 CD 工况,而直接进入膜态沸腾工况。

(6) D 点:稳定膜态沸腾起始点

在该点的 q 是膜态沸腾的最小值,所以该点也叫最小膜态沸腾工况。此时连续汽膜刚好覆盖加热表面。该点由于液体刚好不能接触加热表面,所以该点也叫 Leidenfrost 点,该点的壁面温度叫 Leidenfrost 温度。

(7) DEF 区:稳定膜态沸腾传热工况

一层连续稳定的蒸汽膜覆盖在整个加热表面上,热量的传递主要通过汽膜的导热、对流和热辐射,只不过在 EF 区热辐射变得更强,因而 q 随 ΔT_W 的增加而更加迅速上升。

3.4.1.2 各区传热机理和传热关系式

1. 单相液体自然对流区(A 点前)

在池内自下而上已建立温度梯度,通过自然对流将加热面上的热量在液体内向上传递,其传热关系式可表达成

$$Nu = f(Gr \cdot Pr) \tag{3-42}$$

式中，$Nu=\dfrac{hL}{k_L}$，$Gr=\dfrac{g\alpha_V L^3\rho_L^2(T_w-T_f)}{\mu_L^2}$，$Pr=\left(\dfrac{\mu c_p}{k}\right)_L$。

对于水平的平直表面的湍流自然对流，式(3-42)的具体表达式为

$$Nu=0.14(Gr\cdot Pr)^{1/3} \tag{3-42A}$$

或以传热系数 h 表示：

$$h=0.14k_L\left[\frac{g\alpha_V\rho_L(T_W-T_f)}{\mu_L^2}\cdot Pr_L\right]^{1/3} \tag{3-42B}$$

式中：

h——传热系数，W/(m^2·K)；

T_W——壁面温度，K；

T_f——液体平均温度，K；

g——重力加速度，m/s^2；

ρ_L、μ_L、k_L、α_V 和 c_{pL}——液体的密度，kg/m^3；黏度，Pa·s；热导率，W/(m·K)；体积膨胀系数，1/K；比定压热容，J/(kg·K)。这些物性都在平均温度(T_W+T_f)/2 下计算。

2. 泡核沸腾区(ABC)

(1) 泡核沸腾传热机理

热量从壁面传给液体建立起过热液体边界层，汽泡就在过热液体边界层内从空穴长大。在汽泡和壁面之间有一层很薄的液体微层(几 μm 厚)，如图 3-6 所示。

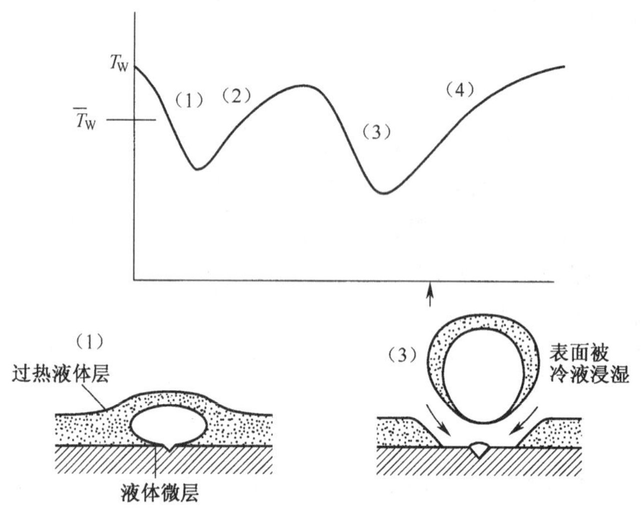

图 3-6 壁温 T_W 随汽泡状态的变化及传热机理

液体微层迅速蒸发，从而急速地从壁表面取热，导致表面温度 T_W 迅速下降(1)。当微层蒸发完，由于向蒸汽的传热较差而又使 T_W 升高(2)。在此期间，在汽泡和过热液体层之间的界面上也发生着蒸发。这两种蒸发构成了第一种传热机理，即汽化潜热传热，它们促进了汽泡的长大。当汽泡脱离加热壁面时，它携带走大部分过热液体层，外层冷液体流向并浸湿壁面，从而使 T_W 突然下降(3)。这就是第二种传热机理，即汽—液置换传热，它是主要传

热机理之一。过热液体边界层又重新建立，T_W 又上升(4)。在汽泡生长(推开液体)和汽泡脱离(扰动液体)时，都会引起近壁液体的随机性运动，形成微对流，这就是第三种传热机理，即微对流传热，它也是主要传热机理之一。此外，还包括因温差引起的热传导、汽泡脱离时尾流引起对流增强、汽泡柱引起自然对流和热毛细管流等。所有这些机理都使泡核沸腾传热大大增强，导致很高的传热系数。

(2) 泡核沸腾传热关系式

1) Rohsenow 关系式

Rohsenow 基于微对流机理，对影响微对流传热的主要因素进行了量纲分析，得到如下无量纲数：

汽泡 Nusselt 数　$Nu_d = \dfrac{qD_d}{k_L(T_W - T_S)}$；

汽泡 Renolds 数　$Re_d = \dfrac{\rho_G u_G D_d}{\mu_L}$；

沸腾数　$Bo = \dfrac{q}{h_{fg}\rho_G u_G}$；

液体 Prandtl 数　$Pr_L = \dfrac{c_{pL}\mu_L}{k_L}$。

其中，D_d 是汽泡脱离壁面时的直径：$D_d = 0.020\,93\theta\left[\dfrac{\sigma}{g(\rho_L - \rho_G)}\right]^{1/2}$

式中，θ 是液体与壁面的接触角，$0° \leqslant \theta \leqslant 140°$，对于大气压下的水，$\theta = 20° \sim 50°$，则 $D_d = (1 \sim 2.6)$ mm。

Rohsenow 把实验数据综合成如下形式的公式：

$$\frac{BoRe_d Pr_L}{Nu_d} = C_{sf}(BoRe_d)^N Pr_L^M \tag{3-43A}$$

将各无量纲数代入式(3-43A)经整理后得

$$\frac{c_{pL}(T_W - T_S)}{h_{fg}} = C_{sf}\left[\frac{q}{\mu_L h_{fg}}\left(\frac{\sigma}{g(\rho_L - \rho_G)}\right)^{1/2}\right]^N \left(\frac{c_p\mu}{k}\right)_L^M \tag{3-43B}$$

式中，$N=0.33$，一般 $M=1.7$，对于水推荐 $M=1$。

C_{sf} 与液体和加热表面的组合有关系。例如，对于水和不锈钢组合，$C_{sf}=0.013\,2$；对于水和黄铜组合，$C_{sf}=0.006$。式(3-43B)中的 h_{fg} 为汽化潜热，J/kg；σ 为液体表面张力，N/m。所有物性都在饱和温度 T_S 下计算。公式偏差为±20%。

俄罗斯给出水的饱和泡核沸腾传热公式如下：

在压力 $p \leqslant 4$ MPa 下，池式泡核沸腾传热系数 h_{pool} 为

$$h_{pool} = 4.42q^{0.7}p^{0.15} \tag{3-44A}$$

因为 $q=h_{pool}(T_W - T_S)$，所以，

$$h_{pool} = 142(T_W - T_S)^{2.33}p^{0.5} \tag{3-44B}$$

式中：

q——热流密度，W/m²；

T_W——表面温度，K 或℃；

T_S——饱和温度，K 或℃；

p——压力，MPa；

h_{pool}——单位是 W/(m^2 · ℃)。

2) Forster-Zuber 关系式

饱和泡核沸腾传热系数 h_{FZ} 为：

$$h_{FZ}=\frac{q}{T_W-T_S}=\frac{0.001\ 22(T_W-T_S)^{0.24}(p_W-p_S)^{0.75}c_{pL}^{0.45}\rho_L^{0.49}k_L^{0.79}}{\sigma^{0.5}h_{fg}^{0.24}\mu_L^{0.29}\rho_G^{0.24}} \tag{3-45A}$$

式中，p_W 和 p_S 分别为对应 T_W 和 T_S 下的饱和压力，Pa，按下式计算：

$$p_W-p_S=\frac{h_{fg}(T_W-T_S)}{T_S(\nu_G-\nu_L)} \tag{3-45B}$$

3) 对于水的泡核沸腾经验关系式

Jens-Lottes 关系式：

$$T_W-T_S=25\left(\frac{q}{10^6}\right)^{0.25}\exp(-p/6.2) \tag{3-46}$$

Thom 关系式：

$$T_W-T_S=22.65\left(\frac{q}{10^6}\right)^{0.5}\exp(-p/8.7) \tag{3-47}$$

式中：

q——热流密度，W/m^2；

p——压力，MPa；

T——温度，K 或℃。

从以上关系式可以看出，池式沸腾的传热强度(即 q)与液体欠热度 $\Delta T_{SUB}=T_S-T_f$ 无关。这一事实可由微对流和汽—液置换传热机理来解释。因为液体欠热度的增加或减小，可以加强或削弱微对流效应，但同时因汽泡尺寸的减小或增大，而削弱或加强了汽—液置换效应，从而使 ΔT_{SUB} 对传热强度的影响几乎抵消。

3. 临界热流密度(CHF)工况(C 点)

(1) 临界热流密度工况机理

主要有两种机理，其一是汽泡合并，即在加热表面上生成的汽泡是如此之多，以至于相邻的汽泡或汽柱合并成一片，形成一层导热性很差的蒸汽膜覆盖在表面上，它把加热面与液体隔离开来，使传热恶化；其二是流体动力学不稳定性，在高热流密度下，蒸汽产生率是如此之高，以至于向壁外运动的蒸汽速度非常大，它与向壁面运动的液体速度构成某一最大相对速度，从而使汽—液分界面出现很大的波动，并失去稳定，汽—液逆向流动遭到破坏，蒸汽就滞留在加热表面上，形成汽膜覆盖表面，使传热恶化。这两种机理都因为一层蒸汽膜覆盖在加热表面上而使液体无法到达和湿润加热壁面，造成传热恶化。

(2) 临界热流密度关系式(流体动力学模型)

Kutateladze 用一个表面处的极限蒸汽容积速度 $J_{g,max}$ 来表征临界热流密度：

$$J_{g,max}=K\left[\frac{g\sigma(\rho_L-\rho_G)}{\rho_G^2}\right]^{1/4} \tag{3-48A}$$

式中，$K=0.16\pm0.03$。当液体处于饱和温度(即饱和沸腾时)，且所有蒸汽都在加热表面上产生时，则有

$$J_{g,\max} = \frac{q_C}{\rho_G h_{fg}} \tag{3-48B}$$

将式(3-48B)代入式(3-48A)得：

$$q_C = J_{g,\max}\rho_G h_{fg} = 0.16 h_{fg}\rho_G^{1/2}[g\sigma(\rho_L - \rho_G)]^{1/4} \quad \mathrm{W/m^2} \tag{3-49}$$

式中，q_C 为临界热流密度，$\mathrm{W/m^2}$。

Zuber 提出饱和沸腾临界热流密度为：

$$q_C = 0.131 h_{fg}\rho_G^{1/2}[g\sigma(\rho_L - \rho_G)]^{1/4}\left(\frac{\rho_L}{\rho_L + \rho_G}\right)^{1/2} \quad \mathrm{W/m^2} \tag{3-50}$$

系数 0.131 常使 q_C 算低，故推荐用 0.18 代之。

对于欠热沸腾，临界热流密度 $q_{C,SUB}$ 有所提高，用下式修正：

$$q_{C,SUB} = q_C(1 + B\Delta T_{SUB}) \tag{3-51}$$

式中

$$B = 0.1\left(\frac{\rho_L}{\rho_G}\right)^{0.75}\left(\frac{c_{pL}}{h_{fg}}\right) \tag{3-51A}$$

4. 稳定膜态沸腾工况(DEF)

(1) 稳定膜态沸腾传热机理

一层连续稳定的蒸汽膜覆盖在加热表面上，热量的传递主要通过这层蒸汽膜(汽膜把液体与壁面隔开)的导热、对流和热辐射，蒸汽以汽泡形式从汽膜中逸出。主要热阻局限在这层汽膜内。壁面与液体之间的温差非常大，液体不能接触壁面，以维持汽膜的稳定。

(2) 稳定膜态沸腾传热关系式

Bromley 关系式

$$h_{FB} = C\left[\frac{g(\rho_L - \rho_G)\rho_G k_G^3 h'_{fg}}{L\mu_G(T_W - T_S)}\right]^{1/4} \tag{3-52}$$

式中，h_{FB} 为膜态沸腾平均传热系数，$\mathrm{W/(m^2 \cdot K)}$；h'_{fg} 是为了考虑汽膜过热度$(T_W - T_S)$的影响的有效汽化潜热，J/kg，其计算式为

$$h'_{fg} = h_{fg}\left[1 + 0.68\frac{c_{pG}(T_W - T_S)}{h_{fg}}\right] \tag{3-52A}$$

对于高度为 L 的竖直平壁上的层流膜态沸腾，$C=0.67$；

对于直径为 D 的水平圆柱上层流膜态沸腾，$L=D$，$C=0.62$。

式(3-52)是在汽膜厚度$\ll D$ 条件下推导的，因而不适用于直径太小的圆柱。对于过大直径的圆柱，它计算的 h_{FB} 也偏低，因而也不太适用。为此，Breen-Westwater 给出一个比较精确的修正式：

$$h_{FB} = \left(0.59 + 0.069\frac{\lambda_C}{D}\right)\left[\frac{g(\rho_L - \rho_G)\rho_G k_G^3 h'_{fg}}{\lambda_C\mu_G(T_W - T_S)}\right]^{1/4} \tag{3-52B}$$

式中，λ_C 是 Taylor 不稳定性最小波长：

$$\lambda_C = 2\pi\left[\frac{\sigma}{g(\rho_L - \rho_G)}\right]^{1/2} \tag{3-52C}$$

Berenson 对水平面上的膜态沸腾提出 Berenson 关系式：

$$h_{FB} = 0.67\left[\frac{g(\rho_L - \rho_G)\rho_G k_G^3 h'_{fg}}{\lambda_C\mu_G(T_W - T_S)}\right]^{1/4} \tag{3-53}$$

上面关系式中的物性 k_G、ρ_G、μ_G 和 c_{pG} 都应在平均膜温度 $(T_W+T_S)/2$ 下计算。

膜态沸腾的表面温度 T_W 通常很高，应考虑辐射传热。Bromley 提出了考虑对流和热辐射效应的膜沸腾传热系数的近似表达式：

$$h = h_{FB} + 0.75h_R \tag{3-54}$$

式中，h_R 为辐射传热系数，$h_R = 5.67\times10^{-8}\varepsilon_W\left[\dfrac{T_W^4 - T_S^4}{T_W - T_S}\right]$ (3-54A)

其中，ε_W 是加热表面的辐射率。

5. 最小膜态沸腾工况(D 点)

在降低壁面热流密度时，可以发生从膜态沸腾向泡核沸腾的直接转变，该转变点 D 叫最小膜态沸腾，其热流密度叫膜态沸腾的最低热流密度，用 q_{min} 表示，其壁温叫膜态沸腾的最低温度，用 $T_{W,min}$ 表示。它是稳定膜态沸腾的低限，相应于连续汽膜的破坏和液—固接触的开始(Leidenfrost 点)。该点的预测基于流体动力学不稳定性理论。平直水平表面上膜态沸腾时，D 点的热流密度 q_{min} 为：

$$q_{min} = Ah_{fg}\rho_G\left[\frac{g\sigma(\rho_L - \rho_G)}{(\rho_L + \rho_G)^2}\right]^{1/4} \tag{3-55A}$$

式中，$A=0.13$ 或 0.177(Zuber)，或 $A=0.09$(Berenson)。

由式(3-53)和式(3-55A)可以导得 $T_{W,min}$ 为：

$$T_{W,min} = T_S + 0.071\left(\frac{\rho_G h_{fg}}{k_G}\right)\left[\frac{g(\rho_L - \rho_G)}{\rho_L + \rho_G}\right]^{2/3}\left[\frac{\sigma}{g(\rho_L - \rho_G)}\right]^{1/2}\left[\frac{\mu_G}{g(\rho_L - \rho_G)}\right]^{1/3} \tag{3-55B}$$

计算物性的定性温度为 $(T_W+T_S)/2$。

6. 过渡沸腾工况(CD)

该工况汽—液交替覆盖加热表面，表现出瞬态变化的传热特性，因此，它是不稳定的工况，其特点是随壁面过热度的升高，热流密度反而下降。过渡沸腾没有适当的理论或模型。一种较好的方法是用 q_C 和 q_{min} 作对数线性内插法来近似求得过渡沸腾的热流密度 q：

$$\frac{\lg q - \lg q_{min}}{\lg(T_{W,min} - T_S) - \lg(T_W - T_S)} = \frac{\lg q_C - \lg q_{min}}{\lg(T_{W,min} - T_S) - \lg(T_{W,C} - T_S)} \tag{3-56}$$

其中，$T_{W,min}$ 和 $T_{W,C}$ 是对应 q_{min} 和 q_C 处的壁面温度，T_W 是对应过渡沸腾热流密度 q 处的壁面温度。

3.4.1.3 影响池式沸腾的主要因素

(1) 系统压力：提高压力使给定尺寸的空穴泡化所需要的过热度 ΔT_W 变小，从而使沸腾曲线(图 3-5)上的 ABC 段向左移动。即压力越高，同样的 ΔT_W 可传递更高的热流密度 q。式(3-46)和式(3-47)直接体现出压力 p 对 q 的影响。其他关系式则通过流体的物性(流体物性一般在饱和温度下计算)来反映压力的影响。系统压力对临界热流密度 q_C 的影响比较复杂，一般说来，对于水，在低压时，q_C 随压力的增加而增大，当压力增至水的临界压力的 1/3(约 7 MPa)左右时，q_C 达到最大值，此后，随压力继续增加(高压时)q_C 反而减小。

(2) 主流液体温度(或欠热度)：由于液体欠热度对微对流传热与对汽—液置换传热的影响相互抵消，所以，它对传热强度几乎没有影响。但是欠热度对 q_C 有显著的影响，随着欠热度 ΔT_{SUB} 的增加，汽—液置换时易冷凝近壁汽泡，因而 q_C 升高。

(3) 加热表面粗糙度：壁表面越粗糙，泡化空穴越大，因而所需要的过热度 ΔT_W 就越小，沸腾曲线上的 ABC 段同样向左移动，使泡核沸腾传热增强。但是表面粗糙度对 q_C 和膜态沸腾传热的影响很小。这主要是与由于汽膜覆盖加热表面，把粗糙度掩盖。

(4) 壁面方位和尺寸：垂直壁面易形成汽泡集聚，使 q_C 降低；较大壁面有利于汽—液置换，使 q_C 稍高。但它们对泡核沸腾传热的影响很小。

(5) 其他：如液—壁接触角 θ 和液体中含有不凝气体等，也对泡核沸腾传热有影响。液体中存在不凝结气体和接触角 θ 增加，都会使 ΔT_W 降低，使沸腾曲线上的 ABC 段向左移动，泡核沸腾传热增强。

3.4.2 流动沸腾传热

流动沸腾是指液体有宏观运动的系统内的沸腾，加热面上汽泡生长受到液体流动方向上的附加作用，使壁面的泡化过程特性发生变化。液体运动可以是由外力强制作用引起的强迫流动，也可以是由流体密度差造成的自然对流。流动沸腾常伴随着各种汽—液两相运动，所以它比池内沸腾复杂。

3.4.2.1 流动沸腾的传热工况和汽—液两相流型

考察一根全长均匀加热的垂直圆管，该管承受较低的热流密度 q，管底部以这样的速度供给欠热液体，使得液体在管全长上能蒸发完，图 3-7 表示沿管全长上遇到的各种传热工况和相应的汽—液两相流型。

(1) A—单相液体对流

流入管的欠热液体受壁面加热，壁面温度 T_W 和液体平均温度 T_f 逐渐升高。邻近壁面的液体形成一层热边界层，在液体中建立起径向温度梯度。当壁面过热度 $\Delta T_W(=T_W-T_S)$ 小于泡化所必需的过热度 $\Delta T_{W,ONB}[=2\sigma T_S\nu_G/(rh_{fg})]$ 时，因过热度不足，壁面上不能生成汽泡。

(2) B—欠热泡核沸腾(也叫过冷泡核沸腾)

随着壁温 T_W 升高，当壁面过热度 ΔT_W 达到泡化开始的壁面过热度 $\Delta T_{W,ONB}$ 时，壁面上泡化发源点(空穴孔半径 r 处)开始生成汽泡，称开始出现汽泡点为泡核沸腾起始点(Onset of Nucleate Boiling)。这时壁温虽已超过饱和温度，但平均流体温度仍低于饱和温度(即欠热的)。定义饱和温度 T_S 与平均流体温度 T_f 之差为欠热度 $\Delta T_{SUB}=T_S-T_f$。泡核沸腾开始后，传热增强，传热系数 h 开始变大。在欠热泡核沸腾的 B 区内，邻近壁面的液体边界层内的液体温度高于饱和温度，而管中心的液核温度(图 3-7 中的虚线)上升缓慢，低于饱和温度，也低于流体的平均温度 T_f。在欠热泡核沸腾刚开始的一段(高欠热度沸腾)，壁面上生成的汽泡数量很少，汽泡分散地附着在壁面上，汽泡顶部尚受过冷液体的冷凝作用，使汽泡不能长大。这一段所产生的蒸汽很少(可以忽略)，并实质上是一种壁面含汽效应；在欠热泡核沸腾的后一段(低欠热度沸腾)，壁面上汽泡长大并脱离壁面，在液核中慢慢凝结。这后一段所产生的蒸汽稍多些，并是一种容积含汽效应(可以认为是汽液两相流)。在 B 区内，泡核沸腾传热逐渐增强，平均流体温度逐渐接近饱和温度。

(3) C+D—饱和泡核沸腾

当平均流体温度 T_f 上升到饱和温度 T_S 时，就开始了饱和泡核沸腾。这是从热平衡观点(即认为所加热量都用来提高液体的温度)出发的饱和沸腾开始点，叫做热平衡态饱和沸

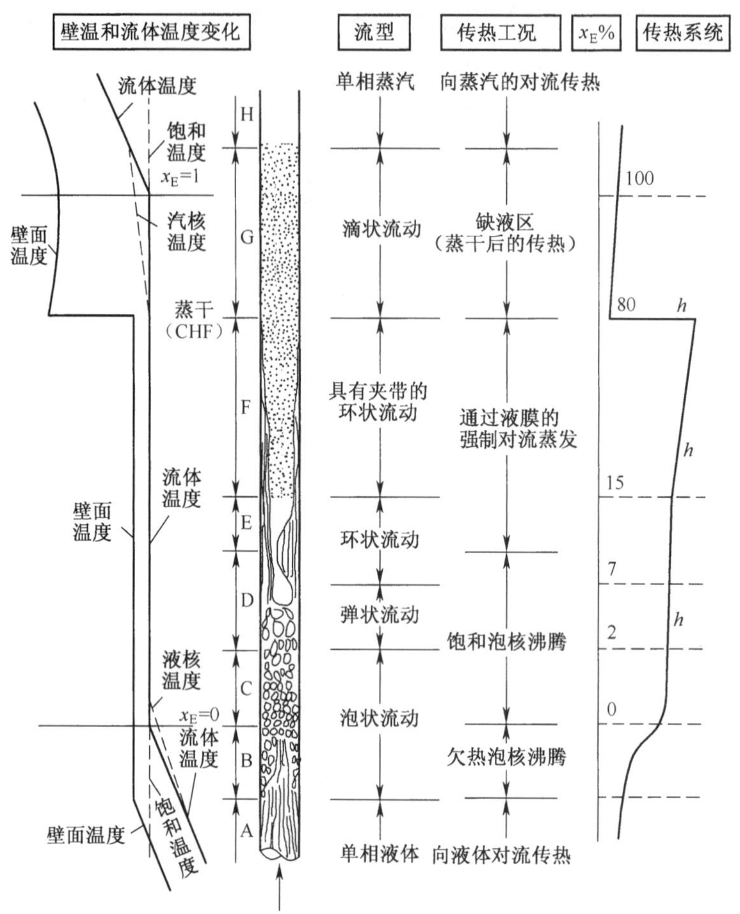

图 3-7 在较低热流密度下，垂直管内的流动沸腾的传热工况和汽—液两相流型

腾起始点。在该点上，热平衡含汽率 $x_E=0$，所谓热平衡含汽率是指在汽—液两相处于热力学平衡态（即 $T_L=T_G=T_S$）时的含汽率，用 x_E 表示，其定义为

$$x_E=\frac{h-h_f}{h_{fg}} \tag{3-57}$$

式中：

h——流体比焓，J/kg；

h_f——饱和液体比焓，J/kg；

h_{fg}——汽化潜热，J/kg。

实际上，所加热量的一部分用于提高液体的温度，而另一部分则要用于生成蒸汽，所以热平衡态饱和沸腾起始点处中心液核温度稍低于饱和温度，这样才能保证流体混合平均焓等于饱和液体焓。这一效应系由液体内的径向温度分布造成的。欠热液核仅在 $x_E=0$ 点的下游才达到饱和温度，称中心液核达到饱和温度的点为真正饱和沸腾起始点。沿饱和沸腾区，由于产生的汽泡数量增多，使蒸汽含量增加，泡核沸腾传热占主导地位，对流传热减弱。传热机理主要是汽化潜热、汽—液置换和微对流等，与池沸腾情况相类似。泡核沸腾传热的主要特点是有很高的传热系数，壁温升高不多，而热流密度却增加很大。随着汽泡数目的增多和汽泡变大，汽泡在管道中间开始聚集并结块，使流道中间逐渐被蒸汽占据，留在壁面上的液膜逐渐形成，于是开始了环状流动。

(4) E+F—通过液膜的强制对流蒸发传热

随着含汽率的增加，汽—液两相流型从泡状流或弹状流变到环状流。在刚进入环状流的一段内，液膜中还有汽泡生成。随着液膜的蒸发，液膜逐渐变薄，通过液膜的导热和对流传热变得强烈，其传热系数 h_{TP}(h_{TP}正比于 k_L/δ)变大，从而使壁温 T_W 降低，即壁面过热度 ΔT_W 降低，当 ΔT_W 低于发泡所必需的过热度 $\Delta T_{W,ONB}$时，汽泡不再生成，泡核沸腾受到抑制。此点称之为泡核沸腾抑制点(Offset Nucleate Boiling)。泡核沸腾抑制后，通过液膜的导热和强制对流把热量从壁面传递到液膜与汽核分界面上，并在该界面上产生蒸发，所以，该工况叫强制对流蒸发传热。当液膜减薄并蒸干时(Dryout)，便进入缺液区传热。

(5) G—缺液区传热(蒸干后的传热—Postdryout)

液膜蒸干后，壁面被蒸汽覆盖，传热能力急剧下降，壁温突然跃升，液相以液滴形式弥散在连续的蒸汽中。

(6) H—单相蒸汽对流传热

液滴全部蒸发完，蒸汽逐渐被过热。

下面看一下液体温度和壁面温度沿管长的变化。

液体从欠热被加热到饱和温度。在达到饱和温度的前后(即热平衡含汽率 $x_E=0$ 附近)，由于径向温度分布，使液核温度低于流体平均温度，也低于饱和温度，而汽泡温度却等于饱和温度 T_S，所以这属于非热平衡态(即 $T_L<T_G=T_S$)。在 $x_E=0$ 以后，汽—液两相流体的平均温度保持等于饱和温度 T_S，一直到蒸干点。在蒸干以后，由于壁面上有一层过热蒸汽边界层，而使蒸汽被过热，但液滴仍然处于饱和温度，故汽—液间有温差存在，这属于非热平衡态(即 $T_G>T_L=T_S$)。待所有液滴蒸发完后，蒸汽温度继续上升并被过热。

壁面温度总是高于流体温度。在欠热泡核沸腾区，由于传热系数增大，使壁温几乎保持不变。在饱和泡核沸腾区和强制对流蒸发区，传热系数稍有增加，而流体温度维持饱和温度，所以壁温稍有下降。在蒸干点，由于传热恶化，传热系数突然大幅度下降，使壁温突然上升。而后，由于液滴蒸发，流速加大，使传热系数又稍增加，故壁温又稍降。在 $x_E=1$ 点以后由于流体温度升高，又使壁温渐升。

在很高热流密度下，其流型和传热工况如图 3-8 所示。在很高热流密度下，同

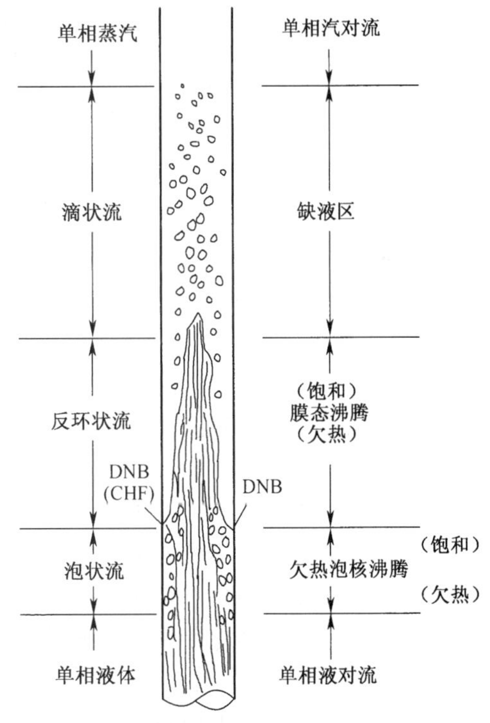

图 3-8　在高热流密度下，垂直管内的流动沸腾的传热工况和汽—液两相流型

样可以发生欠热泡核沸腾或饱和泡核沸腾。由于产生的汽泡数量很多，甚至在加热面附近形成蒸汽片或蒸汽柱。当汽泡产生的频率高到在汽泡脱离壁面之前就形成了汽膜时，就发生偏离泡核沸腾（即 DNB 型 CHF）。在 DNB 之前，汽—液两相流型是泡状流，其传热工况是欠热泡核沸腾或低含汽率的饱和泡核沸腾；在 DNB 之后，汽—液两相流型是反环状流（环状汽膜覆盖壁面，中心流动着液核），相应的传热工况为膜态沸腾。在很高热流密度下，如果流体的流量也很高，则在 DNB 之前，只发生欠热泡核沸腾，这时的 DNB 称之为欠热 DNB；如果流体的流量较低，则在 DNB 之前，可能发生低含汽率的饱和泡核沸腾，这时的 DNB 称之为饱和 DNB。在膜态沸腾之后，是缺液区传热工况。

3.4.2.2 流动沸腾图

沸腾图是表示强制对流沸腾中汽液两相传热工况随含汽率 x_E 与热流密度 q 变化的图，如图 3-9 所示。该图是在保持入口液体流量不变时逐渐增加热流密度 q 而绘制的。

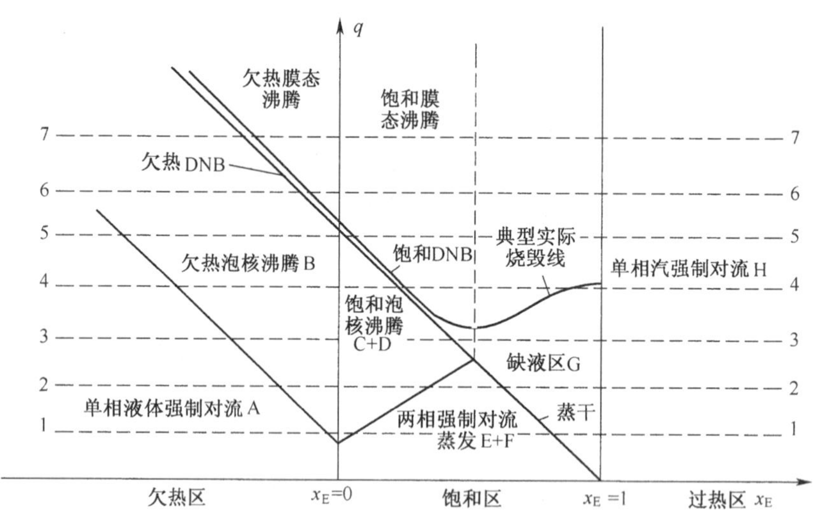

图 3-9 强制对流沸腾汽液两相传热工况作为含汽率 x_E 和热流密度 q 的函数

虚线 1—1 和 2—2 表示低热流密度时所经历的汽液两相传热工况（见图 3-7），并发生两相强制对流蒸发和蒸干工况；

虚线 3—3 表示进一步增加热流密度的影响，欠热泡核沸腾提早发生，并随含汽率 x_E 的增加在饱和泡核沸腾工况下发生偏离泡核沸腾（DNB）。虚线 1—1、2—2 和 3—3 都不发生实际烧毁。蒸干后的传热模式是缺液区传热，而 DNB 后的传热模式则是膜态沸腾；

随着热流密度的进一步增加（虚线 4—4 到 7—7），DNB 可能发生在饱和泡核沸腾或者欠热泡核沸腾，在 DNB 之后则发生饱和膜态沸腾或者欠热膜态沸腾，最后是缺液区传热（见图 3-8）。膜态沸腾和缺液区传热性能较差。

3.4.2.3 强制对流沸腾的临界热流密度工况(CHF)

强制对流沸腾可能出现两种不同的临界热流密度工况（CHF），一种是偏离泡核沸腾（简称 DNB），另一种是蒸干（Dryout）。它们在控制热流密度的情况下都能使壁温从接近饱和温度突然跃升到大大地超过饱和温度。这与使壁面发生破损或熔化的温度有所不同。加热壁面的破损或熔化称为"实际烧毁",引起这一工况的热流密度叫"实际烧毁热流密度"。发生 DNB 时,由于汽膜覆盖壁面使传热系数突然降得很低,而热流密度 q 却很高,致使壁面骤然达到极高的温度,结果常使壁面被快速烧毁。这样,发生 DNB 的热流密度便与引起实际烧毁的热流密度几乎相等(见图 3-9)。但是,对于蒸干,由于热流密度较低和传热系数较高,则壁温突然上升得并不很高,远达不到使壁面立刻烧毁的温度。所以,蒸干时的热流密度远低于实际烧毁的热流密度。

两种 CHF 工况的特点是传热系数急剧降低,壁温突然升高。

3.4.2.4 常用的泡核沸腾(包括欠热和饱和泡核沸腾)传热关系式

(1) Jens-Lottes 关系式

$$T_W - T_S = 25\left(\frac{q}{10^6}\right)^{0.25}\exp(-p/6.2) \tag{3-58}$$

实验条件:上升水流动,质量流密度 $G=11\sim1.05\times10^4\ \mathrm{kg/(m^2\cdot s)}$,水温度 $T_f=115\sim340$ ℃;压力 $p=0.7\sim17.2$ MPa;管内径 $D=3.63\sim5.74$ mm;热流密度 q 直到 $12.5\times10^6\ \mathrm{W/m^2}$。该式只适用于水。

(2) Thom 关系式

$$T_W - T_S = 22.65\left(\frac{q}{10^6}\right)^{0.5}\exp(-p/8.7) \tag{3-59}$$

实验条件:上升水流动,管内径 $D=12.7$ mm;质量流密度 $G=1\ 044\sim3\ 800\ \mathrm{kg/(m^2\cdot s)}$;压力 $p=5.17\sim13.8$ MPa;管加热长度 $L_h=1.5$ m;热流密度 q 直到 $1.58\times10^6\ \mathrm{W/m^2}$。该式也只适用于水。

以上两式表明,在欠热和饱和泡核沸腾工况下,传热机理或传热关系式与欠热度 ΔT_{SUB}(或含汽率 x_E)和流动速度 u(或质量流密度 G)无关,主要受壁面过热度(T_W-T_S)和系统压力 p 所支配。

(3) Chen 关系式(见 3.4.2.6 节)。

3.4.2.5 泡核沸腾起始点(ONB)的确定,汽泡开始脱离壁面点(FDB)的确定,热平衡态饱和沸腾起始点的确定

为了说明这三点的含义和位置,将图 3-7 中的 A、B、C 段详细绘制在图 3-10 中。

图 3-10 表示出,在热流密度 q 沿管均匀分布加热情况下,A、B、C 三区的传热工况、流体平均温度 T_b 和壁面温度 T_W 沿流动方向的变化。由于流体压力沿管长稍减小,所以饱和温度 T_S 亦沿管长稍下降。

1. 泡核沸腾起始点(ONB)的确定

当壁面过热度 ΔT_W 达到泡化所必需的过热度 $\Delta T_{W,ONB}$ 时,壁面上泡化发源点就开始生成汽泡,泡核沸腾便开始。泡核沸腾开始后,传热系数增大,壁温稍有下降,后随 T_b 升高而逐渐增高。从传热的观点来说,泡核沸腾起始点就是流体从单相对流传热向沸腾的两相传热的转折点。因此,该点的壁面温度 $T_{W,ONB}$ 必须既满足单相对流传热方程又满足泡核沸腾传热方程。

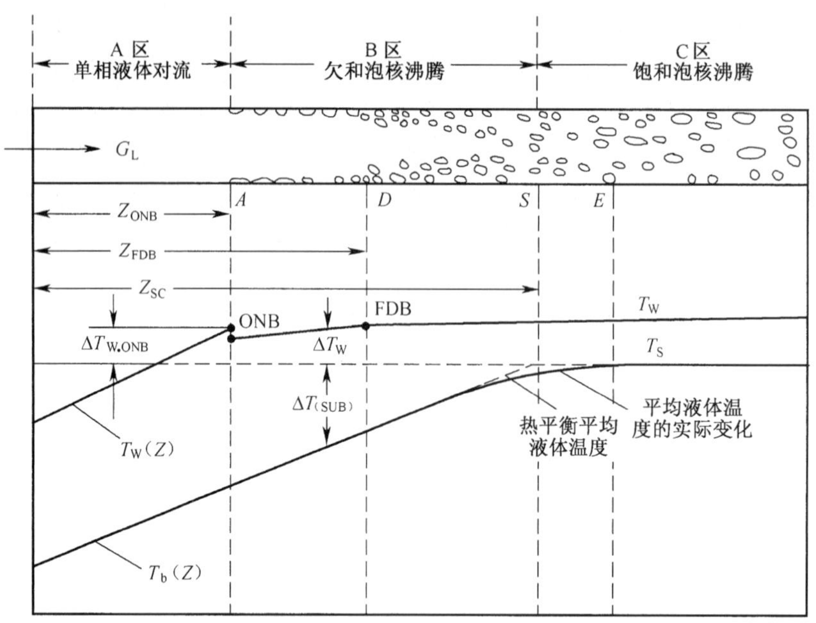

图 3-10 在图 3-7 中的 A、B、C 三区的详细图

单相对流传热方程(在 ONB 点上)：

$$T_W = T_b + \frac{q}{h_{L0}} \tag{3-60}$$

泡核沸腾传热方程(在 ONB 点上)常用如下三个：

(1) Jens-Lottes：

$$T_W = T_S + 25\left(\frac{q}{10^6}\right)^{0.25}\exp(-p/6.2) \tag{3-61}$$

(2) Thom：

$$T_W = T_S + 22.65\left(\frac{q}{10^6}\right)^{0.5}\exp(-p/8.7) \tag{3-62}$$

(3) Bergles-Rohsenow：

$$T_W = T_S + 0.556\left(\frac{q}{15\ 515p^{1.156}}\right)^{0.489p^{0.0234}} \tag{3-63}$$

式中：

T_W——壁面温度，K 或℃；

T_b——流体平均温度，K 或℃；

q——壁面热流密度，W/m^2；

h_{L0}——单相液体对流传热系数，W/(m^2 · K)或 W/(m^2 · ℃)；

T_S——液体饱和温度，K 或℃；

p——流体压力，MPa。

式(3-61)和式(3-62)都是由实验测得的充分发展(旺盛)的泡核沸腾传热数据整理出来的公式，既适用于饱和泡核沸腾也适用于欠热泡核沸腾；而式(3-63)只是泡核沸腾开始时(即汽泡长大)的热流密度和壁面过热度的关系，它是由发泡理论与试验相结合而得到的，只代表泡核沸腾开始时的关系，并假定壁面上存在各种尺寸的空穴。

在给定压力 p 和传热系数 h_{L0} 情况下，如果已知流体平均温度 T_b，就可以联立方程(3-60)和方程(3-61)～(3-63)中的任何一个求解出泡核沸腾开始点的壁温 $T_{W,ONB}$ 及其热流密度 q_{ONB}；如果已知热流密度 q，可以由方程(3-61)～(3-63)中的任何一个直接计算出泡核沸腾开始点的壁温 $T_{W,ONB}$，然后再由方程(3-60)计算出发生 ONB 时的流体平均温度 T_b^{ONB}。

根据热平衡关系可以求出泡核沸腾开始点的位置 z_{ONB}(见图 3-10)：

$$qP_h z_{ONB} = G_L A c_{pL}(T_b^{ONB} - T_{f,in}) \tag{3-64}$$

解得

$$z_{ONB} = \frac{G_L A c_{pL}(T_b^{ONB} - T_{f,in})}{qP_h} \tag{3-64A}$$

式中：

P_h——通道加热壁面周长，m；

A——通道横截面积，m^2；

$T_{f,in}$——通道入口液体温度，K 或℃；

c_{pL}——液体比定压热容，J/(kg・K)或 J/(kg・℃)；

G_L——液体质量流密度，kg/(m^2・s)。

如果通道是不均匀加热，则 z_{ONB} 要用积分或分段计算。

2. 汽泡开始脱离壁面点(FDB)的确定

在该点之前，由于主流液体的温度很低(即高欠热度)，当汽泡顶端一进入欠热液体便立即凝结。因此，汽泡只能在很薄的过热边界层内黏附在壁面上。随着主流液体温度和壁面温度的升高，汽化核心数目增多，汽泡长大并开始脱离壁面，泡核沸腾传热增强(占主导地位)，所以，汽泡开始脱离壁面点也可以看作充分发展的欠热泡核沸腾开始点(FDB)。由于汽泡脱离开壁面，使蒸汽含量表现出一种容积效应，所以，该点也叫净蒸汽产生开始点。在该点之后，可以认为是汽—液两相流动。

(1) Griffith 模型

Griffith 认为，汽泡开始脱离壁面点就是充分发展的欠热泡核沸腾(或称稳定欠热泡核沸腾)开始点。依据统计经验，FDB 点的热流密度 q_{FDB} 约为壁温等于 T_S 的单相对流传热的热流密度 q_{SPL} 的 5 倍，即

$$q_{FDB} = 5q_{SPL} = 5h_{L0}(T_S - T_b^{FDB}) \tag{3-65}$$

从而得到汽泡开始脱离壁面点(FDB)的欠热度为：

$$\Delta T_{SUB}(z_{FDB}) = T_S - T_b^{FDB} = \frac{q_{FDB}}{5h_{L0}} \tag{3-66}$$

根据热平衡关系可以求出汽泡开始脱离壁面点的位置 z_{FDB}(见图 3-10)：

$$z_{FDB} = \frac{G_L A c_{pL}(T_b^{FDB} - T_{f,in})}{qP_h} \tag{3-67}$$

(2) Bowring 模型

汽泡开始脱离壁面点(FDB)的欠热度为：

$$\Delta T_{SUB}(z_{FDB}) = T_S - T_b^{FDB} = \eta\frac{q\rho_L}{G_L} \tag{3-68}$$

式中：

ρ_L——饱和液体的密度，kg/m³；

η——压力的函数，$\eta=(14+p)\times10^{-6}$，(m³·K)/J，p 的单位是 MPa。

(3) Saha-Zuber 模型

Saha-Zuber 模型基于汽泡脱离时蒸发与冷凝热平衡。蒸发正比于热流密度 q，冷凝在低质量流密度 G 时正比于热边界层的热扩散项 $k_L(T_S-T_b)/D$，在高 G 时正比于流体动力项 $Gc_{pL}(T_S-T_b)$。热平衡准则分别为：

$$Nu=\frac{qD}{k_L(T_S-T_b)},\quad (\text{在低 } G \text{ 时})$$

$$St=\frac{q}{Gc_{pL}(T_S-T_b)},\quad (\text{在高 } G \text{ 时})$$

并以 Peclet 数 $Pe=Nu/St$ 为横坐标，Stanton 数 St 为纵坐标来整理实验数据，得到图 3-11。

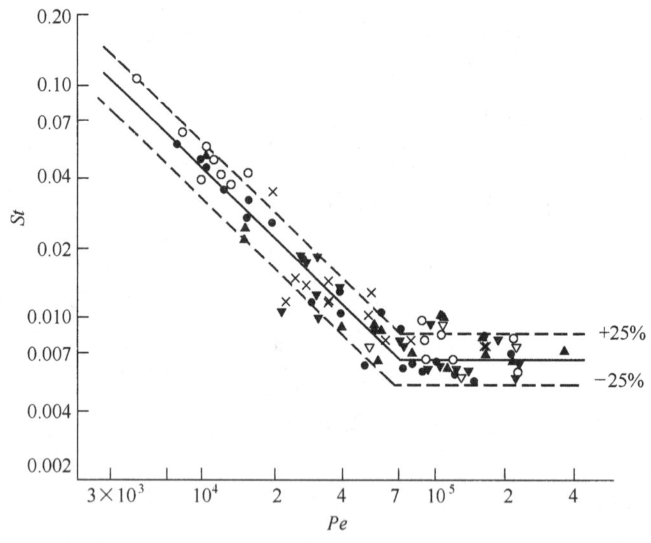

图 3-11 汽泡开始脱离壁面点的条件

从图 3-11 可以看到，当 $Pe<7\times10^4$ 时(即低 G 时)，所有实验数据都落在一条斜率为 −1的直线上，这意味着 Nu=常数，即在此区域内传热系数与质量流密度 G 无关，也就是说，在低 G 时，汽泡的开始脱离与 G 无关，即只受热力支配；当 $Pe>7\times10^4$ 时(即高 G 时)，所有实验数据都落在一条水平线上，这意味着 St=常数，即在此区域内传热系数与质量流密度 G 有关，因此，汽泡的开始脱离与水力工况 G 有关，即受流体动力控制。

Saha-Zuber 具体给出汽泡开始脱离壁面的条件关系式为：

$$\text{当 } Pe<7\times10^4 \text{ 时}, Nu=455, \text{即 } \Delta T_{SUB}(z_{FDB})=T_S-T_b^{FDB}=\frac{qD}{455k_L} \tag{3-69A}$$

$$\text{当 } Pe>7\times10^4 \text{ 时}, St=0.006\,5, \text{即 } \Delta T_{SUB}(z_{FDB})=T_S-T_b^{FDB}=\frac{q}{0.006\,5Gc_{pL}} \tag{3-69B}$$

3. 热平衡态饱和沸腾起始点的确定

热平衡态饱和沸腾起始点定义为流体平均温度 T_b 上升到当地压力 p 下的饱和温度 T_S 的点，或者流体比焓上升到当地压力 p 下的饱和液体比焓 h_f 的点 z_{SC}：

$$qP_h z_{SC} = G_L A c_{pL}(T_S - T_{f,in}) = G_L A(h_f - h_{in}) \tag{3-70}$$

从而解得

$$z_{SC} = \frac{G_L A c_{pL}(T_S - T_{f,in})}{qP_h} = \frac{G_L A(h_f - h_{in})}{qP_h} \tag{3-71}$$

式中，h_{in} 为入口处液体的比焓，J/kg；h_f 为饱和液体的比焓，J/kg。其他符号同前。

例题 3-5

水以质量流密度 $G=4\,074\text{kg}/(\text{m}^2\cdot\text{s})$ 流经一根内径 $D=0.012$ m 的圆管。此管全长均匀加热，管出口处水的压力保持在 $p=15.085$ MPa(绝对)。如果管出口水的温度维持 $T_b=321$ ℃，试确定在此温度 T_b 下(定值)，管出口处开始发生泡核沸腾(ONB)所要求的热流密度 q_{ONB} 和相应管壁温度 $T_{W,ONB}$。

泡核沸腾传热公式请用 Thom 公式[见式(3-62)]；单相对流传热系数公式请用 Dittus-Boelter 关系式(3-30B)。查得物性参量为饱和温度 $T_S=342$ ℃，$\mu_L=0.84\times10^{-4}$ Pa·s，$k_L=0.51$，W/(m·℃)，$Pr_L=1$。计算中只保留四位有效数字。

解：单相对流传热方程和泡核沸腾传热方程为

$$T_{W,ONB} - T_b = \frac{q_{ONB}}{h_{L0}} \tag{1}$$

$$T_{W,ONB} - T_S = 22.65\left(\frac{q_{ONB}}{10^6}\right)^{0.5} e^{-p/8.7} \tag{2}$$

其中，$h_{L0}=0.023\dfrac{k_L}{D}\left(\dfrac{GD}{\mu_L}\right)^{0.8}Pr_L^{0.4}$

$$=0.023\times\frac{0.51}{0.012}\times\left(\frac{4\,074\times0.012}{0.84\times10^{-4}}\right)^{0.8}\times1=4\times10^4\ \text{W}/(\text{m}^2\cdot℃)$$

式(2)减式(1)得　$T_S-T_b+22.65\left(\dfrac{q_{ONB}}{10^6}\right)^{0.5}e^{-p/8.7}-\dfrac{q_{ONB}}{h_{L0}}=0$，

即　$342-321+22.65\left(\dfrac{q_{ONB}}{10^6}\right)^{0.5}e^{-15.085/8.7}-\dfrac{q_{ONB}}{4\times10^4}=0$　整理后得

$25\left(\dfrac{q_{ONB}}{10^6}\right)-4\left(\dfrac{q_{ONB}}{10^6}\right)^{0.5}-21=0$，令 $x=\left(\dfrac{q_{ONB}}{10^6}\right)^{0.5}$，

则　$25x^2-4x-21=0\longrightarrow(25x+21)(x-1)=0$　解得 $x=\begin{cases}1\\-\dfrac{21}{25}\end{cases}$，

$x=-\dfrac{21}{25}$ 为增根，所以 $x=1$ 为解，

即　$\left(\dfrac{q_{ONB}}{10^6}\right)^{0.5}=1\longrightarrow q_{ONB}=10^6\ \text{W/m}^2$；代入式(1)

得　$T_{W,ONB}=321+\dfrac{10^6}{4\times10^4}=321+25=346$ ℃。

例题 3-6

设有一根垂直圆管，内径 $D=0.01016\ \text{m}$，管长 $L=3.66\ \text{m}$，沿管全长均匀加热，总热功率 $P_{th}=200\ \text{kW}$，进口水流量 $m_L=0.432\ \text{kg/s}$，进口水温度 $T_{f,in}=203\ ℃$，管内压力 $p=6.89\ \text{MPa}$（常数），设单相水对流传热系数 $h_{L0}=4.78\times10^4\ \text{W/(m}^2\cdot℃)$。液体平均比热容 $c_{pL}=4.94\times10^3\ \text{J/(m}^2\cdot℃)$。试确定泡核沸腾开始点处的壁温 $T_{W,ONB}$ 和液体平均温度 T_b^{ONB} 以及距进口距离 z_{ONB}，汽泡开始脱离壁面点处的液体平均温度 T_b^{FDB} 和距进口距离 z_{FDB}，热平衡态饱和沸腾开始点距进口距离 z_{SC}［已知 $\rho_L=869.6\ \text{kg/m}^3$，$k_L=0.57\ \text{W/(m}\cdot℃)$］。

解：查得在 $p=6.89\ \text{MPa}$ 下，$h_f=1.261\times10^6\ \text{J/kg}$，在 $T_{f,in}=203\ ℃$ 下的进口水比焓 $h_{in}=0.867\times10^6\ \text{J/kg}$，水的饱和温度 $T_S=284.6\ ℃$。

计算热流密度 $q=\dfrac{P_{th}}{\pi DL}=\dfrac{200\times10^3}{\pi\times0.01016\times3.66}=1.712\times10^6\ \text{W/m}^2$。

1. 泡核沸腾开始点（ONB）

（1）Jens-Lottes，式（3-61）：$T_W=T_S+25\left(\dfrac{q}{10^6}\right)^{0.25}\exp(-p/6.2)$

$$T_{W,ONB}=284.6+25(1.712)^{0.25}e^{-6.89/6.2}=284.6+9.4=294\ ℃;$$

由式（3-60）得

$$T_b^{ONB}=T_{W,ONB}-\frac{q}{h_{L0}}=294-\frac{1.712\times10^6}{4.78\times10^4}=294-35.8=258.2\ ℃;$$

由式（3-64A）得

$$z_{ONB}=\frac{m_L c_{pL}(T_b^{ONB}-T_{f,in})}{qP_h}=\frac{0.432\times4.94\times10^3\times(258.2-203)}{1.712\times10^6\times\pi\times0.01016}=2.16\ \text{m};$$

（2）Thom，式（3-62）：$T_W=T_S+22.65\left(\dfrac{q}{10^6}\right)^{0.5}\exp(-p/8.7)$

$$T_{W,ONB}=284.6+22.65(1.712)^{0.5}e^{-6.89/8.7}=284.6+13.4=298\ ℃;$$

由式（3-60）得

$$T_b^{ONB}=T_{W,ONB}-\frac{q}{h_{L0}}=298-\frac{1.712\times10^6}{4.78\times10^4}=298-35.8=262.2\ ℃;$$

由式（3-64A）得

$$z_{ONB}=\frac{m_L c_{pL}(T_b^{ONB}-T_{f,in})}{qP_h}=\frac{0.432\times4.94\times10^3\times(262.2-203)}{1.712\times10^6\times\pi\times0.01016}=2.31\ \text{m};$$

（3）Bergles-Rohsenow，式（3-63）：$T_W=T_S+0.556\times\left(\dfrac{q}{15515p^{1.156}}\right)^{0.489p^{0.0234}}$

$$T_{W,ONB}=284.6+0.556\times\left[\frac{1.712\times10^6}{15515\times(6.89)^{1.156}}\right]^{0.489(6.89)^{0.0234}}=284.6+1.97=286.6\ ℃;$$

由式（3-60）得

$$T_b^{ONB}=T_{W,ONB}-\frac{q}{h_{L0}}=286.6-\frac{1.712\times10^6}{4.78\times10^4}=286.6-35.8=250.8\ ℃;$$

由式（3-64A）得

$$z_{ONB}=\frac{m_L c_{pL}(T_b^{ONB}-T_{f,in})}{qP_h}=\frac{0.432\times4.94\times10^3\times(250.8-203)}{1.712\times10^6\times\pi\times0.01016}=1.87\ \text{m}。$$

由以上计算可以看出，Bergles-Rohsenow 算得的在泡核沸腾开始点处的壁面温度最低（即发生泡核沸腾所必需的壁面过热度最低）。这主要是因为该模型假定了壁面上存在一切尺寸范围的活性空穴，而实际上壁面上并不一定存在这样大尺寸的空穴。同时，该模型认为，只要第一个汽泡在壁面上出现，就认为泡核沸腾开始。

2. 汽泡开始脱离壁面点(FDB)

(1) Griffith，式(3-66)：$\Delta T_{SUB}(z_{FDB}) = T_S - T_b^{FDB} = \dfrac{q_{FDB}}{5h_{L0}}$

$$T_S - T_b^{FDB} = \frac{1.712\times10^6}{5\times4.78\times10^4} = 7.16\ ℃$$

$T_b^{FDB} = 284.6 - 7.16 = 277.4\ ℃$；

由式(3-67)得

$$z_{FDB} = \frac{m_L c_{pL}(T_b^{FDB} - T_{f,in})}{qP_h} = \frac{0.432\times4.94\times10^3\times(277.4-203)}{1.712\times10^6\times\pi\times0.010\ 16} = 2.91\ \text{m};$$

(2) Bowring，式(3-68)：$\Delta T_{SUB}(z_{FDB}) = T_S - T_b^{FDB} = \eta\dfrac{q\rho_L}{G_L}$

$$T_S - T_b^{FDB} = (14+6.89)\times10^{-6}\times\frac{1.712\times10^6\times869.6}{0.432/(\pi\times0.010\ 16^2/4)} = 5.84\ ℃$$

$T_b^{FDB} = 284.6 - 5.84 = 278.8\ ℃$；

由式(3-67)得

$$z_{FDB} = \frac{m_L c_{pL}(T_b^{FDB} - T_{f,in})}{qP_h} = \frac{0.432\times4.94\times10^3\times(278.8-203)}{1.712\times10^6\times\pi\times0.010\ 16} = 2.96\ \text{m};$$

(3) Saha-Zuber，$Pe = \dfrac{G_L c_{pL} D}{k_L} = \dfrac{5\ 328.5\times4.94\times10^3\times0.010\ 16}{0.57} = 4.7\times10^5$，

所以，$Pe > 7\times10^4$，用式(3-69B)：$\Delta T_{SUB}(z_{FDB}) = T_S - T_b^{FDB} = \dfrac{q}{0.006\ 5\ Gc_{pL}}$

$$T_S - T_b^{FDB} = \frac{1.712\times10^6}{0.006\ 5\times5\ 328.5\times4.94\times10^3} = 10\ ℃,$$

$T_b^{FDB} = 284.6 - 10 = 274.6\ ℃$；

由式(3-67)得

$$z_{FDB} = \frac{m_L c_{pL}(T_b^{FDB} - T_{f,in})}{qP_h} = \frac{0.432\times4.94\times10^3\times(274.6-203)}{1.712\times10^6\times\pi\times0.010\ 16} = 2.80\ \text{m}。$$

3. 热平衡态饱和沸腾开始点距进口距离 z_{SC}

按式(3-71)得

$$z_{SC} = \frac{m_L(h_f - h_{in})}{qP_h} = \frac{0.432\times(1.261-0.867)\times10^6}{1.712\times10^6\times\pi\times0.010\ 16} = 3.11\ \text{m}。$$

3.4.2.6 两相强制对流蒸发传热(E+F)关系式

两相强制对流蒸发传热常发生在低热流密度、高含汽率的环状流动中，热流是通过附壁液膜的导热和对流传递，在液膜—蒸汽分界面上蒸发，连续产生蒸汽。一般假设主蒸汽温度为局部压力下的饱和温度。穿过液膜的温降为 $\Delta T_W = T_W - T_S$，液膜越薄或者膜内扰动越强烈，则传热系数越大，ΔT_W 越小。本区传热系数可能很高，对于水可高达 2×10^5 W/(m^2 · ℃)。有关液膜传热的层流和湍流解析解法可参考沸腾传热理论的书籍，下面只简介经验关系式：

$$\frac{h_{TP}}{h_L}\left(或\frac{h_{TP}}{h_{L0}}\right)=a\left(\frac{1}{X_{tt}}\right)^b \tag{3-72}$$

这里，h_{TP}是两相强制对流蒸发工况的传热系数，W/(m^2·K)或 W/(m^2·℃)；h_L 为液相单独充满通道流动时的单相液体的传热系数，W/(m^2·K)或 W/(m^2·℃)；h_{L0}则是把汽—液两相流动都看作液体流动时的单相液体的传热系数，W/(m^2·K)或 W/(m^2·℃)；a 和 b 是实验所得的常数；X_{tt}是 Martinelli-Nelson 参数：

$$X_{tt}=\left(\frac{1-x}{x}\right)^{0.9}\left(\frac{\rho_G}{\rho_L}\right)^{0.5}\left(\frac{\mu_L}{\mu_G}\right)^{0.1} \tag{3-72A}$$

不同实验者所得到的 a 和 b 的值如下：

(1) Schrock-Grossman：$a=2.5$，$b=0.75$，$h_L=0.023\frac{k_L}{D}\left[\frac{DG(1-x)}{\mu_L}\right]^{0.8}\cdot Pr_L^{0.4}$。其实验条件：圆管内水，$D=3\sim11$ mm，$L_h=0.381\sim1.016$ m，$p=0.29\sim3.5$ MPa，$G=237\sim4\,448$ kg/(m^2·s)，$q=(0.19\sim4.6)\times10^6$ W/m^2，出口含汽率 $x_{E,O}=0.05\sim0.57$。

(2) Bennett：$a=2.9$，$b=0.66$，h_L 同(1)。

(3) Collier-Pulling：$a=2.167$，$b=0.7$，h_L 同(1)。

(4) Dengler-Addoms：$a=3.5$，$b=0.5$，$h_{L0}=0.023\frac{k_L}{D}\left[\frac{DG}{\mu_L}\right]^{0.8}\cdot Pr_L^{0.4}$。

(5) Guerrieri-Talty：$a=3.4$，$b=0.45$，$h_{L0}=0.023\frac{k_L}{D}\left[\frac{DG}{\mu_L}\right]^{0.8}\cdot Pr_L^{0.4}$。

此外，在大型反应堆热工水力分析程序中常使用 Chen 关系式。

Chen 选取了 594 个典型实验数据，对前述各关系式进行了检验和比较，发现这些关系式的计算值都有很大的误差，即这些关系式只能测算自己的实验，不能综合他人的实验结果。总之，没有一个关系式是令人满意的。因此，Chen 提出了一个新的关系式，能够成功地综合这些实验数据。Chen 认为，在饱和泡核沸腾区和两相强制对流蒸发传热区，总是在某种程度上发生着泡核沸腾和强制对流两种传热机理，并且，这两种机理对传热的作用可以叠加，随有关参量的变化，这两种传热机理可以相互逐步过渡。按以上观点，Chen 提出：

$$h_{TP}=h_{NB}+h_{FC} \tag{3-73}$$

式中，h_{NB}是泡核沸腾传热系数，表明泡核沸腾对传热的贡献；h_{FC}是强制对流传热系数，表明强制对流对传热的贡献。

h_{FC}可用 Dittus—Boelter 关系式计算，即

$$h_{FC}=0.023\frac{k_{TP}}{D_e}Re_{TP}^{0.8}Pr_{TP}^{0.4} \tag{3-73A}$$

式中，k_{TP}、Re_{TP}和 Pr_{TP}都是与汽液两相流有关的有效值。Chen 认定，k_{TP}和 Pr_{TP}可以用液体的 k_L 和 Pr_L 代替，而两相流的 Re_{TP}可以定义一个参量 F 来表示：

$$F=\left[\frac{Re_{TP}}{Re_L}\right]^{0.8}=\left[\frac{Re_{TP}}{G(1-x)D_e/\mu_L}\right]^{0.8} \tag{3-73B}$$

这样，式(3-73A)可以改写成

$$h_{FC}=0.023\frac{k_L}{D_e}\left[\frac{G(1-x)D_e}{\mu_L}\right]^{0.8}\left[\frac{\mu c_p}{k}\right]_L^{0.4}\cdot F \tag{3-73C}$$

式中，F 是一个两相流动参量，可以预料它是 X_{tt}的函数。F 反映了不同流动工况下强制对流传热所占的比重。Chen 经实验数据的拟合，得到 F 与 X_{tt}的关系为：

$$F=\begin{cases}1.0, & \text{当}\dfrac{1}{X_{tt}}\leqslant 0.1\text{ 时}\\ 2.35\left(\dfrac{1}{X_{tt}}+0.213\right)^{0.736}, & \text{当}\dfrac{1}{X_{tt}}>0.1\text{ 时}\end{cases} \tag{3-73D}$$

式(3-73D)中 F 与 $1/X_{tt}$之间的关系也可以用图 3-12 表示。

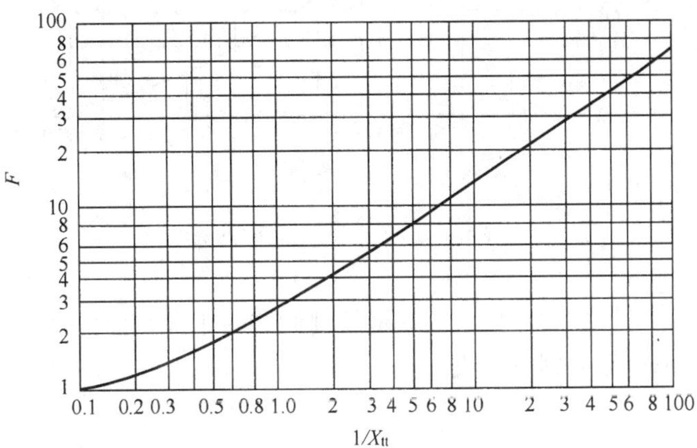

图 3-12　F 与 $1/X_{tt}$之间的关系

关于 h_{NB}，Chen 采用如下公式：

$$h_{NB}=Sh_{FZ} \tag{3-73E}$$

式中，h_{FZ}是 Forster-Zuber 池式沸腾传热系数[式(3-45A)]，S 是泡核沸腾抑制因子。在强制对流沸腾中，其有效发泡点要比池式沸腾的少，汽泡的生成会受到抑制。S 反映了沸腾传热项所占的比重。可以预料，在较低流量下，S 接近 1.，而在很高流量下，S 接近于 0。Chen 把 S 表示成汽—液两相雷诺数 Re_{TP}^{*}的函数：

$$S=\begin{cases}[1+0.12(Re_{TP}^{*})^{1.14}]^{-1} & \text{当 } Re_{TP}^{*}<32.5\text{ 时}\\ [1+0.42(Re_{TP}^{*})^{0.78}]^{-1} & \text{当 } 32.5\leqslant Re_{TP}^{*}<70\text{ 时}\\ 0.1 & \text{当 } Re_{TP}^{*}\geqslant 70\text{ 时}\end{cases} \tag{3-73F}$$

其中，$Re_{TP}^{*}=Re_{l}F^{1.25}\times 10^{-4}=\dfrac{G(1-x)D}{\mu_{l}}\cdot F^{1.25}\times 10^{-4}$。式(3-73F)$S$ 与 $Re_{l}F^{1.25}$之间的关系也可以用图 3-13 表示。

将式(3-73A)代入式(3-73E)则得

$$h_{NB}=\frac{0.00122(T_W-T_S)^{0.24}(p_W-p_S)^{0.75}c_{pL}^{0.45}\rho_L^{0.49}k_L^{0.79}}{\sigma^{0.5}h_{fg}^{0.24}\mu_L^{0.29}\rho_G^{0.24}}\cdot S \tag{3-73G}$$

式中，p_W 和 p_S 分别为对应 T_W 和 T_S 下的饱和压力，Pa，按下式计算：

$$p_W-p_S=\frac{h_{fg}(T_W-T_S)}{T_S(v_G-v_L)} \tag{3-73H}$$

Chen 关系式既可以适用于强制对流蒸发传热工况，又可以适用于饱和泡核沸腾传热工况，这时有：

$$q=(h_{NB}+h_{FC})(T_W-T_S)=h_{TP}(T_W-T_S) \tag{3-73I}$$

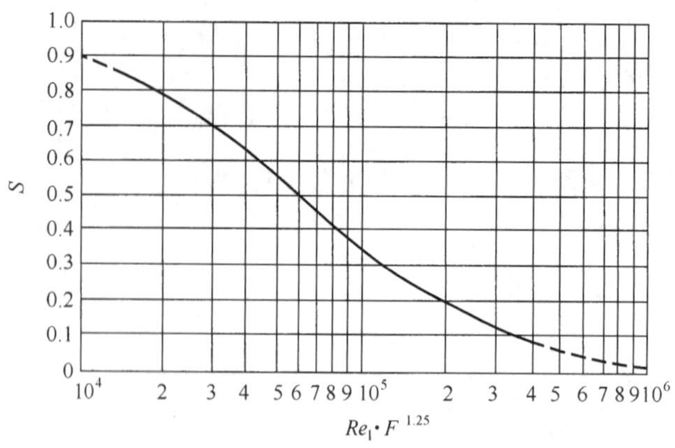

图 3-13 S 与 $Re_l F^{1.25}$ 之间的关系

此外,Chen 关系式还可以扩展应用于欠热泡核沸腾传热工况,这时应取 $F=1$ 和 $x=0$,但 S 仍然用式(3-73F)计算,而 q 则表示成:

$$q = h_{NB}(T_W - T_S) + h_{FC}(T_W - T_f) \tag{3-73J}$$

Chen 关系式对于宽广的实验数据都具有良好的符合和较高的计算精度(平均偏差为 ±11%),因此得到广泛应用,被推荐用于反应堆设计和安全分析中。

3.4.2.7 流动沸腾临界热流密度(CHF)

临界热流密度工况是指传热机理正好发生变化而使传热系数突然下降(即传热恶化)的状态,临界热流密度(CHF)则指在该工况下的热流密度的数值。有两种 CHF 工况:

(1) 偏离泡核沸腾(DNB 型)

从图 3-8 或图 3-9 可以看到,在高热流密度下,沸腾可以由欠热泡核沸腾或低含汽率的饱和泡核沸腾直接进入膜态沸腾(欠热或饱和膜态沸腾),这种由泡核沸腾直接向膜态沸腾的转变叫偏离泡核沸腾(Departure from Nucleate Boiling)。它可以分欠热的 DNB 和饱和的 DNB。DNB 机理的特点是在壁面上形成蒸汽膜覆盖壁面,使液体不能接触壁面,从而使传热恶化,造成壁温急剧升高。一般说来,DNB 发生时壁温跃升是如此之高,以至于可能使壁面立刻烧毁。

(2) 干涸或蒸干(Dryout)

从图 3-7 可以看到,在低热流密度和高含汽率的环状流动区,附壁液膜会因蒸干或撕破等原因而消失,从而导致壁面干涸。干涸发生时,由于蒸汽流速较高,其传热能力并不太低,因而壁温上升不很剧烈,一般不会使壁面立刻烧毁。

1. 棒束通道的临界热流密度(CHF)关系式

在由若干根燃料元件棒和其定位件构成的棒束通道中,临界热流密度的测算是很复杂的。这是因为(1)棒束燃料组件的轴向和径向功率分布以及定位件和棒间距等都对 CHF 的数值和位置具有重要影响;(2)决定 CHF 大小的流动参量,例如,压力、质量流密度和含汽率等,在棒束中也是分布的。测算棒束中临界热流密度的关系式一般可分为两种:一种是将单通道(如圆形、矩形和环形通道等)实验确定的关系式推广用于棒束通道,但要采用计算点的局部参量(如局部压力 p、质量流密度 G 和含汽率 x 等)来计算 CHF 值;另一种是直接由棒束临界热流密度的实验数据整理的关系式。此外，还有临界热流密度查表法。

(1) 单通道 CHF 关系式推广用于棒束

1) Biasi 关系式

Biasi 关系式主要是由均匀加热的圆形通道实验数据整理而成，它是计算含汽区($0<x_E<1$)CHF 的较好公式，在一些大型热工水力分析程序中常使用它，例如，RELAP 5/MOD 2、TRAC—PF1 和 CATHARE 1 等程序。Biasi 关系式为

对于低含汽区：

$$q_C = \frac{1.883\times10^7}{(100D)^n(0.1G)^{1/6}}\left[\frac{F(p)}{(0.1G)^{1/6}} - x_E\right] \tag{3-74A}$$

对于高含汽区：

$$q_C = \frac{3.78\times10^7 H(p)}{(100D)^n(0.1G)^{0.6}}(1-x_E) \tag{3-74B}$$

式中，q_C 是临界热流密度，W/m^2；D 是圆形通道的直径，m，当用于棒束通道时应该用等效直径 D_e 来代替 D；G 是流体的质量流密度，$kg/(m^2\cdot s)$；x_E 是计算点的热平衡含汽率；指数 n 的数值为：

当 $D\geqslant0.01$ m 时，$n=0.4$；

当 $D<0.01$ m 时，$n=0.6$。

$F(p)$和 $H(p)$是压力 p 的函数，其表达式为

$$F(p) = 0.7249 + 0.99\times10^{-6}p\cdot\exp(-0.32\times10^{-6}p) \tag{3-74C}$$

$$H(p) = -1.159 + 1.49\times10^{-6}p\cdot\exp(-0.19\times10^{-6}p) + \frac{89.9\times10^{-6}p}{10+10^{-10}p^2} \tag{3-74D}$$

实验数据范围及参量单位：$p=(0.27\sim14)\times10^6$ Pa，$G=100\sim6\,000$ $kg/(m^2\cdot s)$，$D=0.003\sim0.037\,5$ m，加热长度 $L_h=0.2\sim6$ m，$1/(1+\rho_L/\rho_G)<x_E<1$。

实验数据点数 4 551 个，均方根误差±(7.26%～10%)。

当 $G\geqslant300$ $kg/(m^2\cdot s)$ 时，一般取式(3-74A)和式(3-74B)中的最大者为所求的 q_C；

当 $G<300$ $kg/(m^2\cdot s)$ 时，总是用(3-74B)计算 q_C。

2) W—2q_C 公式

W—2q_C 公式由西屋电气公司开发，它只适用于欠热流动沸腾($x_E<0$)的临界热流密度计算，其公式为

$$q_C = 3.1546\times(0.23\times10^6+69.31G)(3+0.018\Delta T_{SUB,C})$$
$$[0.435+1.23\exp(-0.0093L/D_e)][1.7-1.4\exp(-a)] \tag{3-75A}$$

式中，

$$a = 0.532\left(\frac{h_f-h_{in}}{h_{fg}}\right)^{3/4}\left(\frac{\rho_L}{\rho_G}\right)^{1/3} \tag{3-75B}$$

实验数据范围及参量单位：$p=(5.5\sim18.9)\times10^6$ Pa，$G=271\sim10\,850$ $kg/(m^2\cdot s)$，$D_e=0.002\,54\sim0.013\,7$ m，$L_h/D_e=21\sim365$，加热周长/湿周长$=0.88\sim1$，$h_f-h_{in}=0\sim1.63\times10^6$ J/kg，临界点处欠热度 $\Delta T_{SUB,C}=0\sim127$ ℃，$q=(1.26\sim12.6)\times10^6$ W/m^2，通道几何为圆管、矩形通道和棒束通道等。

3) W—2Δh_{BO}公式

W—2Δh_{BO}公式也由西屋电气公司开发，它只适用于饱和流动沸腾($x_E>0$)的临界热流密度计算，它用发生烧毁时的焓升 Δh_{BO}表示，即用临界点处的汽—水混合物的焓升来计算

烧毁热流密度，其表达式为

$$\Delta h_{BO} = h_{BO} - h_{in} = 0.529(h_f - h_{in}) + h_{fg}\{[0.825 + 2.3\exp(-669.3D_e)] \times \exp(-0.001\,106G) - 0.41\exp(-0.004\,8L/D_e) - 1.12\frac{\rho_G}{\rho_L} + 0.548\} \quad (3\text{-}76)$$

式中：

h_{BO}——发生临界点处流体的比焓，J/kg；

h_{in}——进口处流体的比焓，J/kg；

h_f——饱和液体比焓，J/kg；

h_{fg}——汽化潜热，J/kg；

ρ_G 和 ρ_L——分别是饱和蒸汽和饱和液体的密度，kg/m^3。

实验数据范围及参量单位：$p=(5.5\sim18.9)\times10^6$ Pa，$G=542\sim3\,390$ kg/(m^2·s)，$D_e=0.002\,54\sim0.013\,7$ m，$L_h=0.228\sim1.93$ m，$h_{in}=0.93\times10^6$ J/kg～饱和水比焓；出口含汽率 $x_E=0\sim0.9$，加热周长/湿周长＝0.88～1，$q=(0.315\sim5.68)\times10^6$ W/m^2，通道几何为圆管、矩形通道和棒束通道等。均匀和非均匀加热。公式偏差±25%。

4) W—3 公式

W—3 公式同样由西屋电气公司开发，由 L. S. Tong 提出。W—3 公式是压水堆最常使用的著名公式，它适用于流动的欠热泡核沸腾和低含汽率的饱和泡核沸腾工况，因而它是典型的描述偏离泡核沸腾(即 DNB)的 CHF 关系式。W—3 公式主要是根据轴向均匀热流密度加热的单个通道试验所得到的临界热流密度数据整理而成的。轴向均匀加热的 W—3 公式为

$$q_{C,U} = 3.154\,6\times10^6\{2.022 - 6.24\times10^{-8}p + (0.172\,2 - 1.43\times10^{-8}p)\exp[(18.177 - 5.99\times10^{-7}p)x_E]\}[(0.148\,4 - 1.596x_E + 0.172\,9x_E|x_E|)\times7.374\times10^{-4}G + 1.037]\times(1.157 - 0.869x_E)[0.266\,4 + 0.835\,7\exp(-124.1D_e)][0.825\,8 + 3.41\times10^{-7}(h_f - h_{in})]\ \text{W/m}^2 \quad (3\text{-}77)$$

实验数据范围及参量单位：压力 $p=(6.9\sim16)\times10^6$ Pa，质量流密度 $G=1\,356\sim6\,781$ kg/(m^2·s)，沸腾临界点处热平衡含汽率 $x_E=-0.15\sim+0.15$，通道等效直径 $D_e=0.005\sim0.018$ m，通道进口处冷却剂饱和焓 h_f 与冷却剂焓 h_{in}之差 $h_f-h_{in}\geqslant9.3\times10^5$ J/kg，通道加热长度 $L_h=0.25\sim3.67$ m，加热周长/湿周长＝0.88～1，通道几何为圆管、矩形通道和棒束通道等。公式偏差±23%，可信度 95%。

Tong 认为将均匀加热的公式[式(3-77)]推广用于轴向不均匀热流密度分布的棒束元件冷却剂通道的临界热流密度计算时，除了要采用计算点的局部参量(局部压力 p、局部质量流密度 G 和局部含汽率 x_E 等)之外，还要用一个轴向热流密度不均匀分布的修正因子 F_S、冷壁修正因子 F_C 和定位格架修正因子 F_G 来修正，即

$$q_{C,N} = q_{C,U}\cdot F_C\cdot F_G/F_S \quad (3\text{-}78)$$

式中。$q_{C,N}$是轴向不均匀热流密度分布的棒束组件的局部临界热流密度，W/m^2；$q_{C,U}$是轴向均匀热流密度分布的临界热流密度，W/m^2，用式(3-77)计算。

轴向热流密度不均匀分布的修正因子 F_S：

F_S 表示不均匀加热的局部临界热流密度 $q_{C,N}$受上游热流密度分布影响的程度。之所以要对热流密度分布不均匀进行修正，是因为考虑到热流密度分布不均匀之后，从上游表面

流来的流体，特别是从边界层区域流来的流体，当接触到下游表面时，就把过热液体和汽泡都带到下游边界层里了。这样，上游热流密度分布的影响就传递到发生沸腾临界的下游边界层中去了。这种上游效应在下游的反映，叫做烧毁的记忆效应。在均匀热流密度分布时，这个上游效应已经包括在实验测得的数据中了，故不存在修正问题。Tong 从理论模型推导出来的 F_S 的表达式为

$$F_S = \frac{C}{q(z_{C,N})[1-\exp(-Cz_{C,U})]}\int_0^{z_{C,N}} q(z)\exp[-C(z_{C,N}-z)dz \quad (3\text{-}79)$$

式中：

$q(z)$——轴向坐标 z 处元件表面热流密度，W/m^2；

$z_{C,N}$——在不均匀热流密度下发生沸腾临界的点的轴向位置，m；

$z_{C,U}$——在均匀热流密度下发生沸腾临界的点的轴向位置，m；

$q(z_{C,N})$——在不均匀加热时元件计算点 $z_{C,N}$ 处的热流密度，W/m^2；

C——系数，实验表明，C 是 x_E 和 G 的函数：

$$C = 0.2515 \cdot \frac{(1-x_E)^{4.31}}{(G\times 10^{-6})^{0.478}} \quad 1/m \quad (3\text{-}80)$$

式中，x_E 和 G 分别是沸腾临界点 $z_{C,N}$ 处的热平衡含汽率和质量流密度，$kg/(m^2\cdot s)$。

在欠热泡核沸腾区和低含汽率的饱和泡核沸腾区，由式(3-80)可得较大的 C 值，根据式(3-79)，F_S 随 C 呈指数衰减，因而可得很小的因子 F_S 值，这就是说减小了记忆效应。因此，局部热流密度的大小基本上决定了沸腾临界(烧毁)点；在高含汽区，C 值小，F_S 值大，临界点上游一段距离的记忆效应就大，这时，平均热流密度对沸腾临界点起较大性作用。

确定经验系数 C 式的实验参量范围：压力 $p=(6.9\sim13.8)\times10^6$ Pa，质量流密度 $G=497\sim3\,907$ $kg/(m^2\cdot s)$，沸腾临界点处热平衡含汽率 $x_E=-0.25\sim+0.25$，通道等效直径 $D_e=0.004\,5\sim0.011\,32$ m，流体比焓 $h=(0.177\sim1.465)\times10^6$ J/kg，通道加热长度 $L_h=0.635\sim1.828$ m。

冷壁修正因子 F_C：

当棒束通道中存在不加热的壁面(即冷壁)时(例如，邻近控制棒导管的子通道)，沿冷壁的一层流体对冷却加热面是不起作用的，显然冷却加热表面的流体焓值要比用热平衡计算得到的焓值高，因此，具有冷壁通道的临界热流密度通常要比所有壁面都加热并在相同的平均出口焓值下的通道内的临界热流密度要低。Tong 给出 F_C 的经验公式为

$$F_C = 1-(1-\frac{D_e}{D_h})[13.76-1.372\exp(1.78x_E)-6.96G^{-0.0535}-6.83\times10^{-3}p^{0.14}-12.6D_h^{0.107}] \quad (3\text{-}81)$$

式中，D_e 是水力等效直径，$D_e=4\times$通道横截面积/湿周长，D_h 是热等效直径，$D_h=4\times$通道横截面积/加热周长。

式(3-81)的适用范围：压力 $p=(6.9\sim15.9)\times10^6$ Pa，质量流密度 $G=1\,356\sim6\,781$ $kg/(m^2\cdot s)$，$x_E\leqslant0.1$，通道加热长度 $L_h\geqslant0.254$ m，棒间隙 $\geqslant0.002\,54$ m。。

当通道中存在冷壁时，计算 $q_{C,U}$ 的式(3-77)中的水力等效直径 D_e 应该用热等效直径 D_h 代替。

定位格架修正因子 F_G：

定位格架对 CHF 有重要影响，大多数实验研究表明，定位格架促进了冷却剂的交混和

改善了汽—液相的分布，从而能提高临界热流密度。Tong 给出 F_G 的经验公式为：

$$F_G = 1 + 2.212 \times 10^{-5} G\left(\frac{C_{TD}}{0.019}\right)^{0.35} \tag{3-82}$$

式中，C_{TD}是冷却剂热扩散系数，对于不同形状和尺寸的定位格架及交混翼片有不同的值。如用单箍型定位格架时，$C_{TD}=0.019$。

W—3 公式把 W—$2q_C$ 公式[式(3-75)]和 W—$2\Delta h_{BO}$公式[式(3-76)]在 $x_E=0$ 左右的间断区连接起来，如图 3-14 所示。

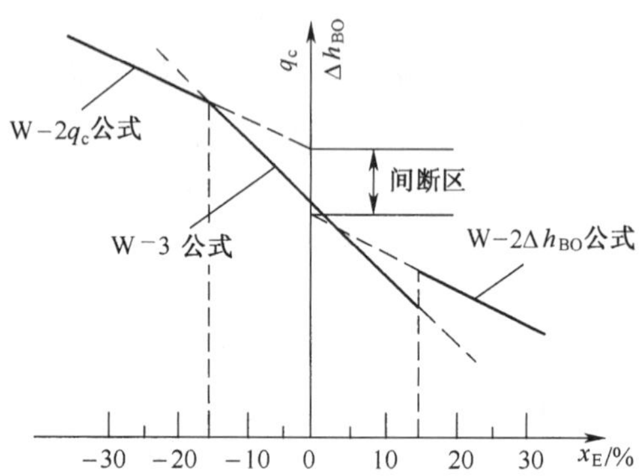

图 3-14 W—3 公式与 W—2 公式的连接

Tong 把 W—3 公式算得的 $q_{C,C}$值与各种实验测得的数千个实验数据 $q_{C,E}$作了比较，若以 $q_{C,E}/q_{C,C}$为横坐标，以该比值出现的频率为纵坐标作图，则可得到一个近似于高斯分布的图形，如图 3-15 所示。

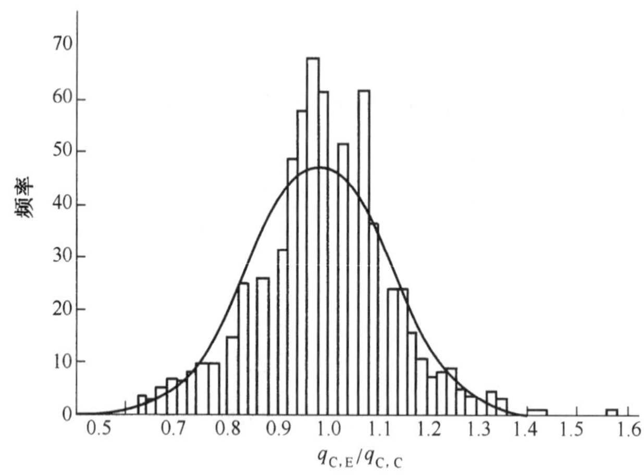

图 3-15 W—3 公式的 $q_{C,E}/q_{C,C}$的频率分布

$q_{C,C}$与 $q_{C,E}$的偏差，95%以上的数据是在±23%以内，且具有 95%的可信度，如图 3-16 所示。这种误差是随机性的。造成这种误差的原因可能有以下几方面：

① 流体的湍流特性及表面粗糙度的随机特性，由此造成的随机性误差约为±3%；

② 试验段的制造公差，包括圆管壁厚、通道尺寸等，这种误差约为±5%；

③ 由于 q_C 的某些修正因子计算公式的不完善性所引起的误差约为±5%；

④ 随机和非随机的测量仪表的误差以及由各种不同试验回路的系统特性而产生的误差约为±10%。

以上所列的误差合计为±23%，这就是 $q_{C,C}$ 与 $q_{C,E}$ 相比误差达到±23%的原因。由 W—3 公式计算值与由实验测得的下限值之比为 1/(1－0.23)＝1.3，即在反应堆设计时若取实验测得的下限值，则应该把 W—3 公式计算得到的值除以 1.3。

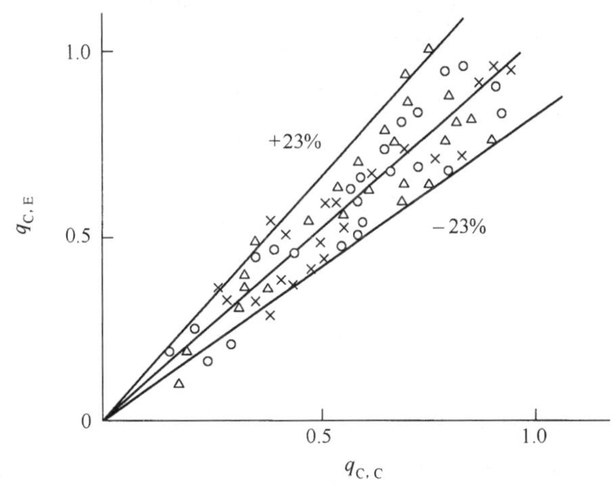

图 3-16　W—3 公式计算值与实验测量值(均为相对值)的比较

5) 通用电气公司的 Janssen-Levy 关系式

Janssen-Levy 关系式只适用于流动饱和泡核沸腾，常用于沸水堆的设计。Janssen-Levy关系式为

$$q_C = q_{C,6.9} + 1.388 \times 10^5 (10 - 1.45p) \tag{3-83}$$

式中，$q_{C,6.9}$ 是压力 p＝6.9 MPa 时的临界热流密度，其表达式为

$$q_{C,6.9} = \begin{cases} 2.224 \times 10^6 + 551G & x_E < x_1 \\ 5.155 \times 10^6 - 628G - 14.86 \times 10^6 x_E & x_1 < x_E < x_2 \\ 1.91 \times 10^6 - 381.5G - 2.06 \times 10^6 x_E & x_E > x_2 \end{cases} \tag{3-83A}$$

$$x_1 = 0.197 - 0.796 \times 10^{-4} G \tag{3-83B}$$

$$x_2 = 0.254 - 0.19 \times 10^{-4} G \tag{3-83C}$$

实验数据范围及参量单位：压力 p＝4.14～10 MPa，质量流密度 G＝542～8 137 kg/(m^2·s)，沸腾临界点处热平衡含汽率 x_E＝0～＋0.45，通道等效直径 D_e＝0.006～0.03 m，通道加热长度 L_h＝0.7～2.7 m，通道几何为圆管。

(2) 由棒束临界热流密度实验数据整理的 CHF 关系式

BAW—2 公式是由 Babcock & Wilcox 公司直接通过均匀加热棒束试验数据整理的计算 CHF 的关系式：

$$q_{C,U}=3.1546\cdot\frac{1.155-16.025D_e}{12.71\times(2.252\times10^{-3}G)^A}[3.702\times10^7(4.3604\times10^{-4}G)^B-48.21Gx_Eh_{fg}] \tag{3-84}$$

式中，

$$A=0.712+3.006\times10^{-2}(p-13.79) \tag{3-84A}$$

$$B=0.8304+9.93\times10^{-2}(p-13.79) \tag{3-84B}$$

实验数据范围及参量单位：压力 $p=(13.8\sim16.5)$ MPa，质量流密度 $G=1\,020\sim5\,425$ kg/(m^2·s)，沸腾临界点处热平衡含汽率 $x_E=-0.03\sim+0.20$，通道等效直径 $D_e=0.005\,1\sim0.012\,7$ m，通道加热长度 $L_h=1.83$ m，定位格架轴向间距 $L_{SP}=0.3$ m，公式偏差 ±7.7%。式中汽化潜热 h_{fg} 的单位是 kJ/kg，$q_{C,U}$ 的单位是 W/m^2。

对于轴向热流密度不均匀加热情况的 $q_{C,N}$ 为

$$q_{C,N}=q_{C,U}/F_S \tag{3-85}$$

式中，

$$F_S=\frac{1.025C}{q(z_{C,N})[1-\exp(-Cz_{C,U})]}\int_0^{z_{C,N}}q(z)\exp[-C(z_{C,N}-z)\mathrm{d}z \tag{3-85A}$$

其中，

$$C=0.48\cdot\frac{(1-x_E)^{7.82}}{(G\times10^{-6})^{0.457}}\quad 1/\mathrm{m} \tag{3-86}$$

式(3-85)和式(3-86)中的符号意义与式(3-79)和式(3-80)中的相同。

(3) 临界热流密度查表法

上面介绍的各个 CHF 关系式，都有自己的实验数据基础，有其适用范围和计算偏差。一般说来，各 CHF 关系式仅适用于它们各自的实验范围，而且，其适用范围比较狭窄。在将 CHF 关系式用来测算瞬态工况变化大的某些事故过程时，经常需要把公式外推，而这种外推有时会得到不合理的甚至错误的结果。因此，一些研究者在寻找一种广泛通用的计算 CHF 的较好方法，这就是查表法。

查表法就是将大量的 CHF 实验数据制成表，然后按给定的局部参量(如压力 p、质量流密度 G 和含汽率 x_E 等)并采用适当的插值方法从 CHF 表中查得所要求的 CHF 之值。1996 年国际原子能机构发表了最新编制的 CHF 数据表①，该表所依据的数据库包含由 48 个不同的研究机构获得的 29 005 个 CHF 实验数据，其实验数据的范围非常广：$p=0.1\sim21.2$ MPa，$G=6\sim24\,270$ kg/(m^2·s)，$x_E=-1.652\sim1.0$，进口欠热焓 $h_f-h_{in}=(-1.211\sim2.711)\times10^6$ J/kg，$D_e=0.000\,62\sim0.092\,4$ m，加热长度 $L_h=0.011\sim20$ m，$L_h/D_e=4.6\sim2\,485$。从这个数据库中选择出 22 946 个 CHF 数据用来导得 CHF 数据表。这个表按 p、G、x_E 的离散值给出了直径 8 mm 圆管的 9 000 个 CHF 数据，其适用范围是：$p=0.1\sim20$ MPa，$G=0\sim8\,000$ kg/(m^2·s)，$x_E=-0.5\sim0.9$。

CHF 查表法具有可靠、精度高、应用范围广和参量影响趋向正确等优点，因此，用一些关系式计算得到的 CHF 之值常和表值对照，以检验计算是否正确，一些反应堆事故热工水力分析程序(例如 CATHARE、RELAP 5/MOD 3、CATHENA 等)也植入了 CHF 表。为

① Nuclear Engineering and Design, 1996, 163: 1-23.

了考虑不等于 8 mm 的直径 D 对 CHF 的影响，引入了直径修正因子 $K_1=(D/8)^{-1/2}$，其中 D 的单位是 mm。在把 CHF 表应用于棒束通道时，还应该引入棒束修正因子、定位格架修正因子和轴向热流密度不均匀修正因子等。

2. 影响临界热流密度的主要参量和因素

临界热流密度是水冷反应堆设计的重要参量之一，因此分析影响它的主要参量和因素，从而找出提高它的各种途径，是一个十分重要的课题。影响 CHF 的主要参量是质量流密度 G、含汽率 x_E 和压力 p 以及进口欠热度等，影响 CHF 的主要因素除了前面已经讨论过的热流密度的不均匀分布、冷壁和定位格架之外，还有通道几何及加热表面粗糙度等。

(1) 质量流密度 G 对 CHF 的影响

1) 在欠热泡核沸腾（负含汽率）和很低含汽率的饱和泡核沸腾区，当 G 增加时，流体扰动增强，汽泡容易脱离加热面，从而使 CHF 值增加。但当 G 增大到一定数值之后，再继续增加 G，对提高 CHF 的贡献就小了。此外，在 $x_E=0$ 附近，G 对 CHF 值的影响减弱。

2) 在高含汽率的环状流工况下（即通过液膜的强制对流蒸发传热工况），增加 G 会产生较多的液滴夹带，容易使加热壁面上的液膜蒸干，从而使 CHF 值减小。但是，在很高流量下[$G>5\,000$ kg/(m^2 · s)]，G 又使 CHF 值稍微增大。

3) 在很低流量下[$G<300$ kg/(m^2 · s)]，无论在欠热区还是在含汽区，CHF 值总是随 G 的减小而迅速减小，直到达池式沸腾的 CHF 值为止。

(2) 含汽率 x_E 对 CHF 的影响

CHF 值总是随含汽率 x_E 的增加而减小。而且当 x_E 越大或者 p 越高时，x_E 对 CHF 的影响减弱。

(3) 压力 p 对 CHF 的影响

压力 p 对 CHF 的影响比较复杂。对水而言，在低压时，随压力的增加，CHF 值迅速增大，大约在 3～7 MPa，CHF 达到最大值，而后又随压力的增加而逐渐降低。

(4) 进口欠热度对 CHF 的影响

进口处水的欠热度越大，则在加热面上形成稳定的汽膜所需要的热量就越多，即 CHF 值越高。但当欠热度增大到某一个数值时，热通道中的冷却剂就会发生汽水两相流动不稳定性，导致热通道内冷却剂流量减小，从而使 CHF 值下降。同样，当进口欠热度小于某一个数值时，也会使汽水两相流动出现不稳定性。因此，进口水的欠热度大小，不但会直接影响 CHF 值，而且还会因汽水两相流动不稳定性而间接影响 CHF 值。究竟如何确定进口水的欠热度的具体数值，要根据系统具体的热工和结构参量而定。

(5) 通道进口段长度对 CHF 的影响

冷却剂通道尺寸对 CHF 的影响，常用通道进口长度 L_{in} 与通道直径 D 的比值 L_{in}/D 来表示。一般说来，L_{in}/D 值越小，受进口局部扰动的影响越大，因而 CHF 值增大。当 L_{in}/D 值小于 50 时，L_{in}/D 值的改变对 CHF 的影响较大；当 L_{in}/D 值大于 50 时，L_{in}/D 值的改变对 CHF 的影响就小了。此外，在相同的实验条件下，不同形状通道的 CHF 值也不同。

(6) 加热表面粗糙度对 CHF 的影响

加热表面粗糙度的影响，只是对新燃料元件才比较明显。表面粗糙度一方面可以增加汽化核心的数目，另一方面又可增强流体的湍流扰动，在欠热泡核沸腾和低含汽率的饱和泡核沸腾情况下，这会使 CHF 值增加。在高含汽率的环状流情况下，加热面粗糙度大，会加强流体的湍流扰动，使加热面上的一层液膜易于变薄，从而加速蒸干的到来。反应堆运行一段时间之后，加热面上的粗糙度因受流体冲刷而变小了，它对 CHF 的影响也就小了。

例题 3-7

设有一垂直圆管试验段，管内径 $D=0.01\ \text{m}$，管长 $L=3.7\text{m}$，沿管全长均匀加热（即热流密度 q 沿管长为常数），管进口水的比焓 $h_{\text{in}}=0.87\times10^6\ \text{J/kg}$，水的质量流密度 $G=2\,700\ \text{kg/(m}^2\cdot\text{s)}$，管出口流体的压力 $p=7\times10^6\ \text{Pa}$[在该压力下，饱和水比焓 $h_f=1.26\times10^6\ \text{J/kg}$，汽化潜热 $h_{fg}=1.5\times10^6\ \text{J/kg}$]。为了防止管出口处发生临界热流密度工况，请问允许加于管全长的最大热功率是多少？临界热流密度 q_C 的公式请用 Biasi 公式，$q_C=\dfrac{1.883\times10^7}{(100D)^n(0.1G)^{1/6}}\left[\dfrac{F(p)}{(0.1G)^{1/6}}-x_E\right]\quad \text{W/m}^2$；

其中，$F(p)=0.7249+0.99\times10^{-6}p\cdot\exp(-0.32\times10^{-6}p)$，$D$ 的单位是 m，G 的单位是 $\text{kg/(m}^2\cdot\text{s)}$，$p$ 的单位是 Pa。

解：
$$\begin{aligned}F(p)&=0.7249+0.99\times10^{-6}p\cdot\exp(-0.32\times10^{-6}p)\\&=0.7249+0.99\times7\times e^{-0.32\times7}\\&=0.7249+0.7378\\&=1.4627\end{aligned}$$

将
$$\begin{aligned}x_{C,E}&=\frac{h_{\text{out}}-h_f}{h_{fg}}=\left(\frac{4q_CL}{GD}+h_{\text{in}}-h_f\right)/h_{fg}\\&=\left(\frac{4q_C\times3.7}{2\,700\times0.01}+0.87\times10^6-1.26\times10^6\right)/1.5\times10^6\\&=(0.3654\times10^{-6}q_C-0.26)\end{aligned}$$

代入
$$q_C=\frac{1.883\times10^7}{(100D)^n(0.1G)^{1/6}}\left[\frac{F(p)}{(0.1G)^{1/6}}-x_E\right]$$

得
$$q_C=\frac{1.883\times10^7}{1^{0.4}(270)^{1/6}}\left[\frac{1.4627}{(270)^{1/6}}-(0.3654\times10^{-6}q_C-0.26)\right]$$

$$q_C=0.7407\times10^7[0.5753-0.3654\times10^{-6}q_C+0.26]$$

$$q_C=0.4261\times10^7-2.7065\,q_C+0.1926\times10^7$$

解得 $q_C=1.67\times10^6\ \text{W/m}^2$

因此，热功率$=q_C\pi DL=1.67\times10^6\times\pi\times0.01\times3.7=194.1\ \text{kW}$

3.4.2.8 蒸干后的传热(Post Dryout)

蒸干后的传热是指液滴弥散流型的缺液区传热。在蒸干开始附近，壁温尚低，部分液滴还可以撞击到壁面并蒸发，即壁面时而被液体接触冷却，时而被蒸汽覆盖由蒸汽冷却，并且被蒸汽冷却的时间逐渐变长，因而壁温呈现出一边波动一边上升。这便是对流过渡沸腾工况。随着壁温的继续升高，使大部分液滴被排斥而不能接触壁面，即壁面完全被蒸汽所覆盖，壁温稳定在很高水平上（大大超过饱和温度），这便是弥散流膜沸腾传热工况。其传热机理是壁面向蒸汽的对流和热辐射，以及液滴和壁面之间的相互作用。蒸干后的传热系数 h 可以用如下经验公式：

$$h=0.052\frac{k_G}{D_e}\left\{\frac{GD_e}{\mu_G}\left[x+(1-x)\frac{\rho_G}{\rho_L}\right]\right\}^{0.688}Pr_{G,W}^{1.26}Y^{-1.06}\tag{3-87}$$

式中，$Y=1-0.1(\frac{\rho_L}{\rho_G}-1)^{0.4}(1-x)^{0.4}$，$Pr_{G,W}$是由壁温确定的汽相普朗特数。

3.4.2.9　最小膜态沸腾

最小膜态沸腾是过渡沸腾与稳定膜态沸腾的分界点，最小膜态沸腾的温度把低壁温与高壁温分开。

文献中常用如下术语描述这个分界点的现象：飞溅(sputtering)、偏离膜沸腾(DFFB)、再湿(rewetting)、膜态沸腾破灭、Leidenfrost 点、最小膜沸腾等。最小膜沸腾的机理是：

(1) 流体动力学机理，只要蒸汽产生率超过蒸汽带走率，就能维持液—汽界面与壁面分离；

(2) 热力学机理，当液体超过一个“最大液体温度”时，液体便不能存在。因此，当加热表面超过“最大液体温度”时，便不能使液体接触表面。此外，强迫对流(流量、含汽率、欠热度、流动几何等)和加热表面的性质也影响最小膜沸腾温度 T_{min}。

最小膜态沸腾的类型，如图 3-17 所示。

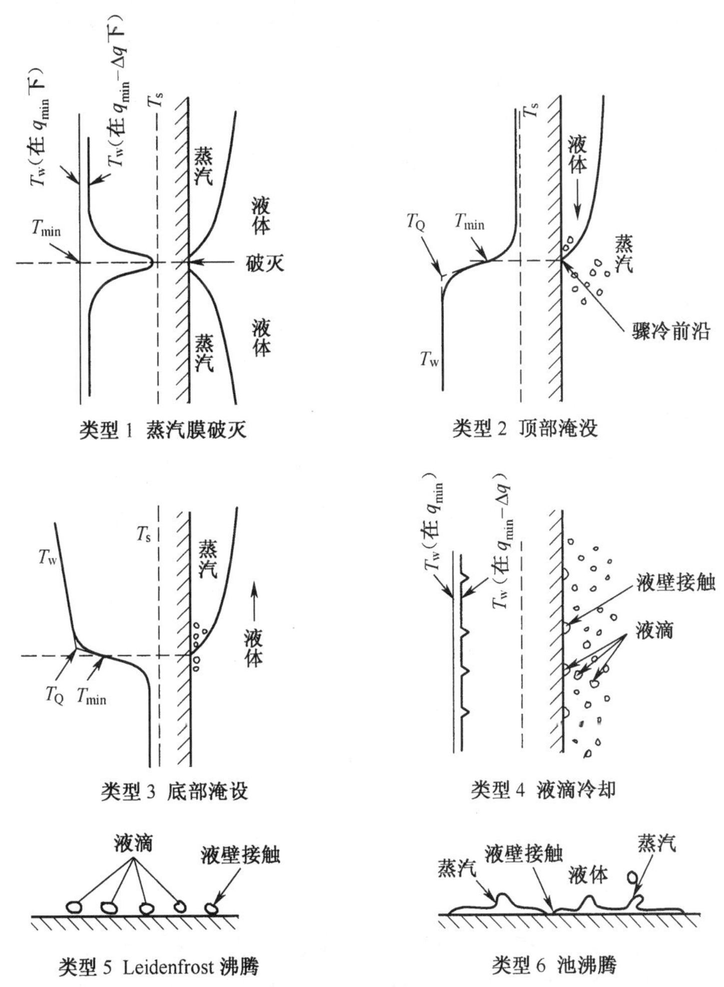

图 3-17　最小膜态沸腾的类型

(1) 蒸汽膜破灭

表面温度的降低使蒸汽膜瞬时破灭,从而使液体接触加热表面,其上游为反环状流工况。

(2) 顶部淹没

借助于液膜沿轴向推进来建立液体与加热表面的接触。在骤冷前沿的前部,壁温的降低主要靠壁的轴向导热,在较高蒸汽流量下,也靠蒸汽对壁的预冷。骤冷前沿附近的壁温降低是很快的,所以很难测量得最小膜沸腾温度 T_{min}。

(3) 底部淹没

在再湿之前,加热表面被膜态沸腾预冷(反环状流、弥散流或块状流)。靠近骤冷前沿,轴向导热也是很有效的冷却。

(4) 弥散液滴的冷却

加热表面被弥散液滴预冷,这导致液滴接触湿润表面。这类似于类型 1。

(5) Leidenfrost 冷却水平表面的再湿

在再湿之前,加热表面被静止的离散的液滴冷却,而液滴靠一层蒸汽与加热表面隔开。加热表面温度的降低将导致蒸汽产生率不足以维持液滴与壁面的隔开。当液滴与壁面开始接触时的温度就叫 Leidenfrost 温度。

(6) 水平表面池沸腾蒸汽膜的破灭

液相与加热表面之间有一层蒸汽膜隔开,当蒸汽产生率小于蒸汽移走率时,液体便接触壁面。这与类型 5 相似。

复习题

1. 堆芯内燃料芯块核反应释热传输到反应堆外经过哪三个过程?用什么具体表达式描述它们?
2. 流体热导率 k 和对流传热系数 h 有何本质不同?它们的单位各是什么?
3. 写出计算反应堆总热功率的热平衡方程式。说明式中各符号的名称和国际单位。
4. 单相水在圆管内作强迫对流定型湍流传热时,其热边界层的厚度(亦称流体膜)怎样影响其对流传热系数 h?
5. 请写出直角坐标和圆柱坐标的有内热源的稳态一维热传导方程式。
6. 请写出单相强迫对流传热方程(即牛顿冷却定律)。并说明式中各符号的名称和国际单位。
7. 流体作湍流流动时,流体内的总切应力由哪两部分构成?这两部分切应力各由什么引起的?
8. 请写出单相强迫对流传热系数的无量纲准则表达式。
9. 影响管内单相水强迫对流定型湍流传热系数(以 Dittus-Boelter 公式为例)的主要参量(包括流动参量、物性参量和几何参量)是什么?

10. 怎样计算水纵向流过平行棒束通道的传热系数?
11. 自然对流是由什么引起的? 其传热系数准则表达式是什么?
12. 沸腾型式分成哪两类?
13. 请标出池式沸腾曲线上各区传热工况(见图 3-5)。
14. 泡核沸腾传热的三种主要机理是什么?
15. 请写出流体欠热度的定义和壁面过热度的定义。
16. 稳定膜态沸腾传热的主要机理是什么?
17. 影响池式泡核沸腾的主要因素有哪些?
18. 以均匀低热流密度加热一根垂直管段,请试标出从底部进口至管出口可能出现的流型和传热工况是什么(参见图 3-8)。
19. 以均匀高热流密度加热一根垂直管段,请试标出从底部进口至管出口可能出现的流型和传热工况是什么(参见图 3-9)。
20. 常用的流动泡核沸腾传热关系式主要有哪些? 为什么它们与池式泡核沸腾传热关系式相同?
21. 热平衡含汽率 x_E 的定义是什么?
22. 从传热的观点来说,泡核沸腾起始点 ONB 的定义是什么? ONB 处的壁面温度必须同时满足哪两个传热方程?
23. 为什么在高热流密度下会发生偏离泡核沸腾(DNB)?
24. 发生偏离泡核沸腾工况时会产生什么后果?
25. 在 DNB 型和蒸干型两种临界热流密度工况中,哪一种使壁面温度升高的幅度大? 为什么?
26. 通过液膜的强制对流蒸发传热的主要机理是什么?
27. 何谓临界热流密度(CHF)工况? 流动的 CHF 有哪两种?
28. 以 W—3 CHF 关系式为例,说明影响流动沸腾的临界热流密度的主要热工参量是什么。
29. 均匀加热的 W—3 公式用于棒束通道时应包括哪些修正因子?
30. 水在管内作强迫湍流流动(定型),如果水的物性都保持不变,将水的质量流量和管直径都减小到原来的 1/2,试用 Dittus-Boelter 传热关系式分析对流传热系数将变成原来的多少倍。
31. 有一内径为 D,长度为 L 的圆管试验段,管内流动着欠热水,沿管全长以均匀热流密度加热水,管进口水的质量流量为 m,进口水温度为 $T_{f,in}$,管内壁和水之间的单相对流传热系数为 h(h=常数),管内欠热水平均比定压热容为 c_p(c_p=常数),今测得管出口处内壁面平均温度为 $T_{w,out}$。试推导出用 D、L、m、$T_{f,in}$、h、c_p 和 $T_{w,out}$ 表达出口欠热水平均温度 $T_{f,out}$ 的表达式,即 $T_{f,out}=f(D,L,m,T_{f,in},h,c_p,T_{w,out})$ 具体表达式。

32. 在一台 600 MW 的机组中，每秒有 1.3×10^9 J 的热量排到凝汽器的冷却水系统。如果冷却水的温升为 11 ℃，冷却水的比定压热容 $c_p=4.18\times10^3$ J/(kg·℃)，请确定每秒需要多少冷却水。

33. 设有一长度为 L 的均匀加热通道，在通道进口处流入欠热液体，其进口比焓为 h_{in}，设在 S 点发生热平衡饱和沸腾，在 S 点之前可以认为是单相液体(即忽略欠热沸腾段)。已知通道出口处热平衡含汽率为 $x_{E,O}$，液体的饱和比焓为 h_{fs}，汽化潜热为 h_{fg}，试推导出饱和沸腾段长度 L_B 的表达式：$L_B=f(L, h_{in}, h_{fs}, h_{fg}, x_{E,O})$。

34. 有一长度为 L 的通道，沿通道的全长以余弦分布的线功率 $q_l(z)=q_l(0)\cos(\frac{\pi z}{L})$ 加热流体，如右图所示。在通道进口流入欠热液体，其进口比焓为 h_{in}。假设在距进口为 L_{no} 的 S 点发生热平衡饱和沸腾，在 S 点之前可以认为是单相液体(即忽略欠热沸腾段)。已知通道出口处热平衡含汽率为 $x_{E,O}$，液体的饱和焓为 h_{fs}，汽化潜热为 h_{fg}，试推导出饱和沸腾段长度 L_B 的表达式：$L_B=f(L, h_{in}, h_{fs}, h_{fg}, x_{E,O})$。

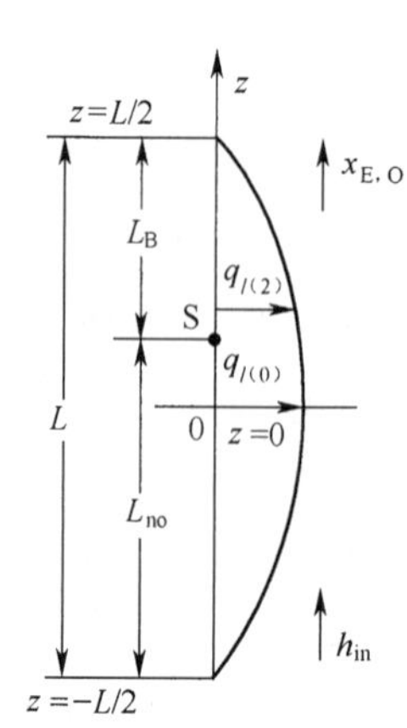

35. 反应堆一回路的压力是靠什么设备稳定的？稳压器中水的温度和反应堆出口水的温度，哪个高？其温度差叫什么？

36. 为什么升高稳压器中水的温度就可以提高一回路系统的压力？

37. 如果一回路冷却剂平均温度突然降低，稳压器的压力将如何变化(假定不考虑喷淋和加热)？

38. 如果一定量的过冷水通过波动管突然进入稳压器，稳压器压力如何变化(不考虑喷淋和加热)？

39. 假设某压力容器内的汽—水处于饱和状态，如右图所示，如果顶部导管突然破裂，或者下部水空间部位管道破裂，试分析在这两种破裂情况下，压力和液位会如何变化。

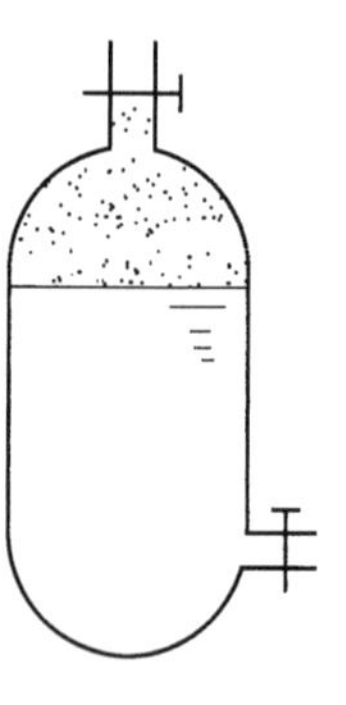

40. 如果压水堆稳压器汽腔发生小破口事故(例如卸压阀突然故障打开)时，试分析稳压器内水位的变化过程。

41. 指出在热交换器中热量从一次侧流体传到二次侧液体的传热过程。

42. 主冷却剂系统(主热传输系统)热量的三个主要热源是什么？用于移出这些热量的两种主要的热交换过程是什么。

43. 请解释为什么在反应堆堆芯中不希望发生过渡沸腾或蒸干现象。

44. 给出蒸汽发生器的三个主要热阱，并说明何时使用它们。

45. 在发生通道阻塞的事件中，若通道功率 P_{th} 保持不变，通道出口的冷却剂比

焓 h_{out} 为什么会增加?

46. 解释为什么在主蒸汽流量突然减少时,蒸汽发生器内水位最初是下降的。

47. 设有一根垂直管段,内径 $D=0.008\ m$,管长 $L=3.7\ m$,沿管全长均匀加热,总热功率 $P_{th}=1.42\times10^5\ W$,进口水温度 $T_{f,in}=250\ ℃$(相应的比焓 $h_{in}=1.086\times10^6\ J/kg$,进口水流量 $m_L=0.28\ kg/s$,管内平均压力 $p=12.86\ MPa$(常数),设单相水的对流传热系数 $h_{L0}=5.43\times10^4\ W/(m^2\cdot ℃)$,热平衡饱和泡核沸腾开始点以前的水的平均比定压热容 $c_{pL}=5.51\times10^3\ J/(kg\cdot ℃)$,平均密度 $\rho_L=789\ kg/m^3$,热导率 $k_L=0.58\ W/(m\cdot ℃)$。从水物性表查得在 $p=12.86\ MPa$ 下,饱和水比焓 $h_f=1.527\times10^6\ J/kg$,饱和温度 $T_S=330\ ℃$,汽化潜热 $h_{fg}=1.143\times10^6\ J/kg$。试求:

(1) 泡核沸腾起始点壁温 $T_{W,ONB}$ 和平均液体温度 T_b^{ONB} 以及相应的轴向位置 Z_{ONB}。

(2) 汽泡开始脱离壁面点的液体平均温度 T_b^{FDB} 和相应轴向位置 z_{FDB}。

(3) 热平衡饱和沸腾开始点的轴向位置 z_{SC}。

(4) 管段出口处热平衡含汽率 $x_{E,O}$。

(5) 用 Biasi CHF 关系式计算管出口处的临界热流密度 q_C 和其 CHFR 值。

第4章 燃料元件和堆内部件的传热及温度分布

燃料元件的形式与反应堆的堆型和用途有关。随着反应堆的发展,燃料元件的形式也在不断发展。燃料元件的形式大致有板状、棒状和管状。压水堆电站主要是棒状燃料元件,某些研究堆和压水堆也用板状燃料元件。本章主要介绍板状和棒状元件的传热和温度分布。顺便说明,板状元件的温度场计算公式也常适用于堆内部件(如围桶、热屏蔽和压力容器等)的温度场计算。本章分析计算的基本假设是:

(1) 只分析计算稳态工况,即$\dfrac{\partial T}{\partial t}=0$;

(2) 在燃料元件的任一横截面上,中子注量率 φ 或体积释热率 q_v 都认为是常数。这是因为燃料元件的横截面积比整个堆芯的横截面积小得多,可以忽略中子注量率 φ 或体积释热率 q_v 在元件内的径向(x 和 y 方向)分布的微小变化(即忽略截面不均匀性和中子自屏效应)。但要注意 φ(或 q_v)沿整个燃料元件轴向 z 是变化的;

(3) 当分析计算一段比燃料元件全长短得多的微元段 Δz 时,可以忽略 φ 或 q_v 在 Δz 内的轴向微小变化;

(4) 在燃料元件包壳内和冷却剂内不释热。

堆芯传热计算主要是求解燃料元件内的温度分布和确定元件所能传给冷却剂的热量,以便检验元件工作状况是否满足热工设计准则的要求。下面利用第3章介绍的基本原理来分析燃料元件任意横截面上的温度分布以及元件向冷却剂的传热。

4.1 板状燃料元件的导热和其横截面上温度分布以及包壳外表面向冷却剂传热

沿某一截面均匀的板状燃料元件的轴向 z 任取一短段 Δz,如图4-1所示,该元件段的两侧被相同条件的冷却剂所冷却。坐标系原点取在燃料芯体的中分面上(见图4-1a)。设燃料元件宽度为 b,芯体半厚度为 a,燃料热导率 k_U=常数,包壳厚度为 c,其热导率 k_C=常数。元件的厚度(x 方向)远小于高度(z 方向)和宽度(y 方向),因此,可以忽略高度方向和宽度方向的导热,即只有 x 方向的导热。由于 φ 或 q_v 在元件横截面上为常数,所以元件的两侧($+x$ 和 $-x$ 方向)的传热量相等,在 $x=0$ 的中分平面是最高温度的平面。因此,这是一个对称问题,只需计算半块元件(即 $+x$ 方向)就可以了。

4.1.1 燃料内(有内热源)的导热和其横截面上温度分布的计算

按照上述假设和分析,燃料芯体的导热是具有常内热源和常热导率的一维稳态导热问题,方程(3-20)简化成如下一维泊松方程:

$$\frac{d^2 T}{dx^2}+\frac{q_v}{k_U}=0 \qquad (0\leqslant x\leqslant a) \tag{4-1}$$

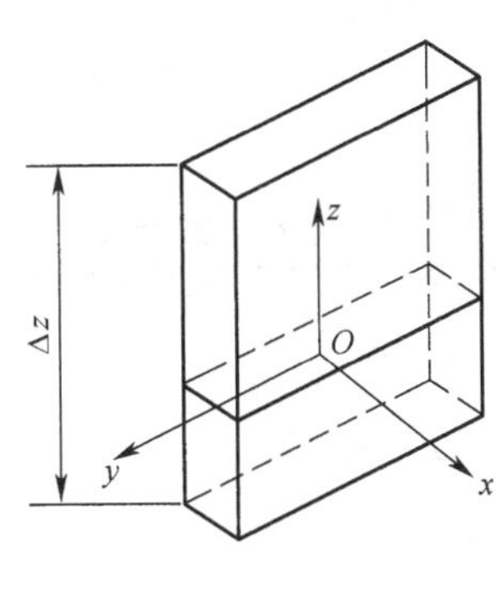

a

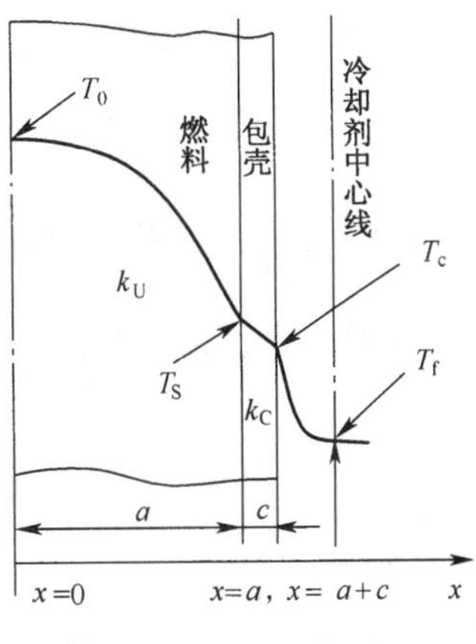

b

图 4-1　板状燃料元件 a 和其冷却时的温度分布 b

方程(4-1)表明，在 x 方向的温度的温度分布 $T(x)$ 是一条抛物线，并且因为 q_v 和 k_U 都是正的常数，故该抛物线是向上凸的(见图 4-1b)。

对方程(4-1)积分二次后得到通解为

$$T(x) = -\frac{q_v}{2k_U}x^2 + C_1x + C_2 \tag{4-2}$$

式中，C_1 和 C_2 是积分常数。由于中分平面两侧的对称性，在燃料中分平面上应有最高温度 T_0，因而边界条件为

$$x = 0, \qquad \frac{dT}{dx} = 0 \tag{4-2A}$$

$$x = 0, \qquad T(0) = T_0 \tag{4-2B}$$

于是得 $C_1=0$，$C_2=T_0$。把 C_1 和 C_2 的值代入方程(4-2)便得到板状燃料内的温度分布函数为

$$T(x) = T_0 - \frac{q_v}{2k_U}x^2 \qquad (0 \leqslant x \leqslant a) \tag{4-3}$$

在式(4-3)中，令 $x=a$，便得到燃料芯体的表面温度 T_S：

$$T_S = T_0 - \frac{q_v a^2}{2k_U} \tag{4-4}$$

根据热平衡，在稳态条件下，由燃料一侧在 $x=a$ 处的燃料芯体表面积 $b\Delta z$ 上导出的热功率 ΔQ_S 应等于在 $x=0$ 和 $x=a$ 之间燃料内的释热功率 ΔQ，即

$$\Delta Q_S = \Delta Q = q_v ab\Delta z \tag{4-5}$$

将式(4-4)和式(4-5)合并后，可以得到用燃料中心线上的温度 T_0 和燃料表面温度 T_S 表示的 ΔQ_S 的另一种表达式：

$$\Delta Q_S = 2b\Delta z k_U \frac{T_0 - T_S}{a} \tag{4-6}$$

上式表明，在相同的导热路径 a 和总温降(T_0-T_S)下，有均匀内热源的释热系统中，依靠导热由面积 $b\Delta z$ 导出的热功率等于没有内热源释热系统中导出的热功率的两倍。

从燃料芯体的两个侧面导出的总热功率 $\Delta Q_{2S}=2\Delta Q_S$，即

$$\Delta Q_{2S} = 4b\Delta z k_U \frac{T_0 - T_S}{a} \tag{4-7}$$

4.1.2 包壳内(无内热源)的导热和其横截面上温度分布的计算

包壳内的导热用一维拉普拉斯方程描述：

$$\frac{d^2 T}{dx^2} = 0 \quad (a \leqslant x \leqslant a+c) \tag{4-8}$$

对方程(4-8)积分二次后得到通解为

$$T(x) = C_1 x + C_2 \tag{4-9}$$

板状燃料元件在燃料芯体与包壳内表面之间能够做到冶金结合，两种材料间可以发生再结晶。因此，燃料芯体与包壳内表面接触很紧密，其热阻几乎等于零。所以包壳温度的边界条件为

$$x = a, T = T_S \tag{4-9A}$$

$$x = a + c, T = T_C \tag{4-9B}$$

式中，T_C 是包壳外表面温度。将式(4-9A)和(4-9B)代入式(4-9)，求得积分常数为

$$C_1 = -\frac{T_S - T_C}{c}, C_2 = T_S + \frac{(T_S - T_C)a}{c}$$

把 C_1 和 C_2 的值代入方程(4-9)便得到板状燃料元件包壳内的温度分布函数为

$$T(x) = T_S - \frac{x-a}{c}(T_S - T_C) \qquad (a \leqslant x \leqslant a+c) \tag{4-10}$$

上式表明，在无内热源的包壳内，温度 $T(x)$是包壳厚度方向坐标 x 的线性函数，见图4-1b。

根据傅立叶定律可以求出在 Δz 段由包壳外表面积 $b\Delta z$ 导出的热功率 ΔQ_C 为

$$\Delta Q_C = -b\Delta z k_C \frac{dT}{dx} = b\Delta z k_C \frac{T_S - T_C}{c} \tag{4-11}$$

因为包壳内无内热源，所以根据热平衡 ΔQ_C 应等于由燃料导入包壳的热功率 ΔQ_S，即 $\Delta Q_C=\Delta Q_S$，因此式(4-11)可以改写成

$$T_S - T_C = \Delta Q_S \cdot \frac{c}{b\Delta z k_C} \tag{4-12}$$

4.1.3 包壳外表面对冷却剂的传热计算

包壳外表面传给冷却剂的热功率 ΔQ_H 用牛顿冷却定律描述，即

$$\Delta Q_H = b\Delta z h(T_C - T_f) \tag{4-13}$$

式中，T_f 为冷却剂的温度，h 为包壳外表面的对流传热系数。根据热平衡，在稳态工况下，在 Δz 段内燃料芯体产生的热功率 ΔQ 等于燃料芯体表面积 $b\Delta z$ 上导出的热功率 ΔQ_S，等于穿过包壳的热功率 ΔQ_C，也等于传给冷却剂的热功率 ΔQ_H，即 $\Delta Q=\Delta Q_S=\Delta Q_C=\Delta Q_H$。所以有

$$\Delta Q = q_v ab\Delta z = 2b\Delta z k_U \frac{T_0 - T_S}{a} = b\Delta z k_C \frac{T_S - T_C}{c} = b\Delta z h(T_C - T_f) \tag{4-14}$$

可以将式(4-4)、式(4-12)和式(4-13)写成

$$T_0 - T_S = \frac{q_v a^2}{2k_U} = \frac{\Delta Q a}{2b\Delta z k_U} \tag{4-14A}$$

$$T_S - T_C = \frac{q_v a c}{k_C} = \frac{\Delta Q c}{b\Delta z k_C} \tag{4-14B}$$

$$T_C - T_f = \frac{q_v a}{h} = \frac{\Delta Q}{b\Delta z h} \tag{4-14C}$$

将上面三式相加得

$$T_0 - T_f = q_v a\left(\frac{a}{2k_U} + \frac{c}{k_C} + \frac{1}{h}\right) = \frac{\Delta Q}{b\Delta z}\left(\frac{a}{2k_U} + \frac{c}{k_C} + \frac{1}{h}\right) \tag{4-15A}$$

从而得

$$q = \frac{\Delta Q}{b\Delta z} = \frac{T_0 - T_f}{\dfrac{a}{2k_U} + \dfrac{c}{k_C} + \dfrac{1}{h}} = K(T_0 - T_f) \tag{4-15B}$$

式中，q 是包壳外表面热流密度，W/m²；$\left(\frac{a}{2k_U}+\frac{c}{k_C}+\frac{1}{h}\right)$称为串联总热阻，(m² · K)/W；$K$ 是从燃料到冷却剂的总传热系数，W/(m² · ℃)。

4.2　棒状燃料元件的导热和其横截面上温度分布以及包壳外表面向冷却剂传热

沿棒状燃料元件的轴向 z 任取一短段 Δz，如图 4-2 所示，该元件段的周围被相同条件的冷却剂所冷却。设燃料芯块的半径为 a，燃料热导率 k_U＝常数，包壳厚度为 c，其热导率 k_C＝常数，燃料芯块表面和包壳内表面之间的间隙为 δ_G。根据本章开头所作的基本假设和忽略元件的轴向 z 和周向 θ 的导热，则该段燃料元件的导热属于一维稳态导热(只径向导热)问题，并用圆柱坐标系的导热微分方程来描述。

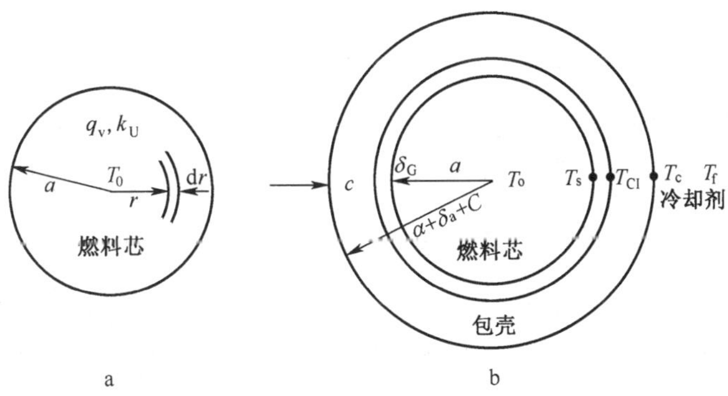

图 4-2　燃料芯块横截面 a 和棒状燃料元件横截面及周围冷却剂 b

4.2.1 燃料芯块内(有内热源)的导热和其横截面上温度分布的计算

如上所述,导热微分方程(3-16)对于棒状燃料元件可以简化成

$$\frac{1}{r}\frac{\mathrm{d}}{\mathrm{d}r}\left(r\frac{\mathrm{d}T}{\mathrm{d}r}\right)+\frac{q_v}{k_{\mathrm{U}}}=0 \qquad (0\leqslant r\leqslant a) \tag{4-16}$$

对方程(4-16)积分二次后得到通解为

$$T(r)=-\frac{q_v}{4k_{\mathrm{U}}}r^2+C_1\ln r+C_2 \tag{4-17}$$

其边界条件为

$$r=0, \qquad \frac{\mathrm{d}T}{\mathrm{d}r}=0 \tag{4-17A}$$

$$r=0, \qquad T(0)=T_0 \tag{4-17B}$$

利用上述边界条件可以得积分常数 $C_1=0, C_2=T_0$。把 C_1 和 C_2 的值代入方程(4-17)便得到棒状燃料元件燃料芯块内的温度分布函数为

$$T(r)=T_0-\frac{q_v}{4k_{\mathrm{U}}}r^2 \qquad (0\leqslant r\leqslant a) \tag{4-18}$$

上式表明,棒状燃料元件燃料芯块内的温度分布 $T(r)$ 也是一条向上凸的抛物线。

在式(4-18)中,令 $r=a$,便得到燃料芯块的表面温度 T_{S}:

$$T_{\mathrm{S}}=T_0-\frac{q_v a^2}{4k_{\mathrm{U}}} \tag{4-19}$$

根据热平衡,在稳态条件下,在 Δz 段内通过半径 a 的圆柱面导出的热功率 ΔQ_{S} 应等于由该半径 a 的柱面范围内燃料产生的总热功率 ΔQ,即

$$\Delta Q_{\mathrm{S}}=\Delta Q=q_v\pi a^2\Delta z \tag{4-20}$$

将式(4-19)和式(4-20)合并后,可以得到用燃料中心线上的温度 T_0 和燃料表面温度 T_{S} 表示的 ΔQ_{S} 的另一种表达式:

$$\Delta Q_{\mathrm{S}}=4\pi\Delta z k_{\mathrm{U}}(T_0-T_{\mathrm{S}}) \tag{4-21}$$

或者

$$q_l=\frac{\Delta Q_{\mathrm{S}}}{\Delta z}=4\pi k_{\mathrm{U}}(T_0-T_{\mathrm{S}}) \tag{4-22}$$

式中,q_l 是在单位时间内单位燃料芯块长度上导出的总热量,称为线功率,W/m。上式表明,q_l 只是燃料内温降(T_0-T_{S})的函数,而与体积释热率 q_v 和燃料芯块半径 a 无关。

4.2.2 燃料芯块与包壳内表面之间的间隙传热

棒状燃料元件的 UO_2 陶瓷燃料芯块与锆合金包壳之间存在间隙,在该间隙内充有氦气,以及随着反应堆的运行后燃料释放的裂变气体氪、氙等这些混合气体的热导率 k_{G} 很低,并且随着燃耗的加深,裂变气体所占的份额越来越多,气隙内热导率进一步降低。因此,即使气隙热态间隙 δ_G 很小,也会使气隙的温差高达二三百摄氏度,从而使燃料芯块温度大幅度提高。所以,棒状燃料元件的气隙热阻是很大的,不能忽略。一般把燃料芯块表面与包壳内表面之间的间隙看作是一个没有内热源的薄层,芯块所产生的热量通过这个气隙传递到包壳内表面。用下式定义间隙热导 h_{G}:

$$q_S = h_G(T_S - T_{CI}) \tag{4-23}$$

式中：

q_S——燃料芯块表面热流密度，W/m^2；

h_G——间隙总的传热系数，$W/(m^2 \cdot ℃)$，也叫间隙热导；

T_S——芯块表面温度，℃；

T_{CI}——包壳内表面温度，℃。

式(4-23)的形式很简单，如果 h_G 已知，便很容易算出间隙的温差($T_S - T_{CI}$)。但是间隙传热系数 h_G 的计算相当复杂，其原因是：

(1) 随着反应堆的运行，裂变气体越来越多，气隙内混合气体的热导率会降低。

(2) 在反应堆运行中，包壳和芯块的热膨胀和辐照肿胀，使间隙尺寸随着运行工况而改变。

(3) 在运行过程中芯块与包壳可能发生接触. 热量可以通过接触点传导，还可以通过接触点以外的表面间的气隙传导。而对这种传导作用有影响的参数很多，关系也是很复杂的。

目前计算间隙热导的方法大致可以分为三类：

(1) 采用气隙导热模型；

(2) 采用气隙导热和接触导热混合模型；

(3) 采用经验数值。

1. 气隙导热模型

该模型假定燃料芯块位于包壳的中心，它们互不接触，在它们之间存在一个同心环气隙。热量通过间隙主要靠气隙导热而不是靠气体的对流传热。实际上，间隙中的气体也可能有一点对流传热作用，它作用的大小可以用一个无因次的格拉晓夫数 Gr 作为判据。Gr 数的定义为

$$Gr = \frac{(r_1 - r_2)^3 g \rho_G^2 \alpha_G (T_S - T_{CI})}{\mu_G^2} \tag{4-24}$$

式中：

r_1——包壳的内半径，m；

r_2——燃料芯块的外半径，m；

ρ_G——气体的密度，kg/m^3；

g——重力加速度，m/s^2；

α_G——气体的体积膨胀系数，1/℃；

μ_G——气体的动力黏度，$N \cdot s/m^2$。

当 $Gr < 2\,000$ 时，对流传热作用与导热相比可以忽略不计。按目前压水堆燃料元件尺寸与运行工况，可以算出 Gr 远比 2 000 小，故通过间隙的热量主要靠导热作用的假设是合乎实际的。

由于间隙的厚度很小，计算通过环形间隙的导热时可以采用平板导热公式(3-1A)，即 $q = k_G(T_S - T_{CI})/(r_1 - r_2)$，它与式 $q_S = h_G(T_S - T_{CI})$ 比较可以得到：

$$h_G = \frac{k_G}{r_1 - r_2} \tag{4-25}$$

式中 k_G 是间隙内混合气体(包括氦、氪、氙等混合气体)综合热导率,W/(m·℃),它的计算公式见第1章1.3.2节式(1-9),这里只讨论计算 r_1 和 r_2 的问题。

r_1 和 r_2 是在运行工况下包壳的内半径和芯块的外半径,但是它们并不等于设计燃料元件时所选定的数值。原因是在运行中燃料元件温度的升高,包壳和芯块都会发生热膨胀。在高燃耗下芯块还会发生肿胀。此外,在压水堆主冷却剂回路的压力作用下,包壳沿径向也有弹性变形。所有这些都会使间隙的厚度发生变化。

若只考虑芯块和包壳的热膨胀,其间隙厚度为:

$$r_1 - r_2 = r_{10}[1 + \alpha_{1l}(\overline{T}_C - T_A)] - r_{20}[1 + \alpha_{2l}(\overline{T}_U - T_A)] \tag{4-26}$$

式中:

r_{10}——室温下包壳的内半径,m;

r_{20}——室温下芯块的外半径,m;

α_{1l}——包壳材料的线膨胀系数,1/℃;

α_{2l}——芯块材料的线膨胀系数,1/℃;

$\overline{T}_C$——包壳的平均温度,℃;

$\overline{T}_U$——芯块的平均温度,℃;

T_A——室温,℃,可以取25 ℃。

求得了(r_1-r_2)和 k_G 之后,代入式(4-25)便可得到间隙传热系数 h_G,并由式(4-23)计算出热量通过间隙所产生的温差。一般认为这样做已经足够正确。但也有一些计算程序还包括了包壳在内、外压力作用下产生的径向弹性变形,使包壳内径又减少了 Δr_1,计算 Δr_1 的公式是:

$$\Delta r_1 = \frac{r_1}{E\left[\left(\frac{r_0}{r_1}\right)^2 - 1\right]}\left\{(1-2\mu)\left[p_{内} - p_{外}\left(\frac{r_0}{r_1}\right)^2\right] + (1+\mu)(p_{内} - p_{外})r_0^2\right\} \tag{4-27}$$

式中:

r_0 和 r_1——分别是包壳的外半径和内半径,m;

$p_{外}$ 和 $p_{内}$——分别是包壳承受的外压力和内压力,Pa;

E——包壳的杨氏模量,Pa,

μ——泊松比。

如果考虑到包壳的弹性变形,式(4-25)的分母应是$(r_1-r_2-\Delta r_1)$。

在较早的一些计算程序中,多数采用气隙导热模型。这种模型对于新的或燃耗较低的元件棒是合适的。但是燃料元件运行一段时间后,由于辐照和热应力作用使芯块碎裂、肿胀及包壳的蠕变等,芯块与包壳的间隙会全部或部分接触,显然这时再采用气隙导热模型就不合理了。因此,提出了间隙导热和接触导热的混合模型。

2. 气隙导热和接触导热混合模型

这种模型认为,燃料芯块与包壳发生接触,并不是平面与平面的吻合,而是表面上一些突起点的相互接触,如图4-3所示。在接触点之外,表面间还存有气体。因此,芯块与包壳间热量的传递应该包括:

(1) 表面间气隙的导热作用;

(2) 接触点间的导热作用。

由于接触点的面积或除了接触点以外气隙的面积都是不易求得的，在处理以上两种导热作用时，都是以芯块圆柱形的外表面积作为计算热流密度的基准，通过间隙的热流密度是这两种导热作用的热流密度叠加的总和。由式(4-23)可写为：

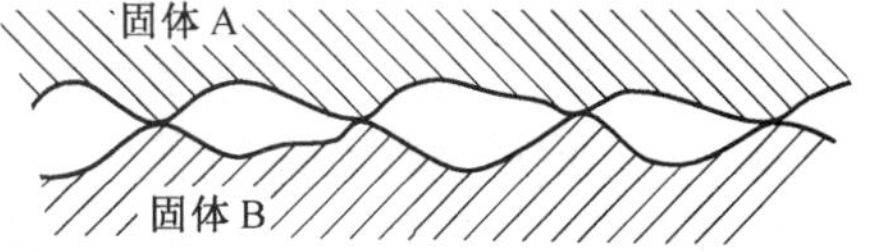

图 4-3　气隙导热和接触导热混合模型

$$q_S = h_G(T_S - T_{CI}) = (h_{气} + h_{触})(T_S - T_{CI}) \tag{4-28}$$

式中：

$h_{气}$——气层的传热系数，W/(m^2・℃)；

$h_{触}$——接触点的传热系数，W/(m^2・℃)。

有关 $h_{气}$ 和 $h_{触}$ 的计算方法读者可参阅《压水反应堆热工分析》——袁乃驹等译。

3. 间隙热导的经验数据

早期有关间隙热导的试验，大多是在反应堆外进行的。试验的参数范围和元件棒在堆内的运行工况差别也很大。直到 20 世纪 60 年代以后，才有较多的实验是在堆内辐照下测定的。但是，由于各实验者进行实验的条件、元件结构参数和运行工况等都有较大的差别，所以他们测得的间隙热导的数据也有较大的不同。

一些作者认为，对于充氦气的压水堆棒状元件，在正常运行工况下的间隙热导不小于 10^4 W/(m^2・℃)。当铀燃耗在 10 000 MW・d/t 附近时，间隙热导可能达到最低，但不会小于 5×10^3 W/(m^2・℃)。一般可取 7×10^3 W/(m^2・℃)。在高燃耗下，芯块与包壳发生接触，可采用间隙热导为 2×10^4 W/(m^2・℃)。

目前，国外设计的压水堆和沸水堆电站，不少人采用间隙热导的经验数据，而不用公式计算。比较多的是采用 5 678 W/(m^2・℃)，它代表在整个运行寿期内可能出现的最低值。对于沸水堆燃料元件，这个数值与实际情况是比较接近的。对于压水堆，由于一次系统的压力比较高，接触压力较大，这个经验数值可能偏于保守一些。

4.2.3　燃料芯块与包壳内表面之间的间隙内的温度分布

假设燃料—包壳的间隙厚度为 δ_G 且无内热源，如果按其导热(假设间隙内混合气体的热导率 k_G=常数)模型，则棒状元件一维稳态导热的拉普拉斯方程(3-21)成为

$$\frac{d}{dr}\left(r\frac{dT}{dr}\right) = 0 \qquad (a \leqslant r \leqslant a + \delta_G) \tag{4-29}$$

方程(4-29)的通解为

$$T(r) = C_1 \ln r + C_2 \tag{4-30}$$

其边界条件为

$$r = a \text{ 时}, \qquad T = T_S \tag{4-30A}$$

$$r = a + \delta_G \text{ 时}, T = T_{CI}(\text{包壳内表面温度}) \tag{4-30B}$$

将上述边界条件(4-30A)和(4-30B)代入式(4-30)可得积分常数 C_1 和 C_2 分别为

$$C_1 = -\frac{T_S - T_{CI}}{\ln(1 + \delta_G/a)}, C_2 = T_S + \frac{(T_S - T_{CI})\ln a}{\ln(1 + \delta_G/a)}$$

将 C_1 和 C_2 的值代入式(4-30)便得间隙内的温度分布函数为

$$T(r)=T_S-\frac{T_S-T_{CI}}{\ln(1+\delta_G/a)}\cdot\ln\left(\frac{r}{a}\right)\qquad(a\leqslant r\leqslant a+\delta_G)\tag{4-31}$$

式(4-31)表明，棒状燃料元件的燃料—包壳间隙内的温度分布函数为对数关系。为了简化式(4-31)，将 r 坐标的零点取在燃料芯块表面。这样，式(4-31)变成

$$T(r)=T_S-\frac{T_S-T_{CI}}{\ln(1+\delta_G/a)}\cdot\ln\left(\frac{a+r}{a}\right)\qquad(0\leqslant r\leqslant\delta_G)\tag{4-32A}$$

由于 δ_G 非常小，所以 $0\leqslant r/a\ll 1$ 和 $0<\delta_G/a\ll 1$。因此式(4-32A)可以简化为

$$T(r)=T_S-\frac{T_S-T_{CI}}{\delta_G}\cdot r\qquad(0\leqslant r\leqslant\delta_G)\tag{4-32B}$$

因此，间隙内的温度分布近似于坐标 r 的线性函数。

根据傅里叶定律可以由式(4-31)求得从燃料芯块表面到包壳内表面导出的热功率 ΔQ_G 为

$$\Delta Q_G=-2\pi(a+\delta_G)\Delta z\cdot k_G\left(\frac{\mathrm{d}T}{\mathrm{d}r}\right)_{a+\delta_G}=2\pi\Delta z\cdot k_G\frac{T_S-T_{CI}}{\ln(1+\delta_G/a)}\tag{4-33}$$

从而得

$$T_S-T_{CI}=\frac{\Delta Q_G\ln(1+\delta_G/a)}{2\pi\Delta z\cdot k_G}\tag{4-34}$$

4.2.4 包壳内的导热和其温度分布

棒状元件包壳内的导热用圆柱坐标系的一维稳态导热的拉普拉斯方程(式 3-21)来描述

$$\frac{\mathrm{d}}{\mathrm{d}r}\left(r\frac{\mathrm{d}T}{\mathrm{d}r}\right)=0\qquad(a+\delta_G\leqslant r\leqslant a+\delta_G+c)\tag{4-35}$$

方程(4-35)的通解为

$$T(r)=C_1\ln r+C_2\tag{4-36}$$

其边界条件为

$$r=a+\delta_G\text{ 时},\qquad T=T_{CI}\tag{4-36A}$$

$$r=a+\delta_G+c\text{ 时},\quad T=T_C(\text{包壳外表面温度})\tag{4-36B}$$

将上述边界条件(4-36A)和(4-36B)代入式(4-36)可得积分常数 C_1 和 C_2 分别为

$$C_1=-\frac{T_{CI}-T_C}{\ln\left(1+\dfrac{c}{a+\delta_G}\right)},C_2=T_{CI}+\frac{(T_{CI}-T_C)\ln(a+\delta_G)}{\ln\left(1+\dfrac{c}{a+\delta_G}\right)}$$

将 C_1 和 C_2 的值代入式(4-36)便得间隙内的温度分布函数为

$$T(r)=T_{CI}-\frac{T_{CI}-T_C}{\ln\left(1+\dfrac{c}{a+\delta_G}\right)}\cdot\ln\left(\frac{r}{a+\delta_G}\right)\qquad(a+\delta_G\leqslant r\leqslant a+\delta_G+c)\tag{4-37}$$

式(4-37)表明，在棒状元件的无内热源的包壳内的温度分布函数为对数关系。为了简化式(4-37)，将 r 坐标的零点取在包壳内表面。这样，式(4-37)变成

$$T(r)=T_{CI}-\frac{T_{CI}-T_C}{\ln\left(1+\dfrac{c}{a+\delta_G}\right)}\cdot\ln\left(1+\frac{r}{a+\delta_G}\right)\qquad(0\leqslant r\leqslant c)\tag{4-38A}$$

由于 c 很小，所以 $0\leqslant\frac{r}{a+\delta_G}\ll 1$ 和 $0<\frac{c}{a+\delta_G}\ll 1$。因此式(4-38A)可以简化为

$$T(r)=T_{CI}-\frac{T_{CI}-T_C}{c}\cdot r \qquad (0\leqslant r\leqslant c) \tag{4-38B}$$

因此，包壳内的温度分布近似于坐标 r 的线性函数。

根据傅里叶定律可以由式(4-37)求得从包壳内表面到包壳外表面导出的热功率 ΔQ_C 为

$$\Delta Q_C=-2\pi(a+\delta_G+c)\Delta z\cdot k_C\left(\frac{dT}{dr}\right)_{a+\delta_G+c}=2\pi\Delta z\cdot k_C\frac{T_{CI}-T_C}{\ln[1+c/(a+\delta_G)]} \tag{4-39}$$

从而得

$$T_{CI}-T_C=\frac{\Delta Q_C\ln[1+c/(a+\delta_G)]}{2\pi\Delta z\cdot k_C} \tag{4-40}$$

4.2.5 燃料棒包壳外表面对冷却剂的传热

包壳外表面传给冷却剂的热功率 ΔQ_H 用牛顿冷却定律描述，即

$$\Delta Q_H=2\pi(a+\delta_G+c)\Delta z\cdot h(T_C-T_f) \tag{4-41}$$

根据热平衡，在稳态工况下，在 Δz 段内燃料芯块产生的热功率 ΔQ 等于穿过间隙的热功率 ΔQ_G，等于穿过包壳的热功率 ΔQ_C，也等于传给冷却剂的热功率 ΔQ_H，即 $\Delta Q=\Delta Q_G=\Delta Q_C=\Delta Q_H$。所以有

$$q_v\frac{\pi d_U^2}{4}=q\pi d_{CS}=\frac{\Delta Q}{\Delta z}=q_l \tag{4-42}$$

从而可以将式(4-21)、式(4-34)、式(4-40)和式(4-41)写成

$$T_0-T_S=\frac{q_v a^2}{4k_U}=\frac{q_v d_U^2}{16k_U}=\frac{q_l}{4\pi k_U} \tag{4-43}$$

$$T_S-T_{CI}=\frac{q_v a^2\ln(1+\delta_G/a)}{2k_G}=\frac{q_l\ln(d_{CI}/d_U)}{2\pi k_G} \tag{4-44}$$

$$T_{CI}-T_C=\frac{q_v a^2\ln[1+c/(a+\delta_G)]}{2k_C}=\frac{q_l\ln(d_{CS}/d_{CI})}{2\pi k_C} \tag{4-45}$$

$$T_C-T_f=\frac{q_v a^2}{2(a+\delta_G+c)h}=\frac{q_l}{\pi d_{CS}h}=\frac{q}{h} \tag{4-46}$$

式中，d_U 为燃料芯块直径，$d_{CI}[d_{CI}=2(a+\delta_G)]$ 和 $d_{CS}[d_{CS}=2(a+\delta_G+c)]$ 分别为包壳内径和外径，m；q 是包壳外表面的热流密度，W/m^2；h 是包壳外表面向冷却剂的对流传热系数，$W/(m^2\cdot K)$ 或 $W/(m^2\cdot ℃)$，q_l 为燃料元件线功率，W/m。当已知 T_f、h 和 q_l(或 q 或 q_v)时，可根据以上四式分别求解出 T_C、T_{CI}、T_S 和 T_0 之值。

将式(4 43)　式(4 46)四式相加可得从燃料中心到冷却剂的总温降：

$$\begin{aligned}T_0-T_f&=\frac{q_v d_U^2}{4}\left[\frac{1}{4k_U}+\frac{\ln(d_{CI}/d_U)}{2k_G}+\frac{\ln(d_{CS}/d_{CI})}{2k_C}+\frac{1}{d_{CS}h}\right]\\&=\frac{q_l}{\pi}\left[\frac{1}{4k_U}+\frac{\ln(d_{CI}/d_U)}{2k_G}+\frac{\ln(d_{CS}/d_{CI})}{2k_C}+\frac{1}{d_{CS}h}\right]\end{aligned} \tag{4-47A}$$

或者

$$q_v=\frac{T_0-T_f}{\frac{d_U^2}{4}\left[\frac{1}{4k_U}+\frac{\ln(d_{CI}/d_U)}{2k_G}+\frac{\ln(d_{CS}/d_{CI})}{2k_C}+\frac{1}{d_{CS}h}\right]} \tag{4-47B}$$

$$q = \frac{T_0 - T_f}{\frac{d_{CS}}{4k_U} + \frac{d_{CS}\ln(d_{CI}/d_U)}{2k_G} + \frac{d_{CS}\ln(d_{CS}/d_{CI})}{2k_C} + \frac{1}{h}} = K(T_0 - T_f) \qquad (4\text{-}47C)$$

$$q_l = \frac{\pi(T_0 - T_f)}{\frac{1}{4k_U} + \frac{\ln(d_{CI}/d_U)}{2k_G} + \frac{\ln(d_{CS}/d_{CI})}{2k_C} + \frac{1}{d_{CS}h}} \qquad (4\text{-}47D)$$

式(4-47C)和式(4-47D)等号右边的分母是棒状元件的串联总热阻$(m^2 \cdot K)/W$和$(m \cdot K)/W$；K是从燃料中心线到冷却剂的总传热系数，$W/(m^2 \cdot K)$。

例题 4-1

压水堆棒状燃料元件燃料芯块的直径$d_U = 8.19$ mm，热导率$k_U = 2.5$ W/(m·℃)；包壳内、外直径分别为$d_{CI} = 8.36$ mm，$d_{CS} = 9.5$ mm，热导率$k_C = 17.5$W/(m·℃)；燃料—包壳间隙内的气体热导率$k_G = 0.5$ W/(m·℃)。已知元件轴向点z处的线功率$q_l = 4.185 \times 10^4$ W/m，对应冷却剂温度$T_f = 310$ ℃，包壳外表面对流传热系数$h = 4.7 \times 10^4$ W/(m²·℃)。试求点z处包壳外表面温度T_C、内表面温度T_{CI}、燃料芯块表面温度T_S和其中心线温度T_0。并画出从燃料中心线到冷却剂通道中心线之间传热过程的温度分布曲线。

解：根据式(4-46)：$T_C - T_f = q_l/(\pi d_{CS} h)$，得

$$T_C = T_f + \frac{q_l}{\pi d_{CS} h} = 310 + \frac{4.185 \times 10^4}{\pi \times 0.0095 \times 4.7 \times 10^4} = 310 + 29.8 = 339.8 \text{ ℃}$$

根据式(4-45)：$T_{CI} - T_C = \frac{q_l \ln(d_{CS}/d_{CI})}{2\pi k_C}$，得

$$T_{CI} = T_C + \frac{q_l \ln(d_{CS}/d_{CI})}{2\pi k_C} = 339.8 + \frac{4.185 \times 10^4 \ln(9.5/8.36)}{2\pi \times 17.5} = 339.8 + 48.7 = 388.5 \text{℃}$$

据式(4-44)：$T_S - T_{CI} = \frac{q_l \ln(d_{CI}/d_U)}{2\pi k_G}$，得

$$T_S = T_{CI} + \frac{q_l \ln(d_{CI}/d_U)}{2\pi k_G} = 388.5 + \frac{4.185 \times 10^4 \ln(8.36/8.19)}{2\pi \times 0.5} = 388.5 + 273.7 = 662.2 \text{ ℃}$$

据式(4-43)：$T_0 - T_S = \frac{q_l}{4\pi k_U}$，得

$$T_0 = T_S + \frac{q_l}{4\pi k_U} = 662.2 + \frac{4.185 \times 10^4}{4\pi \times 2.5} = 662.2 + 1\,332.1 = 1\,994.3 \text{ ℃}$$

从燃料中心线到冷却剂通道中心线之间传热过程的温度分布曲线如右图所示。

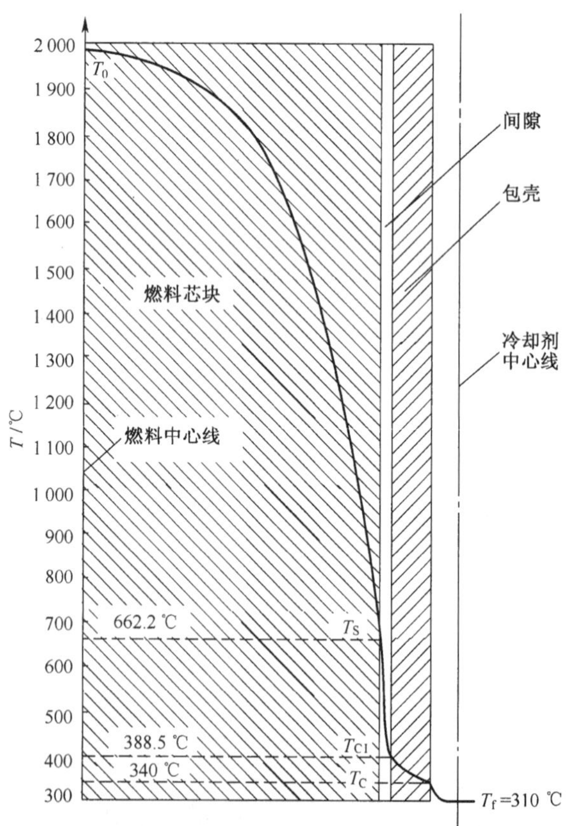

4.3 传热系数 h 对燃料元件释热的影响

式(4-15)和(4-47)表明，在燃料元件尺寸、燃料热导率 k_U、间隙热导率 k_G 和包壳热导率 k_C 都已确定的情况下，对于任何一个恒定的体积释热率 q_v 的值，为了既要提高冷却剂温度 T_f(提高 T_f 可使装置的热效率提高)，同时又不使燃料中心温度 T_0 过高，就必须尽量提高传热系数 h。另一方面，如果 T_0 被限定为一定的值(即燃料允许温度)，则为了提高 q_v 的值，也必须增高 h。可见，提高 h 值的好处是：或者可以提高装置的热效率，增加堆的功率输出；或者可以降低燃料元件的工作温度，提高堆的安全性。

然而，提高 h 的得益是有限度的。由式(4-15)和(4-47)可以看出，当 $h\to\infty$ 时，两式分别变成

板状燃料元件：
$$q_v^{\max}=\frac{T_0-T_f}{\dfrac{a^2}{2k_U}+\dfrac{ac}{k_C}} \tag{4-48}$$

棒状燃料元件：
$$q_v^{\max}=\frac{T_0-T_f}{\dfrac{d_U^2}{4}\left[\dfrac{1}{4k_U}+\dfrac{\ln(d_{CI}/d_U)}{2k_G}+\dfrac{\ln(d_{CS}/d_{CI})}{2k_C}\right]} \tag{4-49}$$

式中，$q_v^{\max}$ 是当 $h\to\infty$ 时的最大体积释热率。在这种情况下冷却剂的温度 T_f 接近包壳外表面温度 T_C，即 $T_f\to T_C$。提高 h 值会受到实际条件的限制，对于单相对流传热来说，必须提高冷却剂的流速，其结果不仅会增加泵耗功，而且会引起燃料组件的振动和表面冲刷等；对于沸腾的两相流动来说，传热系数 h 受沸腾危机的限制。

例题 4-2

压水堆棒状燃料元件燃料芯块的直径 $d_U=8.19$ mm，热导率 $k_U=2.5$ W/(m·℃)；包壳内、外直径分别为 $d_{CI}=8.36$ mm，$d_{CS}=9.5$ mm，热导率 $k_C=17.5$ W/(m·℃)；燃料—包壳间隙内的气体热导率 $k_G=0.5$ W/(m·℃)。如果燃料中心温度限制在 $T_0=2\ 800$ ℃，包壳外表面温度限制在 $T_C=350$ ℃，试求棒状燃料元件的极限体积释热率 $q_v^{\max}$。

解：利用式(4-49)：
$$q_v^{\max}=\frac{T_0-T_f}{\dfrac{d_U^2}{4}\left[\dfrac{1}{4k_U}+\dfrac{\ln(d_{CI}/d_U)}{2k_G}+\dfrac{\ln(d_{CS}/d_{CI})}{2k_C}\right]}$$

当 $h\to\infty$ 时，$T_f\to T_C$，所以 $T_f=T_C=350$ ℃，因此有

$$\begin{aligned}q_v^{\max}&=\frac{2\ 800-350}{\dfrac{0.008\ 19^2}{4}\left[\dfrac{1}{4\times2.5}+\dfrac{\ln(8.36/8.19)}{2\times0.5}+\dfrac{\ln(9.5/8.36)}{2\times17.5}\right]}\\&=\frac{2\ 450}{1.677\times10^{-5}\times(0.1+0.020\ 54+0.003\ 65)}\\&=\frac{2\ 450}{2.083\times10^{-6}}=1.176\times10^9\ \text{W/m}^3\end{aligned}$$

$$q_l^{\max}=q_v^{\max}\pi d_U^2/4=11.762\times10^8\times\pi\times0.008\ 19^2/4=6.20\times10^4\ \text{W/m};$$
$$q^{\max}=q_l^{\max}/(\pi d_{CS})=6.2\times10^4/(\pi\times0.009\ 5)=2.08\times10^6\ \text{W/m}^2$$

4.4 积分热导率

燃料芯块的热导率 k_U 一般与温度有关(见第 1 章 1.3.1 节)。对于热导率大的金属燃

料，采用算术平均温度下的 k_U 来计算燃料芯块的温度场，由此引起的误差不会太大，这在初步估算燃料芯块的温度场时是允许的。但是，对于热导率小的燃料，例如现代大型压水堆常用的 UO_2 燃料，不仅 UO_2 的 k_U 值小，而且它的值随燃料的温度变化较大，如果用算术平均温度下的 k_U 值计算燃料芯块中心温度，则会带来较大的误差，因而必须考虑 k_U 值随燃料温度的变化。但是 k_U 随燃料温度变化往往不是线性关系，要直接用它进行计算比较麻烦，因而往往把 k_U 对温度 T 的积分作为一个整体看待，这样比较简单。这就是所谓的积分热导率的概念。

参看图 4-2a，它表示一无包壳的棒状燃料元件芯块的横截面。该燃料芯块半径为 a，高度为 Δz，体积释热率为 q_v。假设热量只沿半径方向导出，而且在所有周向都相等，同时因为燃料芯块半径 a 很小，可以假设 q_v 是常量，以半径 r 为圆柱面是一个等温面。若单位时间从这个等温面导出的热量为 $\Delta Q(r)$，则由傅里叶定律有

$$\Delta Q(r) = -k_U(T)2\pi r\Delta z\frac{\mathrm{d}T}{\mathrm{d}r} \tag{4-50}$$

式中，$k_U(T)$是燃料芯块的热导率，W/(m·℃)，它是燃料温度 T 的函数。在以 r 为半径的圆柱体芯块内单位时间的总释热以 ΔQ_r 来表示，则

$$\Delta Q_r = q_v\pi r^2\Delta z \tag{4-51}$$

在稳态工况下，显然通过半径为 r 的等温面导出的热量应该等于半径为 r 的圆柱形芯块内释放出的总热量，即 $\Delta Q(r)=\Delta Q_r$，于是得到：

$$-k_U(T)2\pi r\Delta z\frac{\mathrm{d}T}{\mathrm{d}r} = q_v\pi r^2\Delta z$$

将上式化简整理后得到

$$-k_U(T)\mathrm{d}T = \frac{1}{2}q_v r\mathrm{d}r$$

将上式从 $r=0$ 到 $r=r$ 进行积分得到

$$-\int_{T_0}^{T}k_U(T)\mathrm{d}T = \frac{1}{4}q_v r^2 \tag{4-52}$$

或者

$$\int_{T}^{T_0}k_U(T)\mathrm{d}T = \frac{1}{4}q_v r^2 \tag{4-52A}$$

式中，T 是半径为 r 处的温度，当 $r=a$ 时，$T=T_S$，故有：

$$\int_{T_S}^{T_0}k_U(T)\mathrm{d}T = \frac{1}{4}q_v a^2 \tag{4-53}$$

式中：

T_0——棒状燃料芯块的中心温度，℃；

T_S——燃料芯块表面温度，℃；

q_v——棒状元件芯块的体积释热率，W/m³；

a——燃料芯块的半径，m；

$\int_{T_S}^{T_0}k_U(T)\mathrm{d}T$——称为积分热导率，W/m。

通常积分热导率的数据是以 $\int_{0}^{T_0}k_U(T)\mathrm{d}T$ 的形式给出的，因而 $\int_{T_S}^{T_0}k_U(T)\mathrm{d}T$ 应写成如下

形式

$$\int_{T_S}^{T_0} k_U(T)\mathrm{d}T = \int_0^{T_0} k_U(T)\mathrm{d}T - \int_0^{T_S} k_U(T)\mathrm{d}T \tag{4-54}$$

因为

$$q_l = q_v \pi a^2 \tag{4-55}$$

式中，q_l 是燃料芯块的线功率密度，W/m。于是式(4-53)可以改写为

$$q_l = 4\pi\int_{T_S}^{T_0} k_U(T)\mathrm{d}T \tag{4-56}$$

显然，如果 $k_U(T)$是常数，则式(4-56)就变成

$$q_l = 4\pi k_U(T_0 - T_S) \tag{4-57}$$

从式(4-56)可以看出，棒状元件芯块的线功率密度 q_l 与积分热导率成正比。故只要知道了积分热导率的数值，就可以确定在某个给定的中心温度 T_0 下，所允许达到的线功率密度 q_l 的水平。这对设计者是十分方便的。因为它避免了热导率对温度进行积分。积分热导率的数值可以通过实验测得。

同理，对于板状燃料元件可以得到

$$\int_{T_S}^{T_0} k_U(T)\mathrm{d}T = \frac{1}{2}q_v a^2 \tag{4-58}$$

式中，a 是板状燃料芯体的半厚度，m。

同样，对于任意形状的燃料元件都可以建立积分热导率 $\int k_U(T)\mathrm{d}T$ 与释热率之间的关系。对于均匀释热的情况，它可以表示为

$$\int_{T_S}^{T_0} k_U(T)\mathrm{d}T = C_1 q_v \tag{4-59}$$

或

$$\int_{T_S}^{T_0} k_U(T)\mathrm{d}T = C_2 q_l \tag{4-59A}$$

式中，C 取决于燃料元件的几何形状。只要给定该积分的最大允许值，就可以确定任意几何形状燃料元件所能允许达到的释热能力。燃料的设计通常都不允许燃料芯块中心发生熔化，因而通过一系列的试验，就可根据发生熔化的那个试验点的数据来确定$\int k_U(T)\mathrm{d}T$ 的数据。中心熔化是可以观测到的，这种观测并不需要精确知道燃料的热导率或者燃料内的温度分布。用不同试验方法得出的$\int k_U(T)\mathrm{d}T$ 的具体数值略有不同，例如对于 95%理论密度的烧结 UO_2 芯块，用金相检验方法得到的由 0 ℃到熔点的积分热导率的平均值是 9 350 W/m，而使用气泡传感器进行直接测量所得到的数值为 9 000 W/m。

为了便于计算，积分热导率的具体数值通常以表格的形式给出的。在表 4-1 中列出了 UO_2 的积分热导率与其温度的对应关系。利用这个表可以很容易求得一个给定中心温度 T_0 所需的线功率密度 q_l。或者相反，根据已给定的线功率密度 q_l 求出 T_0 的具体数值。确定 T_0 的方法如下，对于棒状元件从式(4-54)和式(4-57)可以得到：

$$\int_0^{T_0} k_U(T)\mathrm{d}T = \frac{q_l}{4\pi} + \int_0^{T_S} k_U(T)\mathrm{d}T \tag{4-60}$$

表 4-1 UO_2 燃料的积分热导率

T/℃	$\int_0^T k_U(T)\mathrm{d}T$ /(W/m)	T/℃	$\int_0^T k_U(T)\mathrm{d}T$ /(W/m)
50	448	1 200	5 341
100	849	1 298	5 584
200	1 544	1 405	5 840
300	2 132	1 550	6 195
400	2 642	1 738	6 687
500	3 093	1 876	6 886
600	3 497	1 990	7 131
700	3 865	2 155	7 488
800	4 202	2 348	7 916
900	4 514	2 432	8 107
1 000	4 806	2 805	9 000
1 100	5 081		

一般 q_l 是已知的，而且，在求得芯块中心温度 T_0 以前，总是先求出芯块的表面温度 T_S。因而，在 q_l 和 T_S 为已知的情况下，就可以利用式(4-60)来确定 T_0 的值。例如，对于用 UO_2 制成的圆柱形芯块，若已知 $q_l=4\times10^4$ W/m，$T_S=691$ ℃，则可以从表 4-1 和式(4-60)算出其右端的值等于 7 014 W/m，根据该值再查表 4-1，可以得到 $T_0\approx1\ 936$ ℃。

4.5 棒状燃料元件和其冷却剂的轴向温度分布

4.5.1 基本假设

堆芯内燃料元件和其冷却剂的轴向温度分布取决于元件内中子注量率 φ 或体积释热率 q_v 的分布。由于反应堆存在核的和工程的各种因素的影响，堆芯和元件内的 φ 或 q_v 沿轴向 z 的分布是很复杂的。但是，下面仅考虑最简单的情况，并作如下假设：

(1) 所讨论的堆芯是一个无干扰的圆柱形堆芯，即堆芯和燃料元件内的中子注量率 φ 或体积释热率 q_v 沿轴向 z 呈余弦函数分布，如图 4-4 所示。堆芯高度为 H，外推高度为 H_e，取坐标原点($z=0$)在堆芯中平面上，对于每根燃料元件在其原点处有它的最大的中子注量率 $\varphi(r,0)$和它的最大的体积释热率 $q_v(r,0)$值，在 $z=\pm H_e/2$ 处降为零，即

$$\varphi(r,z)=\varphi(r,0)\cos\frac{\pi z}{H_e} \tag{4-61}$$

$$q_v(r,z)=q_v(r,0)\cos\frac{\pi z}{H_e} \tag{4-62}$$

式中，r 是整个堆芯的径向坐标(m)，$\varphi(r,z)$和 $q_v(r,z)$分别为堆芯任意位置(r,z)处的中子注量率和体积释热率(W/m^3)。

如果我们在堆芯任意径向位置 $r=R$ 处选择一根燃料元件，就这根元件而言，其轴向位置 z 处的燃料体积释热率 $q_v(z)$ 可以写成

$$q_v(z)=q_v(0)\cos\frac{\pi z}{H_e} \tag{4-63A}$$

或者，

$$q_l(z)=q_l(0)\cos\frac{\pi z}{H_e} \tag{4-63B}$$

式中，$q_v(0)$ 和 $q_l(0)$ 分别是这根燃料元件在 $z=0$ 处的体积释热率（W/m^3）和线功率（W/m）。对于不同的燃料元件，其 $q_v(0)$ 和 $q_l(0)$ 的值是不尽相同的。

(2) 燃料、包壳材料和冷却剂的热物性以及对流传热系数沿冷却剂流动方向 z 都为常数。

(3) 忽略燃料元件的轴向和周向导热。

(4) 不考虑沸腾传热。

4.5.2 冷却剂温度 T_f 的轴向分布

试考虑由堆芯中径向位置 R 处的一根燃料棒和其周围冷却剂构成的冷却剂通道。如果通道进口处（$z=-H/2$）冷却剂温度为 $T_{f,in}$（已知），通道出口处（$z=H/2$）冷却剂温度为 $T_{f,o}$（未知）。在通道任意轴向坐标 z 处取高度为 dz 的一微元段，则在该微元段内，根据稳态热平衡，冷却剂吸收的热功率应等于燃料释放的热功率，即

$$mc_p dT_f = q_l(z)dz = q_l(0)\cos\left(\frac{\pi z}{H_e}\right)dz \tag{4-64}$$

式中：

m——一根燃料棒周围的冷却剂质量流量，kg/s；

c_p——冷却剂的比定压热容，J/(m・℃)；

dT_f——冷却剂在 dz 内的温升，℃；

$q_l(0)$——在 $z=0$ 处的线功率，W/m。

对式(4-64)在 $-H/2$ 到 z 之间积分得

$$mc_p\int_{T_{f,in}}^{T_f} dT_f = q_l(0)\int_{-H/2}^{z}\cos\left(\frac{\pi z}{H_e}\right)dz$$

于是得冷却剂温度 $T_f(z)$ 的表达式：

$$T_f(z) = T_{f,in} + \frac{q_l(0)H_e}{\pi c_p m}\left(\sin\frac{\pi z}{H_e} + \sin\frac{\pi H}{2H_e}\right) \tag{4-65}$$

如果忽略外推长度，即 $H_e\approx H$，则式(4-65)简化成

$$T_f(z) = T_{f,in} + \frac{q_l(0)H}{\pi c_p m}\left(\sin\frac{\pi z}{H} + 1\right) \tag{4-65A}$$

当 $z=H/2$ 时，便得出冷却剂出口温度为

$$T_{f,o} = T_{f,in} + \frac{2q_l(0)H}{\pi c_p m} \tag{4-65B}$$

式(4-65)表明，冷却剂温度 $T_f(z)$ 沿 z 呈正弦函数一直增加，在堆芯出口达到最大值。其增加速率 dT_f/dz 是 z 的余弦函数，在 $z=0$ 处 $T_f(z)$ 的增加速率最大，向堆芯上下两端它的变化速率逐渐减小。冷却剂温度 $T_f(z)$ 沿 z 的变化曲线示于图 4-4 上。

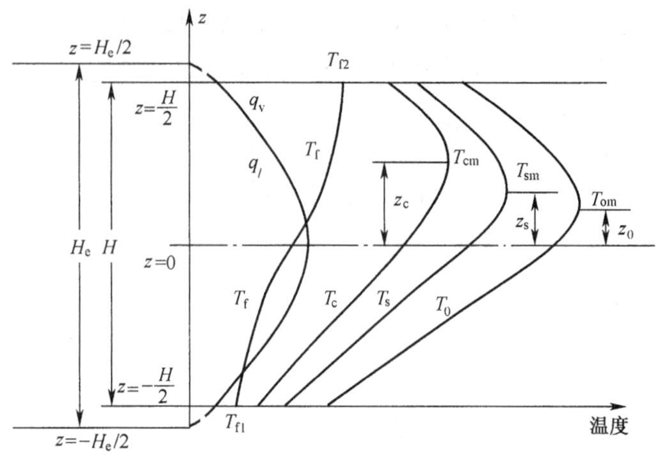

图 4-4 沿堆芯轴上释热率 q_v 或 q_l 的余弦分布和燃料元件各温度的分布

4.5.3 包壳外表面温度 T_C 和内表面温度 T_{CI} 的轴向分布

在求得了冷却剂温度 $T_f(z)$ 之后，可根据对流传热方程(即牛顿冷却定律)来获得包壳外表面温度 $T_C(z)$ 的分布：

$$T_C(z) = T_f(z) + \frac{q_l(z)}{\pi d_{CS} h} \tag{4-66}$$

将式(4-63B)和式(4-65)代入式(4-66)得

$$T_C(z) = T_{f,in} + \frac{q_l(0)H_e}{\pi c_p m}\left(\sin\frac{\pi z}{H_e} + \sin\frac{\pi H}{2H_e}\right) + \frac{q_l(0)}{\pi d_{CS} h}\cos\frac{\pi z}{H_e} \tag{4-67}$$

式中，$\frac{q_l(0)}{\pi d_{CS} h}\cos\frac{\pi z}{H_e} = [T_C(z) - T_f(z)]$为膜温差。如果忽略外推长度，即 $H_e \approx H$，则式(4-67)简化成

$$T_C(z) = T_{f,in} + \frac{q_l(0)H}{\pi c_p m}\left(\sin\frac{\pi z}{H} + 1\right) + \frac{q_l(0)}{\pi d_{CS} h}\cos\frac{\pi z}{H} \tag{4-68}$$

$T_C(z)$沿轴向 z 呈正弦加余弦的复合函数分布，并示于图 4-4 上。由图 4-4 和式(4-67)可以得出：包壳外表面温度 $T_C(z)$ 等于相应点冷却剂温度 $T_f(z)$ 加上该点膜温差$[T_C(z) - T_f(z)]$。由于 $T_f(z)$ 是 z 的正弦函数，而$[T_C(z) - T_f(z)]$是 z 的余弦函数，因而两者之和 $T_C(z)$ 有如下规律：

在燃料元件中分面的上游($z<0$)，$T_f(z)$ 和$[T_C(z) - T_f(z)]$的值都随 z 的增加而增加，因而 $T_C(z)$ 也随 z 的增加而升高；在 $z=0$ 处，$[T_C(0) - T_f(0)]$达到最大值。过了中分面以后，$[T_C(z) - T_f(z)]$之值开始下降。但是 $T_f(z)$ 值仍然继续上升，且在 $z>0$(元件中分面的下游)的某区域内 $T_f(z)$ 的增加速率超过$[T_C(z) - T_f(z)]$的下降速率，故 $T_C(z)$ 在该区域内仍然随 z 而增加，但增加的速率逐渐变小(即曲线变平)。再往下游，由于冷却剂温度 $T_f(z)$ 沿 z 的增加速率变慢(因进入低释热区)，而膜温差$[T_C(z) - T_f(z)]$的下降速率加快，因而在 $z>0$ 的某点上 $T_C(z)$ 达到最大值。所以在此点的下游，$T_C(z)$ 值将逐渐下降。

将式(4-67)的 $T_C(z)$ 和式(4-63B)的 $q_l(z)$ 的表达式代入式(4-45)：$T_{CI} - T_C =$

$\frac{q_l\ln(d_{CS}/d_{CI})}{2\pi k_C}$便得包壳内表面温度 $T_{CI}(z)$：

$$T_{CI}(z)=T_{f,in}+\frac{q_l(0)H_e}{\pi c_p m}\left(\sin\frac{\pi z}{H_e}+\sin\frac{\pi H}{2H_e}\right)+\frac{q_l(0)}{\pi}\left(\frac{1}{d_{CS}h}+\frac{\ln(d_{CS}/d_{CI})}{2k_C}\right)\cos\frac{\pi z}{H_e} \tag{4-69}$$

4.5.4 燃料芯块表面温度 T_S 和中心温度 T_0 的轴向分布

在燃料元件轴向位置 z 点，将式(4-63B)的 $q_l(z)$ 和式(4-69)的 $T_{CI}(z)$ 的表达式代入式(4-44)：$T_S-T_{CI}=\frac{q_v a^2\ln(1+\delta_G/a)}{2k_G}=\frac{q_l\ln(d_{CI}/d_U)}{2\pi k_G}$便得燃料芯块表面温度 $T_S(z)$：

$$T_S(z)=T_{f,in}+\frac{q_l(0)H_e}{\pi c_p m}\left(\sin\frac{\pi z}{H_e}+\sin\frac{\pi H}{2H_e}\right)+\frac{q_l(0)}{\pi}\left[\frac{\ln\left(\frac{d_{CI}}{d_U}\right)}{2k_G}+\frac{\ln\left(\frac{d_{CS}}{d_{CI}}\right)}{2k_C}+\frac{1}{d_{CS}h}\right]\cos\frac{\pi z}{H_e} \tag{4-70}$$

将式(4-70) $T_S(z)$ 和式(4-63B) $q_l(z)$ 的表达式代入式(4-43)便得燃料芯块中心温度 $T_0(z)$：

$$T_0(z)=T_{f,in}+\frac{q_l(0)H_e}{\pi c_p m}\left(\sin\frac{\pi z}{H_e}+\sin\frac{\pi H}{2H_e}\right)+\frac{q_l(0)}{\pi}\left[\frac{1}{4k_U}+\frac{\ln\left(\frac{d_{CI}}{d_U}\right)}{2k_G}+\frac{\ln\left(\frac{d_{CS}}{d_{CI}}\right)}{2k_C}+\frac{1}{d_{CS}h}\right]\cos\frac{\pi z}{H_e} \tag{4-71}$$

$T_S(z)$ 和 $T_0(z)$ 沿冷却剂通道轴向 z 的变化规律也表示在图 4-4 上，它们有与 $T_C(z)$ 相同的变化规律，也在燃料元件中分面和出口之间有其最大值。

4.5.5 燃料元件最高温度的轴向位置及其数值

燃料元件的最高温度点和其大小，对反应堆运行的安全性十分重要，故需要求出它们的位置和数值。设 T_{cm}、T_{sm} 和 T_{0m} 分别表示燃料元件包壳外表面、燃料表面和燃料中心的最高温度，z_c、z_s 和 z_0 分别为其相应的轴向坐标位置。

1. 包壳外表面最高温度的轴向位置 z_c 及其数值 T_{cm}

为了求得包壳外表面最高温度的轴向位置 z_c，把 $T_C(z)$ 的表达式(4-67)对轴向坐标 z 进行微分并令其等于零，得

$$\frac{q_l(0)}{c_p m}\cos\frac{\pi z}{H_e}-\frac{q_l(0)}{H_e d_{CS}h}\sin\frac{\pi z}{H_e}=0 \tag{4-72}$$

因此得

$$\mathrm{tg}\,\frac{\pi z_c}{H_e}=\frac{H_e d_{CS}h}{c_p m} \tag{4-73A}$$

由上式解得 z_c 为

$$z_c=\frac{H_e}{\pi}\mathrm{arctg}\,\frac{H_e d_{CS}h}{c_p m} \tag{4-73B}$$

从式(4-73B)可以看到：

(1) 反正切函数的所有的自变量都是正值，故 z_c 应是正值。这说明包壳外表面最高温度点位于堆芯中分面的下游($z>0$ 区)，如图 4-4 所示。这是由于低温度冷却剂沿燃料元件自下而上流动的缘故。

(2) 包壳外表面最高温度点的位置与中子注量率 φ 或燃料体积释热率 q_v 的值无关。z_c 仅取决于燃料元件的冷却条件，提高对流传热系数 h 或降低冷却剂流量 m 的值，都会使包壳外表面最高温度点远离堆芯中分面向下游移动。

将式(4-73B)求得的 z_c 值代入式(4-67)便得包壳外表面最高温度的数值 T_{cm}：

$$T_{cm} = T_{f,in} + \frac{q_l(0)H_e}{\pi c_p m}\left(\sin\frac{\pi z_c}{H_e} + \sin\frac{\pi H}{2H_e}\right) + \frac{q_l(0)}{\pi d_{CS} h}\cos\frac{\pi z_c}{H_e} \tag{4-74}$$

2. 燃料表面最高温度的轴向位置 z_s 及其数值 T_{sm}

为了求得燃料表面最高温度的轴向位置 z_s，把 $T_S(z)$ 的表达式(4-70)对轴向坐标 z 进行微分并令其等于零，得

$$\frac{q_l(0)}{c_p m}\cos\frac{\pi z}{H_e} - \frac{q_l(0)}{H_e}\left(\frac{\ln(d_{CI}/d_U)}{2k_G} + \frac{\ln(d_{CS}/d_{CI})}{2k_C} + \frac{1}{d_{CS}h}\right)\sin\frac{\pi z}{H_e} = 0 \tag{4-75}$$

因此得

$$\mathrm{tg}\frac{\pi z_s}{H_e} = \frac{H_e}{c_p m\left[\frac{\ln(d_{CI}/d_U)}{2k_G} + \frac{\ln(d_{CS}/d_{CI})}{2k_c} + \frac{1}{d_{CS}h}\right]} \tag{4-75A}$$

由上式解得 z_s 为：

$$z_s = \frac{H_e}{\pi}\mathrm{arctg}\frac{H_e}{c_p m\left[\frac{\ln(d_{CI}/d_U)}{2k_G} + \frac{\ln(d_{CS}/d_{CI})}{2k_C} + \frac{1}{d_{CS}h}\right]} \tag{4-75B}$$

将式(4-75B)求得的 z_s 值代入式(4-70)便得燃料表面最高温度的数值 T_{sm}：

$$T_{sm} = T_{f,in} + \frac{q_l(0)H_e}{\pi c_p m}\left(\sin\frac{\pi z_s}{H_e} + \sin\frac{\pi H}{2H_e}\right) + \frac{q_l(0)}{\pi}\left[\frac{\ln\left(\frac{d_{CI}}{d_U}\right)}{2k_G} + \frac{\ln\left(\frac{d_{CS}}{d_{CI}}\right)}{2k_C} + \frac{1}{d_{CS}h}\right]\cos\frac{\pi z_s}{H_e} \tag{4-76}$$

3. 燃料中心最高温度的轴向位置 z_0 及其数值 T_{0m}

为了求得燃料中心最高温度的轴向位置 z_0，把 $T_0(z)$ 的表达式(4-71)对轴向坐标 z 进行微分并令其等于零，得

$$\frac{q_l(0)}{c_p m}\cos\frac{\pi z}{H_e} - \frac{q_l(0)}{H_e}\left(\frac{1}{4k_U} + \frac{\ln(d_{CI}/d_U)}{2k_G} + \frac{\ln(d_{CS}/d_{CI})}{2k_C} + \frac{1}{d_{CS}h}\right)\sin\frac{\pi z}{H_e} = 0 \tag{4-77}$$

因此得

$$\mathrm{tg}\frac{\pi z_s}{H_e} = \frac{H_e}{c_p m\left[\frac{1}{4k_U} + \frac{\ln(d_{CI}/d_U)}{2k_G} + \frac{\ln(d_{CS}/d_{CI})}{2k_c} + \frac{1}{d_{CS}h}\right]} \tag{4-77A}$$

由上式解得 z_s 为

$$z_s = \frac{H_e}{\pi}\mathrm{arctg}\frac{H_e}{c_p m\left[\frac{1}{4k_U} + \frac{\ln(d_{CI}/d_U)}{2k_G} + \frac{\ln(d_{CS}/d_{CI})}{2k_C} + \frac{1}{d_{CS}h}\right]} \tag{4-77B}$$

将式(4-77B)求得的 z_s 值代入式(4-71)便得燃料中心最高温度的数值 T_{0m}：

$$T_{0m} = T_{f,in} + \frac{q_l(0)H_e}{\pi c_p m}\left(\sin\frac{\pi z_0}{H_e} + \sin\frac{\pi H}{2H_e}\right) + \frac{q_l(0)}{\pi}\left[\frac{1}{4k_U} + \frac{\ln\left(\frac{d_{CI}}{d_U}\right)}{2k_G} + \frac{\ln\left(\frac{d_{CS}}{d_{CI}}\right)}{2k_C} + \frac{1}{d_{CS}h}\right]\cos\frac{\pi z_0}{H_e} \tag{4-78}$$

图 4-4 表明，T_{cm}、T_{sm}和 T_{0m}的轴向位置一个比一个更靠近燃料元件中分面($z=0$)。

如果采用燃料—包壳之间的间隙热导模型来代替其导热模型，并设间隙热导为 h_G，则以上诸多公式中的$\dfrac{\ln(d_{CI}/d_U)}{2k_G}$都用$\dfrac{1}{d_U h_G}$所代替。

例题 4-3

某压水堆芯中，某根棒状燃料元件的线功率为 $q_l(z)=3.6\times10^4\cos\dfrac{\pi z}{H_e}$(W/m)(坐标原点 $z=0$ 在元件的中分面，$H_e\approx H=3.66$ m)，冷却该燃料元件的冷却剂的质量流量 $m=0.31$ kg/s，堆芯进口冷却剂温度 $T_{f,in}=290$ ℃。燃料芯块的直径 $d_U=8.19$ mm，热导率 $k_U=2.5$ W/(m·℃)；包壳内、外直径分别为 $d_{CI}=8.36$ mm，$d_{CS}=9.5$ mm，热导率 $k_C=17.5$ W/(m·℃)；燃料—包壳间隙内的气体热导率 $k_G=0.5$ W/(m·℃)。如果包壳外表面与冷却剂的对流传热系数 $h=4.7\times10^4$ W/(m²·℃)。试求该棒状燃料元件的最大温度的轴向位置 z_c、z_s 和 z_0 以及最大温度 T_{cm}、T_{sm}和 T_{0m}值。

解：(1) 利用公式(4-73B)：

$$z_c=\frac{H_e}{\pi}\operatorname{arctg}\frac{H_e d_{CS} h}{c_p m}=\frac{3.66}{\pi}\operatorname{arctg}\frac{3.66\times0.0095\times4.7\times10^4}{6\times10^3\times0.31}=0.84\ \text{m};$$

利用公式(4-74)：

$$T_{cm}=T_{f,in}+\frac{q_l(0)H_e}{\pi c_p m}\left(\sin\frac{\pi z_c}{H_e}+\sin\frac{\pi H}{2H_e}\right)+\frac{q_l(0)}{\pi d_{CS} h}\cos\frac{\pi z_c}{H_e}$$

$$=290+\frac{3.6\times10^4\times3.66}{\pi\times6\times10^3\times0.31}\left(\sin\frac{\pi\times0.84}{3.66}+1\right)+\frac{3.6\times10^4}{\pi\times0.0095\times4.7\times10^4}\cos\frac{\pi\times0.84}{3.66}$$

$$=290+22.55\times1.66+25.66\times0.751=290+37.4+19.3=346.7\ ℃$$

(2) 利用公式(4-75B)：

$$z_s=\frac{H_e}{\pi}\operatorname{arctg}\frac{H_e}{c_p m\left[\dfrac{\ln(d_{CI}/d_U)}{2k_G}+\dfrac{\ln(d_{CS}/d_{CI})}{2k_C}+\dfrac{1}{d_{CS}h}\right]}$$

$$=\frac{3.66}{\pi}\operatorname{arctg}\frac{3.66}{6\times10^3\times0.31\left[\dfrac{\ln(8.36/8.19)}{2\times0.5}+\dfrac{\ln(9.5/8.36)}{2\times17.5}+\dfrac{1}{0.0095\times4.7\times10^4}\right]}$$

$$=\frac{3.66}{\pi}\operatorname{arctg}0.0744=0.087\ \text{m}。$$

利用公式(4-76)：

$$T_{sm}=T_{f,in}+\frac{q_l(0)H_e}{\pi c_p m}\left(\sin\frac{\pi z_s}{H_e}+\sin\frac{\pi H}{2H_e}\right)+\frac{q_l(0)}{\pi}\left[\frac{\ln\left(\dfrac{d_{CI}}{d_U}\right)}{2k_G}+\frac{\ln\left(\dfrac{d_{CS}}{d_{CI}}\right)}{2k_C}+\frac{1}{d_{CS}h}\right]\cos\frac{\pi z_s}{H_e}$$

$$=290+\frac{3.6\times10^4\times3.66}{\pi\times6\times10^3\times0.31}\left(\sin\frac{\pi\times0.087}{3.66}+1\right)+$$

$$\frac{3.6\times10^4}{\pi}\left[\frac{\ln(8.36/8.19)}{2\times0.5}+\frac{\ln(9.5/8.36)}{2\times17.5}+\frac{1}{0.0095\times4.7\times10^4}\right]\cos\frac{\pi\times0.087}{3.66}$$

$$=290+22.55\times1.0746+302.94\times0.9972=616.3\ ℃$$

(3) 利用公式(4-77B)：

$$z_0=\frac{H_e}{\pi}\text{arctg}\frac{H_e}{c_p m\left[\frac{1}{4k_U}+\frac{\ln(d_{CI}/d_U)}{2k_G}+\frac{\ln(d_{CS}/d_{CI})}{2k_C}+\frac{1}{d_{CS}h}\right]}$$

$$=\frac{3.66}{\pi}\text{arctg}\frac{3.66}{6\times10^3\times0.31\left[\frac{1}{4\times2.5}+\frac{\ln(8.36/8.19)}{2\times0.5}+\frac{\ln(9.5/8.36)}{2\times17.5}+\frac{1}{0.0095\times4.7\times10^4}\right]}$$

$$=\frac{3.66}{\pi}\text{arctg}0.01556=0.018\text{ m}$$

利用公式(4-78)：

$$T_{0m}=T_{f,in}+\frac{q_l(0)H_e}{\pi c_p m}\left(\sin\frac{\pi z_0}{H_e}+\sin\frac{\pi H}{2H_e}\right)+\frac{q_l(0)}{\pi}\left[\frac{1}{4k_U}+\frac{\ln\left(\frac{d_{CI}}{d_U}\right)}{2k_G}+\frac{\ln\left(\frac{d_{CS}}{d_{CI}}\right)}{2k_C}+\frac{1}{d_{CS}h}\right]\cos\frac{\pi z_0}{H_e}$$

$$=290+\frac{3.6\times10^4\times3.66}{\pi\times6\times10^3\times0.31}\left(\sin\frac{\pi\times0.018}{3.66}+1\right)+$$

$$\frac{3.6\times10^4}{\pi}\left[\frac{1}{4\times2.5}+\frac{\ln(8.36/8.19)}{2\times0.5}+\frac{\ln(9.5/8.36)}{2\times17.5}+\frac{1}{0.0095\times4.7\times10^4}\right]\cos\frac{\pi\times0.018}{3.66}$$

$$=290+22.55\times1.01545+1448.8\times1=1762\ ℃$$

从上面计算结果可以看出，燃料元件表面最高温度为 346.7 ℃，它位于元件中分面下游 0.84 m，燃料表面最高温度为 616.3 ℃，它位于元件中分面下游 0.087 m，燃料中心最高温度为 1 762 ℃，它位于元件中分面下游 0.018 m，非常靠近堆芯中分面。

例题 4-4

已知包壳外表面温度 $T_C(z)$ 的表达式为

$$T_C(z)=T_{f,in}+\frac{q_l(0)H_e}{\pi c_p m}\left(\sin\frac{\pi z}{H_e}+\sin\frac{\pi H}{2H_e}\right)+\frac{q_l(0)}{\pi d_{CS}h}\cos\frac{\pi z}{H_e}\tag{4-67}$$

包壳外表面最高温度的轴向位置 z_c 的表达式为

$$z_c=\frac{H_e}{\pi}\text{arctg}\frac{H_e d_{CS}h}{c_p m}\tag{4-73B}$$

试证明包壳外表面最高温度的数值 T_{cm} 的表达式为

$$T_{cm}=T_{f,in}+\frac{q_l(0)H_e}{\pi c_p m}\sin\frac{\pi H}{2H_e}+\left[\left(\frac{q_l(0)H_e}{\pi c_p m}\right)^2+\left(\frac{q_l(0)}{\pi d_{CS}h}\right)^2\right]^{1/2}$$

证： 令 $T_C(z)=A+B\cdot\sin\frac{\pi z}{H_e}+C\cdot\cos\frac{\pi z}{H_e}$

式中，

$$A=T_{f,in}+\frac{q_l(0)H_e}{\pi c_p m}\cdot\sin\frac{\pi H}{2H_e}$$

$$B=\frac{q_l(0)H_e}{\pi c_p m}$$

$$C=\frac{q_l(0)}{\pi d_{CS}h}$$

由式(4-73A)得 $\text{tg}\frac{\pi z_c}{H_e}=\frac{H_e d_{CS}h}{c_p m}=\frac{B}{C}$ 所以

$$\sin\frac{\pi z}{H_e}=\frac{B}{\sqrt{B^2+C^2}},\qquad\cos\frac{\pi z}{H_e}=\frac{C}{\sqrt{B^2+C^2}}$$

将 A 和 $\sin\frac{\pi z}{H_e}=\frac{B}{\sqrt{B^2+C^2}}$及 $\cos\frac{\pi z}{H_e}=\frac{C}{\sqrt{B^2+C^2}}$代入式(1)就得到包壳外表面最高温度的数值 T_{cm}的表达式为：

$$T_{cm}=T_{f,in}+\frac{q_l(0)H_e}{\pi c_p m}\sin\frac{\pi H}{2H_e}+\frac{B^2}{\sqrt{B^2+C^2}}+\frac{C^2}{\sqrt{B^2+C^2}}$$

$$T_{cm}=T_{f,in}+\frac{q_l(0)H_e}{\pi c_p m}\sin\frac{\pi H}{2H_e}+\sqrt{B^2+C^2}$$

$$T_{cm}=T_{f,in}+\frac{q_l(0)H_e}{\pi c_p m}\sin\frac{\pi H}{2H_e}+\left[\left(\frac{q_l(0)H_e}{\pi c_p m}\right)^2+\left(\frac{q_l(0)}{\pi d_{CS}h}\right)^2\right]^{1/2}$$

4.6　热屏蔽的传热

堆芯是一个强大的辐射源，它所放出的 γ 射线、中子流等，绝大部分被反射层、热屏蔽、压力壳和生物屏蔽中的元素所吸收或减弱，并最终转化成热量，只有极少数的辐射线逸出堆外。因此，在这些反应堆部件内也存在着热源和冷却问题。下面只对热屏蔽的温度计算加以介绍。

热屏蔽位于堆芯和压力壳之间，如图 4-5 所示。其功能是吸收来自堆芯的强辐射（γ 射线和中子流），使压力壳和生物屏蔽所受到的辐射不超过允许的数值。它通常采用高熔点和高热导率的重金属（如硼钢）制成。从图 4-5 可以看出，如果没有热屏蔽存在，则钢制压力壳内由于直接受到辐射而产生的热应力将比较大，甚至超过允许的数值。此外，压力壳经受 γ 射线和中子流照射，使积分注量率很快达到允许值，这将大大缩短使用寿命。压水堆的热屏蔽往往做成圆筒状，围绕在堆芯的周围。例如某早期压水堆，其热屏蔽是由两个同心不锈钢圆筒组成的，它们依次环绕在堆芯间的外围。内圆筒壁厚为 25.4 mm，外圆筒壁厚为 76.2 mm，两圆筒之间的距离为 19.5 mm，依靠冷却剂流过它们的内外表面进行冷却。在两层热屏蔽之间及其周围的水隙，对慢化和吸收中子是有利的。

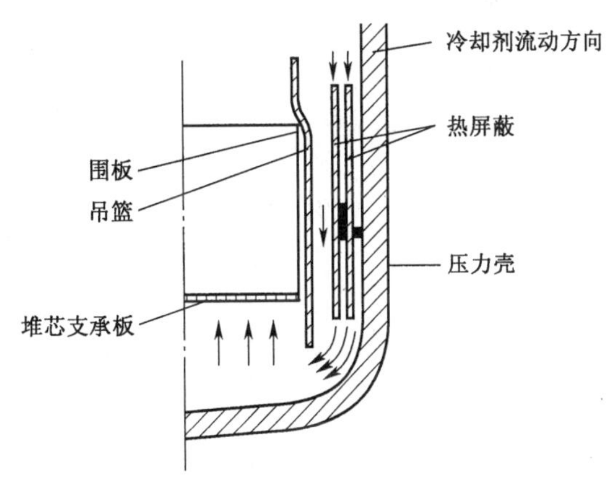

图 4-5　压力壳型水堆的热屏蔽结构示意图

热屏蔽层内的热源按指数衰减规律分布，所以 γ 射线能量的 90%是在靠堆芯一侧热屏蔽层 10%厚度内被吸收，因而热屏蔽层中最高温度的位置将出现在靠近堆芯的一侧，热源的大小随堆型、堆功率和热屏蔽结构而异。可由屏蔽设计得到，一般用下式来表示：

$$q_{v,h}(x)=q_{v,h}(0)Be^{-\mu x} \tag{4-79}$$

式中：

$q_{v,h}(x)$——位置在 x 处的热屏蔽层内的体积释热率，W/m³；

$q_{v,h}(0)$——热屏蔽内表面($x=0$)处的体积释热率,W/m^3;

B——积累因子;

μ——热屏蔽层材料的吸收系数,m^{-1},它是材料性质和射线能量的函数。在辐射粒子为中子的情况时,μ 等于中子和屏蔽材料发生反应(吸收或散射)的宏观截面Σ;若是 γ 粒子,μ 是屏蔽材料和 γ 能谱的复合函数。

若热屏蔽为圆筒形,则因圆筒的半径比圆筒的厚度大的多,故热屏蔽的导热可以作为平板处理。所以,直角坐标系的一维泊松方程为

$$\frac{d^2T}{dx^2}=-\frac{1}{k_h}q_{v,h}(x) \tag{4-80}$$

式中,k_h 是热屏蔽层材料的热导率,W/(m·℃)。将方程(4-79)代入(4-80),并取 $B=1$,可得

$$-k_h\frac{d^2T}{dx^2}=q_{v,h}(0)e^{-\mu x} \tag{4-81}$$

若热导率 k_h 为常数,则上式解为

$$T(x)=-\frac{q_{v,h}(0)}{k_h\mu^2}e^{-\mu x}+C_1x+C_2 \tag{4-82}$$

边界条件为

$$x=0,\qquad T(0)=T_1 \tag{4-82A}$$

$$x=L,\qquad T(L)=T_2 \tag{4-82B}$$

于是得 $C_2=T_1+\frac{q_{v,h}(0)}{k_h\mu^2}$,$C_1=\left[T_2-T_1+\frac{q_{v,h}(0)}{k_h\mu^2}(e^{-\mu L}-1)\right]/L$。把 C_1 和 C_2 的值代入方程(4-82)便得到热屏蔽内的温度分布函数为

$$T(x)-T_1=(T_2-T_1)\frac{x}{L}+\frac{q_{v,h}(0)}{k_h\mu^2}\left[(e^{-\mu L}-1)\frac{x}{L}-e^{-\mu x}+1\right] \tag{4-83}$$

将式(4-83)对 x 求导数,并令$\frac{dT}{dx}=0$,便得到最高温度所在的位置 x_{max}:

$$x_{max}=-\frac{1}{\mu}\ln\left[(T_1-T_2)\frac{k_h\mu}{q_{v,h}(0)L}+\frac{1-e^{-\mu L}}{\mu L}\right] \tag{4-84}$$

将 $x=x_{max}$代入式(4-83)可以得到最高温度的表达式。

以上的分析方法及计算,也适用于反应堆的围桶、吊篮和压力壳等的计算。

复习题

1. 由一维稳态板状燃料元件热传导方程$\frac{d^2T}{dx^2}+\frac{q_v}{k_U}=0$ 推导出燃料芯体内的温度分布。
2. 由$\frac{d^2T}{dx^2}=0$ 推导出板状燃料元件包壳内的温度分布。
3. 写出板状燃料元件从燃料中心温度 T_0 到冷却剂温度 T_f 之间的传热方程式。
4. 写出板状燃料元件的最大体积释热率的表达式。

5. 由一维稳态棒状燃料元件热传导方程$\frac{1}{r}\frac{\mathrm{d}}{\mathrm{d}r}\left(r\frac{\mathrm{d}T}{\mathrm{d}r}\right)+\frac{q_v}{k_U}=0$推导出燃料芯块内的温度分布。
6. 由$\frac{\mathrm{d}}{\mathrm{d}r}\left(r\frac{\mathrm{d}T}{\mathrm{d}r}\right)=0$,导出棒状燃料元件包壳内的温度分布。
7. 写出棒状元件从燃料中心温度 T_0 到冷却剂主流温度 T_f 之间的传热方程式。
8. 写出棒状燃料元件的最大体积释热率的表达式。
9. 画出板状或棒状燃料元件内从燃料中心线到水通道中心线之间的温度分布曲线。
10. 对于压水堆棒状燃料元件,为什么要考虑燃料芯块和包壳之间的间隙热导?间隙热导的气隙导热模型的表达式是什么?
11. 对于压水堆棒状燃料元件,间隙热导的经验值约是多少?
12. 简述积分热导率的概念。对棒状燃料芯块,积分热导率的表达式是如何推导出来的?
13. 写出冷却剂输热过程的稳态热平衡方程。
14. 当燃料体积释热率 $q_v(z)$或线功率 $q_l(z)$沿轴向 z 呈余弦分布时,试画出冷却剂主流温度 $T_f(z)$、包壳外表面温度 $T_C(z)$、燃料芯块表面温度 $T_S(z)$和燃料中心温度 $T_0(z)$沿轴向 z 的分布曲线,并标出它们最大值的轴向位置。如果 $q_v(z)$或 $q_l(z)$沿轴向 z 等于常数,以上各温度分布曲线又如何?
15. 说明 $q_v(z)$、质量流量 m、进口冷却剂温度 $T_{f,in}$怎样影响冷却剂轴向温度 $T_f(z)$分布。如果在冷却剂通道轴向位置 z_{SC} 处发生饱和沸腾,请问饱和沸腾以后的冷却剂温度是怎样的?流体的比焓又是怎样的。
16. 写出热屏蔽的热源分布表达式?热屏蔽内温度是怎样的分布形状?
17. 某压水堆芯中,某根棒状燃料元件的线功率为 $q_l(z)=3.6\times10^4\cos\frac{\pi z}{H_e}$(W/m)(坐标原点 $z=0$ 在元件的中分面,$H_e\approx H=3.66$ m),冷却该燃料元件的冷却剂的质量流量 $m=0.31$ kg/s,堆芯进口冷却剂温度 $T_{f,in}=290$ ℃。燃料芯块的直径 $d_U=8.19$ mm,热导率 $k_U=2.5$ W/(m·℃);包壳内、外直径分别为 $d_{CI}=8.36$ mm,$d_{CS}=9.5$ mm,热导率 $k_C=17.5$ W/(m·℃);燃料—包壳间隙内的气体热导率 $k_G=0.5$ W/(m·℃)。如果包壳外表面与冷却剂的对流传热系数 $h=4.7\times10^4$ W/(m^2·℃),试求该棒状燃料元件的 $z=0$ 处的冷却剂温度 $T_f(0)$、包壳外、内表面温度 $T_C(0)$和 $T_{CI}(0)$,燃料表面和中心温度 T_s 和 T_0 的值。
18. 某压水堆棒状燃料元件燃料芯块的直径 $d_U=8.2$ mm,热导率 $k_U=2.5$ W/(m·℃);包壳内、外直径分别为 $d_{CI}=8.36$ mm,$d_{CS}=9.5$ mm,热导率 $k_C=17.5$ W/(m·℃);燃料—包壳间隙内的气体热导率 $k_G=0.5$ W/(m·℃)。

燃料元件某截面处的燃料芯块的体积释热率 $q_v=9.5\times10^8\ W/m^3$，对应冷却剂温度 $T_f=318$ ℃。

(1) 如果燃料中心温度 T_0 不应超过 2 323 ℃，问对流传热系数 h 的最小值。

(2) 如果燃料中心温度 T_0 不应超过 2 323 ℃，问极限体积释热率 q_v^{max}。

19. 压水堆棒状燃料元件某点处的燃料芯块的体积释热率 $q_{v,f}=7.4\times10^8\ W/m^3$，该点对应的冷却剂温度 $T_f=304$ ℃，包壳外表面对流放热系数 $h=4.5\times10^4\ W/(m^2\cdot℃)$。已知燃料芯块的直径 $d_U=8.4$ mm，包壳外径 $d_{CS}=9.6$ mm。假定包壳内无内热源，并且只考虑元件径向导热。试求在稳态工况下，该点处包壳外表面温度 T。

第5章　稳态工况下反应堆流体力学分析

5.1　流体力学分析的主要内容和目的

堆内释出的热量，通常是由流动的冷却剂带出堆外的。堆芯冷却剂的热传输能力以及作用在堆内构件上的作用力与冷却剂的流动特性密切相关。因此，在反应堆热工分析中，不仅要弄清楚堆内热源的分布和传热特性，而且也要弄清楚与堆内冷却剂流动有关的流体力学方面的问题。只有对这两方面的问题都有了足够的认识，才有可能使所设计的反应堆具有先进性，充分利用堆芯所释出的热量。由此可见，热工分析和流体力学分析都是反应堆热工设计的重要组成部分。

流体力学分析通常分为稳态工况下和瞬态工况下的流体力学分析。在稳态工况下，堆内冷却剂各点的流动参量是不随时间变化的，它们只是空间位置的函数；而在瞬态工况下(例如反应堆失流事故、冷却剂丧失事故等)，堆内冷却剂各点的流动参量则不仅是空间位置的函数，而且还是时间的函数。本章只讨论稳态工况下流体力学分析，其主要内容和目的概括如下：

1. 分析和计算冷却剂的流动压降，以便确定：

(1) 堆芯各冷却剂通道内的流量和旁通流量。

冷却剂流量是计算堆芯各冷却剂通道内冷却剂的压力、比焓、燃料元件的温度和临界热流密度的必不可少的参量，它直接影响堆的输热能力。在反应堆设计中，总是尽量设法使堆芯冷却剂的流量分配与发热分布相匹配，这样就可以最大限度地输出堆内释出的热量，同时又能获得堆芯出口较高的冷却剂平均温度，从而可以提高热效率；

(2) 合理的堆芯冷却剂流量和合理的一回路管道、部件的尺寸以及冷却剂循环泵所需要的功率。

在大多数动力堆系统中，冷却剂是靠泵或风机进行强迫流动的，为了克服冷却剂流经反应堆堆芯、进出口腔室、管道、蒸汽发生器等一回路的压力损失，必须给循环的冷却剂提供相当大的驱动压头，为此就需要消耗唧送功率。唧送功率的大小等于一回路内冷却剂的体积流量与总压降的乘积。为了降低冷却剂的唧送功率，提高反应堆的经济性，就必须相应地降低冷却剂的流量和增大一回路管道和部件的尺寸。然而这些措施又与强化堆芯传热、降低一回路部件的制造成本相矛盾。因此，合理的确定堆芯冷却剂的流量和一回路管道尺寸，往往是要在反应堆的经济性和堆芯传热特性二者之间取其折中。

2. 对于采用自然循环冷却的反应堆(如沸水堆)，或利用自然循环输出停堆后衰变热，需要通过流体力学分析计算确定在一定反应堆功率下自然循环水的流量，定出反应堆的自然循环能力。

3. 对于存在汽水两相流动的装置，如沸水堆或蒸汽发生器，要分析其系统内的流动稳定性。在可能发生流量漂移或流量振荡的情况下，还应在分析系统水动力特性基础上，寻求改善或消除流动不稳定性的方法。

4. 研究气(汽)液两相流动，为反应堆事故分析打下理论基础。

5.2 流体的特征和主要物理性质

所谓流体主要指液体和气体。流体是由无限多个质点所组成的连续介质，它不间断地充满其空间。因此，流体的流动是由充满整个流动空间的无限多个流体质点的运动所构成的。充满运动着的流体空间称为流场，表征流体运动的物理量，如速度 $\boldsymbol{V}$、压力 p、密度 ρ 等称为流体运动参量。采用欧拉法来研究流场中流体运动时，这些运动参量是空间点坐标 (x,y,z) 和时间 t 的函数，即 $\boldsymbol{V}=\boldsymbol{V}(x,y,z,t)$，$p=p(x,y,z,t)$，$\rho=\rho(x,y,z,t)$。如果这些运动参量与时间无关，则称此流动为稳态流动(或称定常流动)，反之为瞬态流动(或称非定常流动)。

流体的显著特征是具有流动性和变形性，不能抵抗拉伸力和剪切力的作用，只能承受压缩力的作用。

液体和气体的主要区别是：(1)液体有自由表面，气体无自由表面；(2)液体具有一定的体积，其形状被所在的容器的轮廓所限定。一般情况下，液体可以看作不可压缩流体。气体可以充满其所占有的全部空间，无明显的外廓形状，气体被认为是可压缩流体；(3)液体的黏性比气体大，并随温度升高而降低，气体的黏性则随温度的升高而增大。

流体的主要物理性质如下：

1. 密度

单位体积流体所具有的质量称为密度，用 ρ 表示，其单位是 kg/m^3。密度的倒数称为比容，用 v 表示，$v=1/\rho$，其单位是 m^3/kg 。

2. 黏性

黏性是实际流体具有的一个重要性质，其定义是：当流体运动时，在其内部产生内摩擦力(黏性力)的性质称为黏性。

当流体以某一速度流动时，其内部分子之间存在着吸引力，流体分子与固体壁面之间有附着力作用，这两种力都属于抵抗流体运动的阻力，而且是以内摩擦力的形式表现出来，这就是流体黏性的实质。

实际流体具有黏性的最简单的例子是：当把某固体浸入水中再取出时，固体表面就黏附着水，这就是流体黏性的表现。当黏性流体中发生层与层之间的相对运动时，运动速度快的层对速度慢的层产生一个拖动力使它加速，而速度慢的流体层对速度快的层就有阻止它向前运动的阻力。拖动力和阻力是大小相等方向相反的一对力，分别作用在两个紧挨着的但速度不同的流体层上，这就是流体的黏性表现，称为黏性力或摩擦力。

流体黏性也可以看作流体在运动时对于剪切变形的阻抗能力。(详见第 3 章 3.3 节)

两流体层之间单位接触面积上的黏性力称为黏性应力，用 τ 表示，其表达式服从牛顿法则：

$$\tau=\mu\frac{\partial u}{\partial y}\qquad N/m^2 \tag{5-1}$$

式中，$\frac{\partial u}{\partial y}$是速度 u 沿速度的垂直方向上的梯度，即两层之间的速度差与两层之间距离的比值；μ 是流体的性质参量，称为动力黏度，μ 的单位是 $N \cdot s/m^2$(Pa·s)。μ 的物理意义有两种：其一是两层流体之间的速度梯度$\frac{\partial u}{\partial y}=1$ 时所产生的黏性应力；其二是单位体积流量所作的功，即$\frac{N\cdot s}{m^2}=\frac{N\cdot m}{m^3/s}=\frac{J}{m^3/s}=\frac{功}{流体体积流量}$。

在研究流体运动时，也常使用 μ 与流体密度 ρ 之比值，即

$$\nu=\frac{\mu}{\rho} \qquad m^2/s \tag{5-2}$$

称 ν 为流体的运动黏度，其单位是 m^2/s 。运动黏度 ν 的物理意义是当流体层间存在相对运动时，单位质量流量所作的功，即

$$\frac{N\cdot s}{m^2\cdot (kg/m^3)}=\frac{N\cdot m}{kg/s}=\frac{J}{kg/s}=\frac{功}{流体质量流量}$$

流体动力黏度 μ 的大小主要取决于流体的种类和温度，也与压力稍有关系。一般说来，液体的黏度随温度的升高而降低，气体的黏度则随温度的升高而增大。这是因为，液体的黏性主要取决于分子的引力，温度升高，分子距离增大，引力减小，因而黏度下降。而气体的黏性主要取决于分子运动时的动量交换，温度升高，分子运动加剧，动量交换更快，因而黏度增大。

实际流体都是黏性流体，而理想流体是假定不考虑黏性。当惯性力比黏性力大得多时，可以忽略黏性，按理想流体来处理。

3. 压缩性和膨胀性

(1) 液体的压缩性和膨胀性

液体的体积在定温下随所受压力的变化而变化的性质称为压缩性，例如，当作用于液体上的压力增加时，其体积将稍微减小。体积变化的程度用等温压缩率 k_T 表示，它是在温度不变的条件下，增大一个单位压力时，液体体积的相对改变值，即

$$k_T=-\frac{1}{V}\cdot\left(\frac{\partial V}{\partial p}\right)_T \qquad Pa^{-1} \tag{5-3}$$

式中：

V——液体的体积，m^3；

p——所受压力，Pa。

体积压缩率 k_T 的倒数称为体积弹性模数 E_T，所以

$$E_T=\frac{1}{k_T} \qquad Pa \tag{5-4}$$

水的压缩性非常小，在常温下 k_T 约为 $4.75\times10^{-10}\ Pa^{-1}$。如果在常温常压下($p=0.1$ MPa)，压水堆一回路中所容纳的水容积 $V_0=350\ m^3$，为了对回路强度进行水压试验，将一回路水压力提高到 25 MPa，需要向一回路再充入的水量为 $\Delta V=k_T V_0 \Delta p=4.75\times10^{-10}\times350\times(25-0.1)\times10^6=4.14\ m^3$(假定忽略一回路管道和设备的变形)。在流体力学中，常把水看作不可压缩流体。

液体的体积在定压下随温度的变化而变化的性质称为膨胀性，体积变化的程度用等压

体积膨胀系数 α_V 表示。它是在压力不变的条件下，温度升高 1 ℃时，液体体积的相对改变值，即

$$\alpha_V = \frac{1}{V} \cdot \left(\frac{\partial V}{\partial T}\right)_p \qquad 1/℃ \tag{5-5}$$

液体的体积膨胀系数 α_V 很小，例如水，在一个标准大气压下，温度为 40～50 ℃时，$\alpha_V = 422\times10^{-6}$ 1/℃。α_V 与压力有关，不过其变化甚微。对于大多数液体，α_V 随压力的升高而减小。对于水而言，当温度低于 50 ℃时，α_V 随压力的升高而略有增加；当温度高于 50 ℃时，α_V 随压力的升高则减小。

(2) 气体的压缩性和膨胀性

气体具有很大的压缩性和膨胀性，其变化规律可以用理想气体的状态方程来表示，即

$$pv = RT \tag{5-6}$$

式中：

p——压力，Pa；

v——比容，m^3/kg；

T——绝对温度，K；

R——气体常数，J/(kg · K)。

虽然气体是可压缩和可膨胀的流体，但当气体在低流速流动时，它的密度变化很小，可以忽略不计，可当作不可压缩流体。

5.3 作用在流体上的力、静止流体中的应力特征、流体静力学基本方程

1. 作用在流体上的力

作用在流体上的力有如下两种：

(1) 质量力

质量力作用在流体的每个质点上，其大小与流体的质量成正比。对于均质流体，质量力也与流体的体积成正比，因此也称它为体积力。最常见的质量力就是重力，此外还有惯性力等。单位质量的质量力为单位质量力，其单位是 m/s^2，在重力场中，单位质量力就等于重力加速度 g，其方向是垂直向下。

(2) 表面力

作用在流体控制体的表面上的力称为表面力，其大小与作用面的面积成比例。表面力可分为法向力和切向力，单位面积的法向力称为压应力或压力，单位面积的切向力称为切应力或摩擦应力。

2. 静止流体中的应力特征

静止流体是指所有流体质点相对于某一选定的坐标系没有运动，各质点之间也没有相对运动。所以，流体的黏性作用表现不出来，流体内每一点的切向应力都等于零。静止流体中的应力特征如下：

(1) 静止流体中的应力垂直于作用面，并沿作用面的内法线方向。因为流体分子之间

的吸引力很小，所以流体不能承受拉力；又因为流体静止时不存在切向应力，所以在静止流体中只可能存在沿作用面内法线方向的法向应力。这种法向应力称为压力，而静止流体中的压力称为静压力。

(2) 静止流体中已知点上的流体静压力是该点在流体中的空间位置(x,y,z)和流体密度ρ的函数，即$p=p(x,y,z,\rho)$。静压力的大小与作用面的方向无关。即在静止流体中的任意一给定点上，静压力不论来自何方向，其值都相等。

3. 流体静力学基本方程

如图 5-1 所示，如果作用在静止流体上的质量力仅仅为重力g(其方向与轴向坐标z的方向相反)，则流体内相邻为dz的两点的压差dp和轴向坐标位置差dz以及重力g之间的关系(即压力差方程)为

$$dp=-\rho g\,dz \tag{5-7}$$

对于密度均匀的不可压缩流体，即$\rho=$常数，从位置z_1(相应压力为p_1)到位置z_2(相应压力为p_2)积分上式可得

$$p_1+\rho g z_1=p_2+\rho g z_2 \tag{5-8}$$

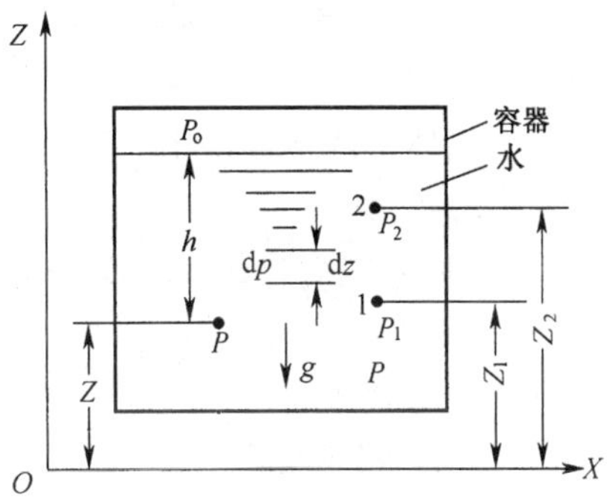

图 5-1　流体静力学方程示意图

上式就是流体静力学基本方程，它适用于在重力场中处于静止状态的均质不可压缩流体。

如果液体自由面上的压力为p_0，则液体内距自由面深度为h的点上的压力p为

$$p=p_0+\rho g h \tag{5-9}$$

该式表明，在处于静止状态的液体中，任意一点的压力等于液面压力加上深度为h的液柱所产生的压力。如果液面上的压力发生变化，则液体内任何点的压力也随之变化同样的数值。这就是压力传递的帕斯卡原理。

5.4 单相流体一维流动的基本方程和压降计算

5.4.1 单相流体一维流动的基本方程

在系统中只有一种物相(固相、液相或气相)的流动称为单相流动，如单相液体流动或单相气体流动。单相流体在通道中的一维流动(如图 5-2 所示)的基本方程为

(1) 质量守恒方程(连续性方程)

$$\frac{\partial\rho}{\partial t}+\frac{\partial G}{\partial z}+\frac{G}{A}\cdot\frac{dA}{dz}=0 \tag{5-10}$$

稳态流动时，$\frac{\partial\rho}{\partial t}=0$，方程(5-10)成为

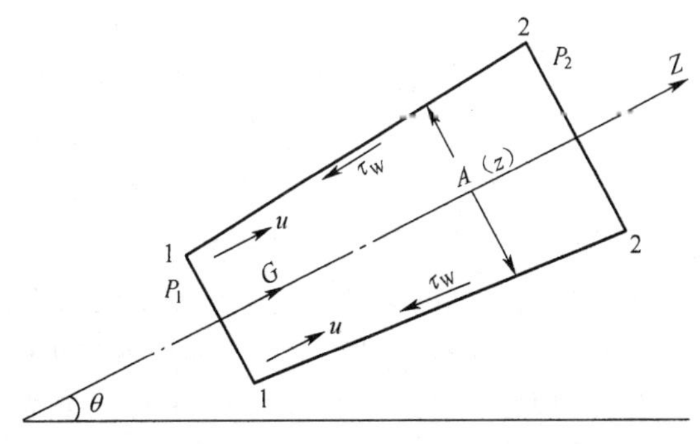

图 5-2　通道中的一维流动示意图

$$\frac{\mathrm{d}G}{\mathrm{d}z}+\frac{G}{A}\cdot\frac{\mathrm{d}A}{\mathrm{d}z}=0 \tag{5-10A}$$

(2)动量守恒方程

$$-\frac{\partial p}{\partial z}=\frac{\tau_{W}P_{W}}{A}+\rho g\sin\theta+\frac{\partial G}{\partial t}+\frac{1}{A}\cdot\frac{\partial}{\partial z}\left(\frac{AG^{2}}{\rho}\right) \tag{5-11}$$

稳态流动时，$\frac{\partial G}{\partial t}=0$，方程(5-11)成为

$$-\frac{\mathrm{d}p}{\mathrm{d}z}=\frac{\tau_{W}P_{W}}{A}+\rho g\sin\theta+\frac{1}{A}\cdot\frac{\mathrm{d}}{\mathrm{d}z}\left(\frac{AG^{2}}{\rho}\right) \tag{5-11A}$$

式中：

ρ——流体密度，kg/m^3；

t——时间，s；

G——质量流密度，$G=m/A=\rho u$，$kg/(m^2\cdot s)$；

u——轴向平均流速，m/s；

z——沿通道轴向坐标，m；

A——通道横截面积，m^2；

p——流体压力，Pa；

τ_W——作用在通道壁面上单位面积的摩擦力，N/m^2；

P_W——湿周长，m；

g——重力加速度，m/s^2；

θ——通道轴线与水平面之间的夹角，(°)。

由方程(5-11A)可以看到，压力梯度$\left(-\frac{\mathrm{d}p}{\mathrm{d}z}\right)$由三部分组成：

摩擦压力梯度$\left(\frac{\tau_W P_W}{A}\right)$，用$-\left(\frac{\mathrm{d}p}{\mathrm{d}z}\right)_F$表示；

提升压力梯度($\rho g\sin\theta$)，用$-\left(\frac{\mathrm{d}p}{\mathrm{d}z}\right)_G$表示；

加速度压力梯度$\left[\frac{1}{A}\cdot\frac{\mathrm{d}}{\mathrm{d}z}\left(\frac{AG^2}{\rho}\right)\right]$，用$-\left(\frac{\mathrm{d}p}{\mathrm{d}z}\right)_A$表示。

因此，方程(5-11A)变成

$$-\frac{\mathrm{d}p}{\mathrm{d}z}=-\left(\frac{\mathrm{d}p}{\mathrm{d}z}\right)_F-\left(\frac{\mathrm{d}p}{\mathrm{d}z}\right)_G-\left(\frac{\mathrm{d}p}{\mathrm{d}z}\right)_A \tag{5-11B}$$

对于一个流动通道的两个截面 1 和 2，流体从 1 流到 2 的压降可表示成

$$p_1-p_2=\Delta p_F+\Delta p_G+\Delta p_A \tag{5-11C}$$

式中，p_1 和 p_2 分别是截面 1 和截面 2 上的静压力，Δp_F 为摩擦压降，Δp_G 为提升压降(或称重力压降)，Δp_A 为加速度压降，Pa。

当在截面 1 和截面 2 之间存在截面突然扩大或缩小、弯管、接头、阀门、定位架、孔板等时，会出现由于涡流、碰撞、转向等而造成的集中压力损失(不可逆损失)，这类压力损失称为形阻压降，用 Δp_C 表示。所以方程(5-11C)变成

$$p_1-p_2=\Delta p_F+\Delta p_G+\Delta p_A+\Delta p_C \tag{5-12}$$

(3) 机械能守恒方程(伯努利方程)

假设流体对外界不做功，在稳态流动(定常流动)情况下，单位质量流体的机械能守恒方程的微分形式为

$$\frac{\mathrm{d}p}{\rho}+g\sin\theta\mathrm{d}z+u\mathrm{d}u+\mathrm{d}E=0 \tag{5-13}$$

对于不可压缩流体(ρ=常数)，从通道的截面 1 到截面 2 ，积分方程(5-13)可以得到

$$\frac{p_1}{\rho}+gz_1\sin\theta+\frac{u_1^2}{2}=\frac{p_2}{\rho}+gz_2\sin\theta+\frac{u_2^2}{2}+\Delta E \tag{5-13A}$$

方程(5-13A)就是描述实际流体(黏性流体)流经通道的伯努利方程式。式中，z 是沿通道轴向坐标，m。p/ρ 是单位质量流体的压力能；$gz\sin\theta$ 是单位质量流体的位能；$u^2/2$ 是单位质量流体的动能。这三种能量统称机械能，它们的单位是 J/kg 。ΔE 是流体由截面 1 流到截面 2 单位质量流体损失的机械能，它变成热能。应该注意，方程(5-13A)中的流速 u 是通道截面平均速度，且假定局部流速沿截面分布较均匀。

伯努利方程式(5-13A)还可以写成如下形式

$$p_1+\rho gz_1\sin\theta+\frac{\rho u_1^2}{2}=p_2+\rho gz_2\sin\theta+\frac{\rho u_2^2}{2}+\rho\Delta E \tag{5-13B}$$

式(5-13B)中的各项均表示压力，Pa。其中，p 称为静压，$\rho gz\sin\theta$ 称为位压，$\rho u^2/2$ 称为动压，以上三项之和称为总压。$\rho\Delta E$ 是流体由截面 1 流到截面 2 的压力损失(不可逆损失，即($\Delta p_F+\Delta p_C$)。

通道的伯努利方程式是很重要的公式，它配合质量守恒方程和动量守恒方程，可以解决许多工程实际问题。伯努利方程式最典型的应用是利用孔板、文特利管和毕托管来测量流体的流量或流速。下面仅例举利用孔板测量流量。

如图 5-3 所示，不可压缩流体在水平圆管内作连续稳定流动，在截面 1、2 和 3 处的流线与管轴线平行。将不可压缩流体的伯努利方程(5-13B)用于截面 1 到截面 2 (缩脉截面)，则得

$$p_1+\frac{\rho u_1^2}{2}=p_2+\frac{\rho u_2^2}{2}+\xi\cdot\frac{\rho u_2^2}{2} \tag{1}$$

式中：

p_1 和 p_2——分别为截面 1 和截面 2 上流体的绝对压力，Pa；

ρ——流体的密度，kg/m^3；

u_1 和 u_2——分别为截面 1 和流束截面 2 上流体的平均速度，m/s；

ξ——以 u_2 为基础的形阻系数。

从截面 1 到流束截面 2 的连续性方程

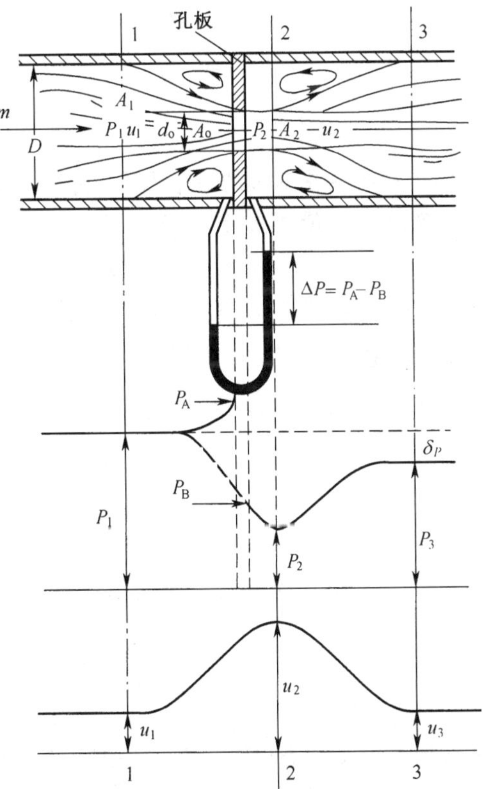

图 5-3　利用孔板测量流量示意图

为

$$\rho A_1 u_1 = \rho A_2 u_2 \tag{2}$$

式中，A_1 是截面 1 的流束面积，m^2，A_2 是截面 2 的流束面积（即缩脉面积），m^2。令 $A_2/A_0=\mu$（流束的收缩系数），A_0 为孔板的开孔截面积，m^2；$A_0/A_1=\nu$。

联立式(1)和(2)解得

$$u_2 = \frac{1}{\sqrt{1-\mu^2\nu^2+\xi}}\sqrt{2(p_1-p_2)/\rho} \tag{3}$$

因此，流过孔板的质量流量 m 为

$$m = \rho A_2 u_2 = \frac{\mu A_0}{\sqrt{1-\mu^2\nu^2+\xi}}\sqrt{2\rho(p_1-p_2)} \tag{4}$$

实际测量压力为 p_A 和 p_B 的压差 Δp，即

$$\sqrt{p_1-p_2} = \sqrt{\psi}\sqrt{p_A-p_B} \tag{5}$$

式中，$\sqrt{\psi}$为取压系数。所以，式(4)变成

$$m = \frac{\mu A_0\sqrt{\psi}}{\sqrt{1-\mu^2\nu^2+\xi}}\sqrt{2\rho(p_A-p_B)} = \alpha A_0\sqrt{2\rho(p_A-p_B)} \tag{6}$$

流量系数 α 由实验确定，通常 $\alpha=0.6\sim0.75$。

5.4.2 单相流动压降计算

1. 提升压降 Δp_G 计算

根据方程(5-11A)，Δp_G 为

$$\Delta p_G = \int_{z_1}^{z_2}\rho g\sin\theta\mathrm{d}z \tag{5-14}$$

假定压力变化对 ρ 的影响很小，且温度变化也不很大，则式(5-14)中的 ρ 可以用沿通道长度的算术平均值 $\bar{\rho}$ 来近似，于是式(5-14)积分得到

$$\Delta p_G = \bar{\rho}g(z_2-z_1)\sin\theta \tag{5-14A}$$

式中，z_1 和 z_2 分别为截面 1 和截面 2 的轴向坐标，m 。流体上升运动时 Δp_G 为正值。

2. 摩擦压降 Δp_F 计算

根据方程(5-11A)，Δp_F 为

$$\Delta p_F = \frac{\tau_W P_W}{A}\cdot\Delta z \tag{5-15}$$

定义

$$\tau_W = f'\frac{1}{2}\rho u^2 = \frac{f}{4}\cdot\frac{\rho u^2}{2} \tag{5-15A}$$

对于直径为 D 的等截面直圆管，$P_W=\pi D$，$A=\pi D^2/4$，则

$$\Delta p_F = \frac{\tau_W P_W}{A}\cdot\Delta z = \frac{\Delta z}{D}\cdot 4f'\cdot\frac{\rho u^2}{2} = \frac{\Delta z}{D}\cdot f\cdot\frac{\rho u^2}{2} \tag{5-15B}$$

式中，f'称为范宁摩擦因子，f 称为达西摩擦因子，$f=4f'$。摩擦因子与流体的流动类型（层流或湍流）、流动状态（定型或不定型）、受热情况（等温或不等温）、通道几何和表面粗糙度等因素有关。下面讨论摩擦因子 f 的计算方法。

(1) 等温流动的摩擦因子

1）圆形通道

流体在圆形通道内作定型层流流动时，其摩擦因子 f 可以根据速度分布用解析方法求得。圆形通道内层流速度分布表达式为

$$u_r = u_{\max}\left[1-\left(\frac{r}{R}\right)^2\right] = 2\bar{u}\left[1-\left(\frac{r}{R}\right)^2\right] \tag{5-16}$$

式中，$\bar{u}$ 为平均速度，其他符号如图 5-4 所示。

根据牛顿法则：

$$\tau_W = \mu\left(\frac{\partial u_r}{\partial y}\right)_{y=0} \tag{5-17}$$

由摩擦因子 f 的定义有

$$f = \frac{8\tau_W}{\rho\bar{u}^2} \tag{5-18}$$

利用式(5-18)、(5-17)和(5-16)可得

$$f = \frac{8\tau_W}{\rho\bar{u}^2} = \frac{8\mu}{\rho\bar{u}^2}\cdot 2\bar{u}\cdot\frac{2R}{R^2} = \frac{64}{\rho\bar{u}D/\mu} = \frac{64}{Re} \tag{5-19}$$

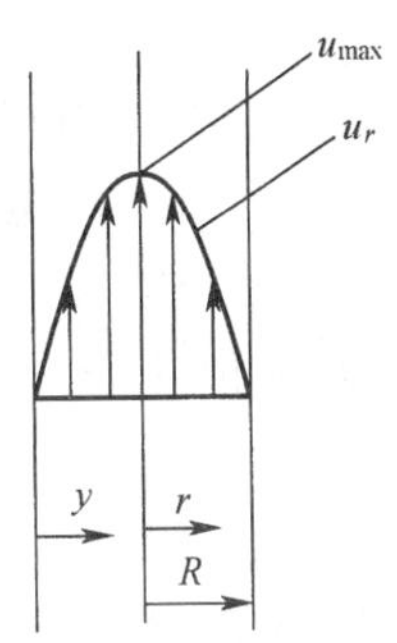

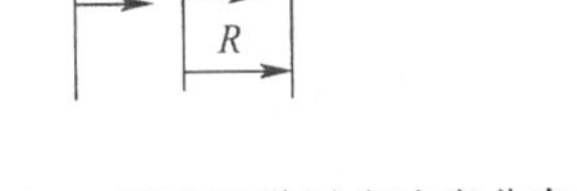

图 5-4　圆形通道层流速度分布

式中，Re 是雷诺数，$Re=\rho\bar{u}D/\mu=GD/\mu$；式(5-19)适用于 $Re<2\ 300$。

流体在圆形通道内作定型湍流流动时，其速度分布常使用 Martinelli 通用速度分布（三层结构）：

$$u^+ = \begin{cases} y^+ & \text{当 } y^+\leqslant 5 \text{ 时，层流底层；} \\ -3.05+5\ln y^+ & \text{当 } 5<y^+\leqslant 30 \text{ 时，过渡层；} \\ 5.5+2.5\ln y^+ & \text{当 } y^+>30 \text{ 时，湍流核心。} \end{cases} \tag{5-20}$$

式中，$u^+=\dfrac{u_r}{u^*}$；$y^+=\dfrac{yu^*\rho}{\mu}$；$u^*=\left(\dfrac{\tau_W}{\rho}\right)^{1/2}$。图 5-5 示出圆形通道内的湍流速度分布。

Nikurads 从上面通用速度分布导得达西摩擦因子 f 为

$$\frac{1}{\sqrt{f}} = 2.035\cdot\lg(Re\sqrt{f})-0.91 \tag{5-21}$$

Nikurads 由其实验数据整理的实验公式为

$$\frac{1}{\sqrt{f}} = 2.0\cdot\lg(Re\sqrt{f})-0.8 \tag{5-22}$$

公式(5 22)可以简化为下面近似式：

$$f = (1.82\lg Re-1.64)^{-2} \tag{5-22A}$$

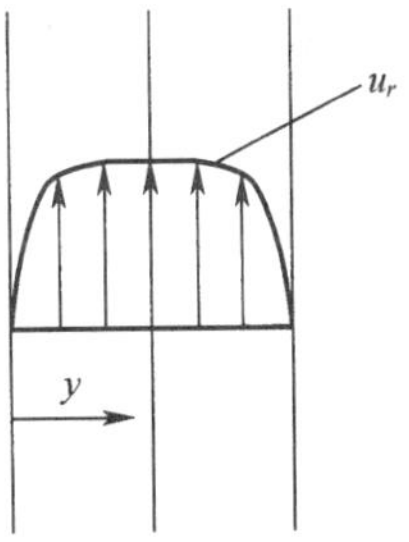

图 5-5　圆形通道内湍流速度分布

上面公式的适用范围是：$10^4\leqslant Re\leqslant 3.4\times10^6$。

湍流摩擦因子常使用由水力实验测量数据整理的经验关系式来计算。下面给出几个常用的公式。

对于通道表面光滑的圆形通道内定型湍流流动：

McAdams 公式：

$$f=\frac{0.184}{Re^{0.2}} \tag{5-23}$$

公式的适用范围是：$3\times10^4<Re<10^6$。

Blausius 公式：

$$f=\frac{0.3164}{Re^{0.25}} \tag{5-24}$$

公式的适用范围是：$2\,300<Re<10^5$。

对于通道表面相对粗糙度为 ε/D 的圆形通道内定型湍流流动，Cole-Brook 给出关系式为：

$$\frac{1}{f^{1/2}}=-2.0\cdot\lg\left(\frac{\varepsilon/D}{3.70}+\frac{2.51}{Re\cdot f^{1/2}}\right) \tag{5-25}$$

式中，ε 是通道表面的绝对粗糙度，其典型数值如下：

冷拉管，$\varepsilon=0.001\,5$ mm；（动力堆燃料元件包壳的粗糙度类似于冷拉管）

工业用钢管，$\varepsilon=0.046$ mm；

镀锌铁管，$\varepsilon=0.15$ mm；

铸铁管，$\varepsilon=0.26$ mm。

Cole-Brook 公式的适用范围是 $Re>4\,000$ 的整个湍流区。另外，该公式不仅适用于粗糙管，也适用于光滑管。

式(5-25)中的 f 为隐函数，运算不方便。对于粗糙圆形通道，在湍流区也可使用下面的经验公式：

$$f=0.0055\left[1+\left(20\,000\frac{\varepsilon}{D}+\frac{10^6}{Re}\right)^{1/3}\right] \tag{5-26}$$

图 5-6 示出了莫迪(Moody)摩擦因子曲线图。该曲线图仅适用于等温或者接近等温的流动。

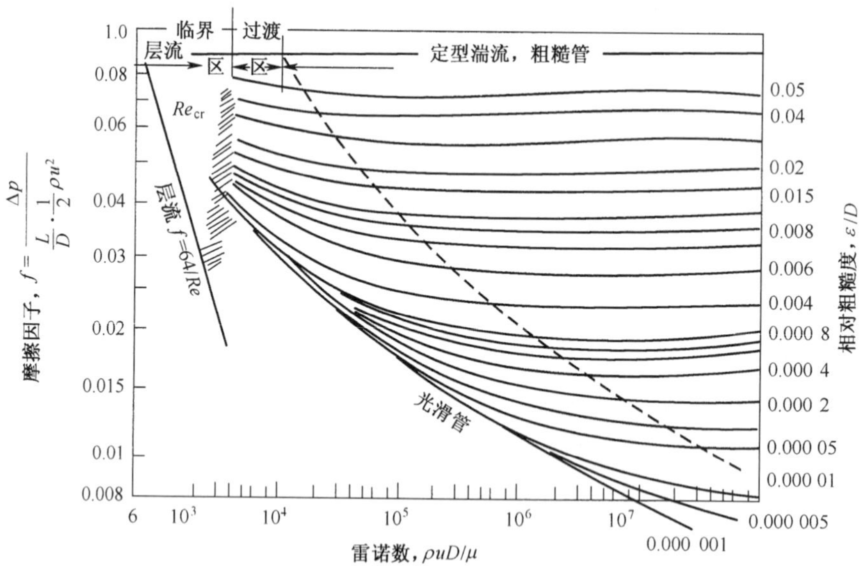

图 5-6 莫迪摩擦因子曲线图

Moody 曲线可以分成三区：光滑管区、粗糙管区和完全粗糙管区。

光滑管区：是图 5-6 的底部曲线，其达西摩擦因子 f 只是雷诺数 Re 的函数，即 $f=f(Re)$。例如 McAdams 和 Blausius 等公式；

粗糙管区：是图 5-6 的虚线左边的部分（虚线的方程为$\frac{D/\varepsilon}{Re\sqrt{f}}=0.005$），其达西摩擦因子 f 是雷诺数 Re 和管壁相对粗糙度 ε/D 的函数，即 $f=f(Re,\varepsilon/D)$。例如 Cole-Brook 公式；

完全粗糙管区：也叫阻力平方区或自模区，是图 5-6 的虚线右边的部分，其达西摩擦因子 f 只是管壁相对粗糙度 ε/D 的函数，即 $f=f(\varepsilon/D)$。例如，$\frac{1}{\sqrt{f}}=2\lg\frac{D}{\varepsilon}+1.14$，其适用范围是$\frac{D/\varepsilon}{Re\sqrt{f}}\geqslant 0.005$。

2）非圆形通道

非圆形通道的层流摩擦因子，具有和圆形通道相似的数学表达式，其普遍关系式为

$$f=\frac{C}{Re} \tag{5-27}$$

式中的常数 C 和通道截面的几何形状有关，对于几种典型通道的 C 值列于表 5-1 中。

表 5-1　几种非圆形通道的常数 C 值

通道横截面形状		C 值	等效直径 D_e
正方形，边长为 a		57	a
等边三角形，边长为 a		53	$0.58a$
环形，宽度为 a		96	$2a$
长方形边长为 a 和 b	$a/b=0.1$	85	$1.81a$
	$a/b=0.2$	76	$1.67a$
	$a/b=0.25$	73	$1.60a$
	$a/b=0.5$	52	$1.30a$

如果利用非圆形通道的等效直径 D_e 来代替圆形通道摩擦因子计算公式中的直径 D，那么就可以应用圆形通道摩擦因子公式来计算非圆形通道的摩擦因子，或者从莫迪曲线图中查得 f。

虽然在非圆形通道中计算时使用了等效直径 D_e，但是仍不能完全消除通道几何形状对摩擦因子造成的影响。实验数据表明，在雷诺数相同的情况下，非圆形通道的 f 值和圆形通道的 f 值不完全一样。对于光滑管道，若雷诺数的范围在 $10^4<Re<2\times10^5$，则实验得到的三角形横截面通道的 f 值要比从莫迪曲线图查得的 f 低 3%，而实测得到的正方形通道的 f 值要比从莫迪曲线图查得的 f 低 10%。沿棒状燃料元件组件的纵向流动，属于平行流过光滑棒束的流动，这时的 f 值不仅与雷诺数和栅格的排列形式有关，而且还与棒间距 P 和棒直径 d 之比（即节径比 P/d）有关。

迄今为止，虽然对流过棒状燃料元件组件的摩擦压降做了大量的实验研究，但是由于实验都是在特定条件下进行的，受到棒的数目、直径、长度、节径比 P/d 以及运行工况的限制，因而所得到的经验公式往往带有较大的局限性，远不能包括反应堆工程领域内可能遇到的多种多样的情况。表 5-2 列出了几个在特定条件下计算棒束摩擦因子 f 的经验公式。在缺少可靠数据的情况下，通常也可以采用计算圆形通道摩擦因子的公式来估算棒束的摩擦因子。但是必须把圆形通道的直径 D 改换成棒束的等效直径 D_e。精确的摩擦因子值，只有通过实验才能得到。

表 5-2 几个计算棒束摩擦因子 f 的经验公式

作者和年份	$f=CRe^{-N}+M$			适用范围
	C	N	M	
Miller 1956	0.296	0.2	0	37 根棒的棒束，三角形排列，$d=15.8$ mm，$P/d=1.46$
Le Tourneau 1957	0.163～0.184	0.2	0	正方形排列，$P/d=1.12\sim1.20$ 三角形排列，$P/d=1.12$，$Re=3\times10^3\sim10^5$
Wantland 1957	1.76	0.39	0	100 根棒的棒束，正方形排列，$d=4.8$ mm，$P/d=1.106$，$Pr=3\sim6$，$Re=10^3\sim10^4$
	90	1	0.008 2	102 根棒三角形排列棒束，$d=4.8$ mm，$P/d=1.19$，$Pr=3\sim6$，$Re=2\times10^3\sim10^4$

(2) 非等温流动的摩擦因子

前面介绍的计算摩擦因子公式和莫迪曲线图，只能适用于等温流动，即在流体流动中通道横截面上各点的流体温度都保持一致且沿程不变。但在有热交换的地方(如反应堆堆芯和蒸汽发生器)，流体被加热或被冷却。在这种情况下，流体的温度不仅沿横截面上改变，而且沿流程也发生变化，这就是非等温流动。随着热量的传递，在紧贴通道壁面的边界层内出现了很大的温度梯度。在流体被加热时，靠近壁面处的温度比主流体温度高，对于水其黏度变小，对于蒸汽其黏度变大；当流体被冷却时，情况恰好相反。

考虑到边界层内流体黏度的改变对摩擦压降所产生的影响，式(5-15B)在用于非等温流动的计算时，需要作适当的修改。在修改时要考虑两个方面：一是摩擦因子本身的修改；二是要顾及流体从进口到出口温度变化而引起流体物性的变化。顾及温度改变的影响所采取的办法是：用主流体平均温度来计算流体的物性参量。主流体平均温度 $\overline{T}_f$ 为

$$\overline{T}_f=\frac{T_{f,in}+T_{f,ex}}{2} \tag{5-28}$$

式中，$T_{f,in}$是流体进口温度，$T_{f,ex}$是流体出口温度。

对于液体，非等温流动湍流摩擦因子大多采用西德尔—塔特(Sieder-Tate)所建议的方程来计算。该方程如下：

$$f_{no} = f_{iso}\left(\frac{\mu_W}{\mu_f}\right)_n \tag{5-29}$$

式中：

f_{no}—— 非等温流动的摩擦因子；

f_{iso}—— 用主流体平均温度计算的等温流动的摩擦因子；

μ_W—— 按壁面温度计算的流体黏度，Pa·s；

μ_f—— 按主流体平均温度计算的流体黏度，Pa·s。

对于油类加热流动，麦克亚当斯推荐 $n=0.14$；对于压力为 10.34～13.79 MPa 的水，罗森诺(Rohsennow)和克拉克(Klark)实验数据整理的公式，$n=0.6$。

由于液态金属的热导率高、黏度低的特点，所以在冷却与加热时，边界层内的流体温度与主流体温度相差很小。对于这种情况，在计算液态金属的摩擦因子时，可以按等温工况考虑。

虽然已对气体非等温流动的压力损失进行了广泛的研究，但是至今尚未找到一个普遍适用的计算摩擦因子的关系式。对于通道内定型湍流流动，泰勒(Taylor)推荐用下式计算局部或平均摩擦因子 f：

$$f = 0.0028 + \left(\frac{0.25}{Re_S^{0.32}}\right)\left(\frac{T_f}{T_W}\right)^{0.5} \tag{5-30}$$

式中，Re_S 是修正表面雷诺数，在计算它时，流体的密度是用主流体温度 T_f(K) 取值，而流体黏度是用通道的壁面温度 T_W(K) 取值。当 $Re_S > 3\ 000$，$0.35 < \frac{T_W}{T_f} < 7.35$，$L/D = 21 \sim 200$ 时，上述关系式所给出的 f 值，其误差在 $\pm 10\%$ 的范围内。

(3) 通道进出口长度对摩擦因子的影响

上面所给出的计算摩擦因子 f 的关系式都是对定型流动(层流和湍流) 的。进入通道内的流体是不会立刻达到定型流动的，而是要在通道内流过足够长的路程之后才能达到定型流动。从入口到达到定型流动这段长度称为进口长度或稳定段。在进口长度内，流体的流动性质和流体的速度分布都要发生变化。下面以流体作湍流流动为例，简单讨论通道进口长度对摩擦因子的影响。

如图 5-7 所示，流体从很大的空间以流速 u 进入具有直角边缘的通道，这时在该通道进口截面上的流速将保持常数。但在进入通道以后，由于摩擦力的作用，靠近壁面处流体速度将逐渐减小，并在紧贴壁面的地方形成层流边界层。由于流体的流量是一定的，因而通道中心部分湍流核心的流体速度将逐渐增大，及至流体达到自进口边缘算起的某一距离 L 之后，边界层的流动也随之过渡到湍流状态。这时只在紧贴壁面处保持一个层流底层。此后主流继续发展，直到在距离 L_e 处流体的速度分布曲线转变为稳定流动的形式时为止。从该处起流体便进入定型流动。不论通道进口截面上流体速度分布情况如何，达到定型流动的过程都是一样的。与

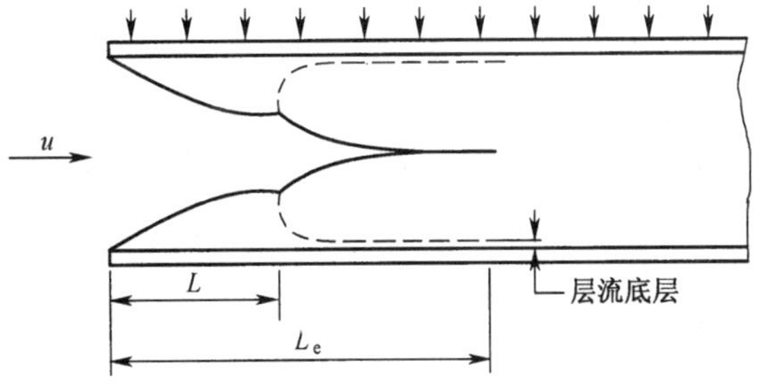

图 5-7　进口段对流速分布的影响

定型流动相对应，通常把进口长度内的流动称为未定型流动。

在进口长度内，流体的流动尚未定型，这时流体的摩擦阻力要比定型流动的摩擦阻力大。这是因为：(1) 在进口处速度分布是近乎均匀的，因而在紧贴壁面的边界层内形成很大的速度梯度，由此导致很大的壁面剪切力；(2) 速度自进口处的近乎均匀分布转变为稳定分布增加了流体的动量通量，因此不能用定型流动的摩擦因子计算进口长度内的摩擦压降。在进行具体的摩擦因子计算时，必须弄清楚所要计算的摩擦压降是定型流动还是未定型流动。如果忽略这点，可能会给计算结果带来较大的误差。

根据大量的实验结果，得出了流体达到定型流动时的进口长度 L_e 值：对于湍流流动，$L_e \approx 40D$，其中 D 是通道直径；对于层流流动，$L_e = 0.0288DRe$。

在通道出口的一定长度内，也存在着和进口长度相类似的流动状态，它同样会增大摩擦压降。

对于未定型流动的摩擦压降，目前还没有可供计算用的精确公式，通常需要由实验给出结果。不过当通道长度与等效直径之比大于 100 时，就可以按定型流动来计算通道全长上的摩擦压降。由此引起的误差不会很大。

3. 加速度压降 Δp_A 计算

由方程(5-11A)得

$$-\mathrm{d}p_A = \frac{1}{A}\mathrm{d}\left(\frac{AG^2}{\rho}\right)$$

根据连续性方程 AG＝常数，所以有

$$-\mathrm{d}p_A = G^2\mathrm{d}\left(\frac{1}{\rho}\right) - \frac{G^2}{A\rho}\mathrm{d}A \tag{5-31}$$

由式(5-31)可见，加速度压降由两部分组成，第一部分是由流体密度 ρ 沿通道长度 z 的变化而引起的加速度压降。密度的变化是由于加热或冷却流体以及压力变化使流体膨胀或压缩而引起的；第二部分是由于通道横截面积 A 沿通道长度 z 的变化(连续变化或者突然变化)而引起的加速度压降。

对于等截面通道，A = 常数(G = 常数)，其加速度压降为

$$\Delta p_{A(1)} = G^2\left(\frac{1}{\rho_2} - \frac{1}{\rho_1}\right) \tag{5-31A}$$

对于密度 ρ 等于常数的变截面通道，其加速度压降为

$$\begin{aligned}\Delta p_{A(2)} &= \int_{A_1}^{A_2} -\frac{G^2}{A\rho}\mathrm{d}A = \frac{1}{\rho}\int_{A_1}^{A_2} -\frac{m^2}{A^3}\mathrm{d}A = \frac{m^2}{\rho}\int_{A_1}^{A_2} -\frac{1}{A^3}\mathrm{d}A \\ &= \frac{m^2}{2\rho}\left(\frac{1}{A_2^2} - \frac{1}{A_1^2}\right) = \frac{1}{2\rho}(G_2^2 - G_1^2) = \frac{\rho}{2}(u_2^2 - u_1^2)\end{aligned} \tag{5-31B}$$

4. 形阻压降 Δp_C 计算

当流体流经截面突然变化(扩大或缩小)的局部地区或者流经弯管、接头、阀门、定位格架、孔板等时，会出现由于涡流、碰撞、转向等而造成的集中压力损失(不可逆损失)以及由于局部速度变化而引起的集中加速度压降，称这两部分压降之和为局部压降，称第一部分不可逆压力损失为形阻压降。形阻压降 Δp_C 的定义为

$$\Delta p_C = \xi\frac{\rho u^2}{2} \tag{5-32}$$

式中，ξ 为形阻系数，一般由实验确定。只有在个别情况下，例如截面突然扩大或缩小，才能由理论分析导得 ξ。关于形阻压降的实验研究，绝大多数对于湍流流动，很少涉及层流流动。因此，下面只讨论湍流流动时的形阻压降。

(1) 截面突然扩大

图 5-8 表示流体流过水平通道截面突然扩大，由于截面 1-1 和截面 2-2 之间的距离很短，所以可以忽略沿程摩擦压降，流体流过这段通道时的伯努利方程式(5-13B)可以简化成

$$p_1 - p_2 = \frac{\rho}{2}(u_2^2 - u_1^2) + \Delta p_{C,E} \quad (5\text{-}33)$$

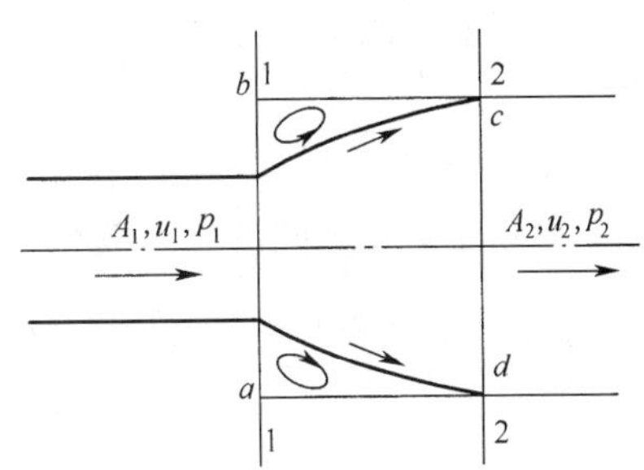

图 5-8　流通截面突然扩大

式中，等号右边第一项为局部加速度压降，它相当于式(5-31B)；第二项为截面突然扩大的形阻压降，这一项可以通过与动量守恒方程和连续性方程联合求得。从流体中取出 abcd 所包围的一块单元体，这块流体沿流动方向的动量守恒方程为

$$p_1 A_1 + p_1(A_2 - A_1) - p_2 A_2 = m(u_2 - u_1) \quad (5\text{-}34)$$

式中的 $p_1(A_2 - A_1)$ 为环形面积的通道壁对流体的反作用力，实验证明，环形面积上的流体压力接近 p_1；m 是通道的质量流量，kg/s。通道内的连续性方程为

$$A_1 u_1 \rho = A_2 u_2 \rho = m \quad (5\text{-}35)$$

式中，$A_1 u_1$ 和 $A_2 u_2$ 分别为截面 1-1 和截面 2-2 处的通道面积和流速。

把式(5-35)代入式(5-34)可以得到

$$p_1 - p_2 = \rho(u_2^2 - u_1 u_2) \quad (5\text{-}36)$$

式(5-33)减去式(5-36)得

$$\Delta p_{C,E} = \rho(u_2^2 - u_1 u_2) - \frac{\rho}{2}(u_2^2 - u_1^2) \quad (5\text{-}37)$$

再简化得

$$\Delta p_{C,E} = \frac{\rho u_2^2}{2} - \rho u_1 u_2 + \frac{\rho u_1^2}{2} = (1 - \frac{u_2}{u_1})^2 \cdot \frac{\rho u_1^2}{2} \quad (5\text{-}38)$$

因为 $A_1 u_1 = A_2 u_2$，所以上式变成

$$\Delta p_{C,E} = \left(1 - \frac{A_1}{A_2}\right)^2 \cdot \frac{\rho u_1^2}{2} = \xi_E \frac{\rho u_1^2}{2} = \left(\frac{1}{A_1} - \frac{1}{A_2}\right)^2 \cdot \frac{m^2}{2\rho} \quad (5\text{-}39)$$

式中，$\xi_E = \left(1 - \frac{A_1}{A_2}\right)^2$ 称为通道突然扩大的形阻系数，也叫博尔达(Barda) 卡诺(Carnor)系数。把式(5-39)的 $\Delta p_{C,E}$ 代入式(5-33)整理后得到

$$p_1 - p_2 = \left[\left(\frac{A_1}{A_2}\right)^2 - \left(\frac{A_1}{A_2}\right)\right] \cdot \rho u_1^2 = \left(\frac{1}{A_2^2} - \frac{1}{A_1 A_2}\right) \cdot \frac{m^2}{\rho} \quad (5\text{-}40)$$

因为 $A_1 < A_2$，所以方程(5-40) 等号右边为负值。这表明 $p_1 < p_2$，即流体流过一个截面突然扩大的通道时，产生一个负压降，也就是说，流体的静压有一个升高。

(2) 截面突然缩小

图 5-9 表示流体流过水平通道截面突然缩小。从图中看到，流体在流入小截面的通道

后，流线断面先行收缩，形成一个面积为 A_0 的缩脉断面（截面 0-0 处），然后再扩大到面积 A_2。在大通道面积末端和收缩处都有涡流产生，因而突然收缩的形阻压降是流体从截面 A_1 逐渐收缩成 A_0，然后再扩大为 A_2 时产生的。

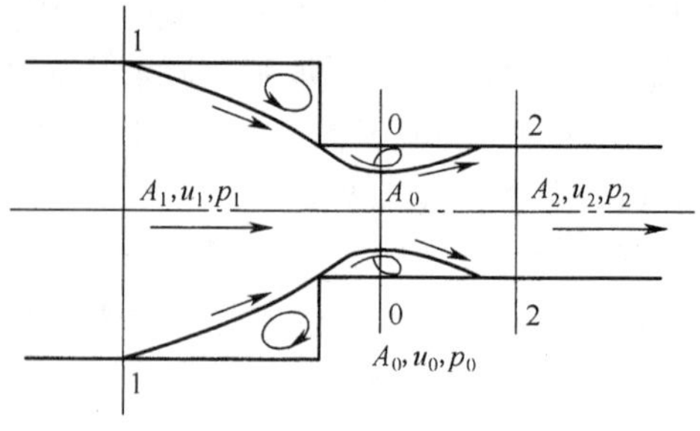

图 5-9 流通截面突然缩小

和方程(5-33)一样，可以写出流体在截面 1-1 和截面 2-2 之间的压力变化为

$$p_1 - p_2 = \frac{\rho}{2}(u_2^2 - u_1^2) + \Delta p_{C,C} \tag{5-41}$$

式中的 $\Delta p_{C,C}$ 为突然缩小的形阻压降。该压力损失项可以按类似式(5-32)的形式写成

$$\Delta p_{C,C} = \xi_C \frac{\rho u_2^2}{2} \tag{5-42}$$

对于通道截面突然缩小的形阻压降，习惯上用下游速度（大速度）表示。式中 ξ_C 称为突然缩小形阻系数，一般表示成

$$\xi_C = a\left[1 - \left(\frac{A_2}{A_1}\right)^2\right] \tag{5-43}$$

式中，a 是一个无量纲经验系数，其值在 0.4 ～ 0.5 之间，本教材取 0.4。把 $\Delta p_{C,C}$ 和 ξ_C 的表达式代入式(5-41)得

$$p_1 - p_2 = \frac{\rho(u_2^2 - u_1^2)}{2} + 0.4 \times \left[1 - \left(\frac{A_2}{A_1}\right)^2\right] \cdot \frac{\rho u_2^2}{2} \tag{5-44}$$

再应用连续性方程(5-35)，可以把式(5-44)化简成

$$p_1 - p_2 = 0.7 \times \left(\frac{1}{A_2^2} - \frac{1}{A_1^2}\right) \cdot \frac{m^2}{\rho} \tag{5-45}$$

因为 $A_2 < A_1$，所以方程(5-45)等号右边为正值。这表明 $p_2 < p_1$，即流体流过一个截面突然缩小的通道时，产生一个正压降，也就是说，流体的静压有一个降低。

(3) 弯管、接头和阀门等

流体在流经系统中的弯管、接头和阀门等时也会产生集中压力损失。为了计算回路系统的总压力损失，还应该给出这些局部的形阻压降。由于造成局部压力损失的水力现象的实质是一样的，可以认为各种局部压力损失的计算公式都有相同的形式，即

$$\Delta p_C = \xi \frac{\rho u^2}{2} \tag{5-32}$$

式中的形阻系数 ξ 对于各种具体情况由实验测定。附录 Ⅳ 中列出了弯管、接头和阀门等的形阻系数。必须指出，ξ 是对应于各该局部某一速度而言的，因此在选用 ξ 时，应该注意它与速度之间的关系，与 ξ 相应的这一速度在附录 Ⅳ 中都已标明。

(4) 燃料组件定位件

在棒状燃料元件组件的设计中，为了保持所需要的栅距以及防止反应堆运行过程中产生振动和弯曲，通常在相邻的棒状燃料元件之间沿流动方向安装适当数量的定位件。定位件的形式是多种多样的，可以把它们归并为两类：1) 不同几何形状的横向定位架；2) 缠绕

在单棒上的螺旋形定位绕丝。图 5-10 是这两类典型定位件的示意图。由于定位架和定位绕丝在结构上以及在棒束上安放的位置各不相同，因此，通常采用两种不同的方法来计算它们的压力损失。

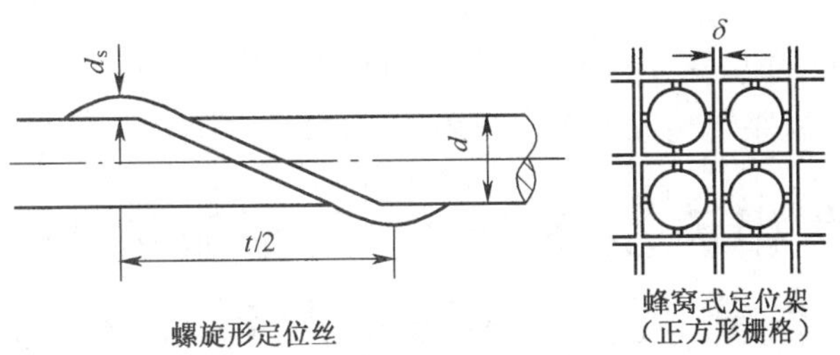

图 5-10　典型的燃料元件组件定位件

流体流过定位架的压力损失，属于流通截面突然变化的情况。然而，由于定位架的结构比较特殊，采用截面突然缩小和突然扩大两个连续变化来计算它们的压力损失并不十分准确，因此往往依靠实验来确定。

在用绕丝作定位件的棒束中，定位绕丝是沿着每一根棒的全高度上缠绕的，显然所产生的压力损失也应该是沿着棒束组件的全部高度上的分布。有作者用修正棒束组件摩擦因子的方法，把冷却剂流过定位绕丝所产生的压力损失归并在摩擦压力损失项中。

有关燃料组件定位件的压力损失计算，请读者参阅有关文献[1]。

例题 5-1

水在某段 L 长的圆管内作等温湍流流动，如果水的物性保持不变，将水的质量流量 m 和管内径 D 都减小到原来的 1/2，试用伯拉休斯(Blausius)摩擦系数公式分析该段圆管的摩擦压降 Δp_F 是否发生变化。如果变化，Δp_F 将变成原来的多少倍？

解：Δp_F 发生变化。因为

$$\Delta p_F = f \cdot \frac{L}{D} \cdot \frac{\rho u^2}{2} = \frac{c}{\left(\frac{\rho u D}{\mu}\right)^{0.25}} \cdot \frac{L}{D} \cdot \frac{\rho u^2}{2} = \frac{c_1 u^{1.75}}{D^{1.25}} = \frac{c_2 m^{1.75}}{D^{4.75}} \quad 所以$$

$\dfrac{\Delta p_F}{\Delta p_{F,0}} = \dfrac{2^{4.75}}{2^{1.75}} = 2^3 = 8$，即 Δp_f 变成原来的 8 倍。

例题 5-2

设流量 $m=3.5$ kg/s 的液体流过一水平光滑渐扩管，已知该渐扩管的截面 1 上的平均压力 $p_1=1\times10^5$ Pa，截面 1 和 2 的流通面积分别为 $A_1=0.7\times10^{-3}$ m^2，$A_2=2\times10^{-3}$ m^2，如果忽略该渐扩管的摩擦和形阻压降，试求截面 2 上的平均压力 p_2。设液体密度 $\rho=990$ kg/m^3。

解：将伯努利方程(5-13B)用于此题，即 $\rho g\Delta z = 0$，$\rho\Delta E = 0$，所以得

$$p_1 + \frac{1}{2}\rho u_1^2 = p_2 + \frac{1}{2}\rho u_2^2 \tag{1}$$

流体的连续性方程为 $m = \rho u_1 A_1 = \rho u_2 A_2$　　(2)

将方程(2)代入方程(1)得：

$$p_1+\frac{m^2}{2\rho A_1^2}=p_2+\frac{m^2}{2\rho A_2^2},\text{即}$$

$$p_2=p_1+\frac{m^2}{2\rho}\left(\frac{1}{A_1^2}-\frac{1}{A_2^2}\right)=1\times10^5+\frac{3.5^2}{2\times990}\left[\frac{1}{(0.7\times10^{-3})^2}-\frac{1}{(2\times10^{-3})^2}\right]$$

$$p_2=1\times10^5+0.1108\times10^5=1.111\times10^5\ \text{Pa}。$$

该题说明动压的减小转化成静压的升高。

5.5 两相流基本概念、两相流流型、两相流特性参量、含汽率在沸腾通道内的分布

5.5.1 两相流基本概念

相是具有相同成分和相同物理、化学性质的均匀物质部分，如液相、气(汽)相和固相等。两相流动是指同时存在着两个相并具有明确的相间分界面的流体流动，例如，气—液两相流，气—固两相流和液—固两相流等。两相流动可分为单组分和双组分两相流。同一物质的两个相的流动，如水和水蒸气构成的汽—水两相流动，称为单组分两相流；两种不同物质的两相流动，如水和空气构成的气—水两相流动，称为双组分两相流。

两相流还可以分为非绝热和绝热两相流，即以流动过程中是否与外界有热量的交换来区分。例如在水管式蒸汽发生器的上升管内以及在沸水堆燃料元件之间的冷却剂通道内，都属于非绝热汽液两相流。在采用液体冷却剂的反应堆内，当流动着的冷却剂有一部分发生相变时(从液相变为汽相)，也会出现汽液两相流，例如在压水堆内，在正常运行工况下，通常允许燃料元件表面发生欠热泡核沸腾以及在最热通道内发生饱和泡核沸腾；在事故工况下则有更多的冷却剂通道发生各种沸腾。在这些工况下，冷却剂的流动就由原来的单相流变成了两相流。

空气—水的流动则属于绝热两相流。

两相流的流动状态和规律，与它们单独流动(单相流)时有许多不同。这主要是由于两个相的分布状况和相界面的存在造成的。两个相的存在，除了它们与外界界面发生作用(例如与壁面发生力的作用和能量的交换)之外，在两相界面之间还发生着质量、动量和能量的交换。另外，两个相的分布状况是多种多样的。两相流的存在明显地改变了冷却剂的流动特性和传热特性，伴随相变所产生的汽泡还会减弱冷却剂的慢化能力。因此，两相流的研究对水冷反应堆系统的设计和运行是非常重要的。

两相流动的研究方法是以实验为基础，根据流体力学理论建立两相流模型。实验一般可分为实参量实验和模化实验。前者在实际使用的参量值下用实际的介质做实验；后者用模拟介质在较低参量值下进行实验。流体力学理论主要以质量、动量和能量守恒规律建立的方程组为依据，再加上流体的状态方程。

目前，两相流的许多运动规律主要是依靠实验数据整理出来的经验关系式来表达，它们有一定的局限性，只能适用于实验的条件和参量下。而且，即使在相近的实验条件下，不同的研究者所整理出的关系式也不尽相同。例如，现有的空泡份额和两相摩擦压降的关系式

很多,但计算结果却相差较大,甚至没有一个公认为准确的关系式。这方面的研究有待进一步改善。

压水堆是目前动力堆最主要的堆型,因此本教材主要讲述汽—水两相流动。

5.5.2 两相流的流型

与单相流相似,研究两相流的最终目的是要在沸腾系统中确定在一种给定流动工况下的传热特性、压降特性和由于两相的存在可能引起的流动不稳定性。为此必须首先弄清楚沸腾通道内可能存在的沸腾形式,以及发生这些沸腾的准确位置。对于非平衡态模型来说,在垂直加热的沸腾通道内大都存在三个区段,即(1) 单相流区段(不沸腾段);(2) 欠热泡核沸腾区段;(3) 饱和泡核沸腾区段(见第 3 章图 3-7)。图 3-7 同时还标出了该通道内的流动型式。不沸腾区段的长度就是从通道进口到冷却剂开始发生欠热泡核沸腾的那段长度,而从欠热泡核沸腾开始点(ONB)到冷却剂液相温度达到饱和温度点之间的距离称为欠热沸腾区段的长度,饱和沸腾开始点以后的部分称为饱和沸腾区段的长度。在一个沸腾通道内,可能存在的具体区段主要由冷却剂在通道进口处的焓值、冷却剂流量和通道的加热方式三者来决定。欠热泡核沸腾开始点(ONB)和饱和沸腾开始点的确定方法已在第 3 章中作了介绍,这里不再重复。

在受热通道中,汽水混合物的汽相和液相同时流动,可以形成各式各样的形态,即所谓流动结构,这些流动结构通常就称为流型。确定两相流的流型与在单相流中区别层流还是湍流是同样重要的。因为在两相流中,流型与系统压力、流量、含汽率、壁面热流密度以及通道几何形状和流动方向等因素有关,流型的变更通常表征着动量传递和传热特性的改变,因而不同的流型在通道内就会形成不同的流动工况,产生不同的流动压降,不同的传热方式和不同的沸腾临界。

尽管人们对两相流的研究已经积累了丰富的经验,但对流型的划分和命名,特别是鉴别从一种流型过渡到另一种流型的条件,直到目前还没有形成统一的看法,往往因人而异。虽然如此,但在垂直均匀加热的通道中,一般公认,随着含汽率的增加,相继出现四种主要的汽—液两相流型,见图 5-11。

(1) 泡状流

汽相以分离的大小不同、形状近乎球形的汽泡弥散在连续的液相中,汽液两相同时沿通道流动。这种流动结构一般发生在欠热泡核沸腾区和低含汽率的饱和泡核沸腾区。它占汽—液两相流动的相当大范围。

(2) 弹状流

也称塞状流或块状流,它是弹形大气泡和块状液团在通道中交替出现的流动。这种流型实际上是泡状流向环状流的过渡阶段,因此弹状流是一种不稳定的过渡流动。它一般出现在中等空泡份额的饱和沸腾区和相对低的流速条件下。

(3) 环状流

在这种流型中,液相在管壁上形成一个环形的连续的膜状流动,而连续的汽相则在通道中心部分流动,在液环中可能弥散着汽泡,在汽核中夹带着液滴。在液膜和汽核之间存在着一个波动交界面。这种流动结构出现在高含汽率区和高流速下。它在两相流中所占的范围最大,和泡状流一样是典型流型。如果汽相沿着壁面呈环形连续流,而液相在中心部分流

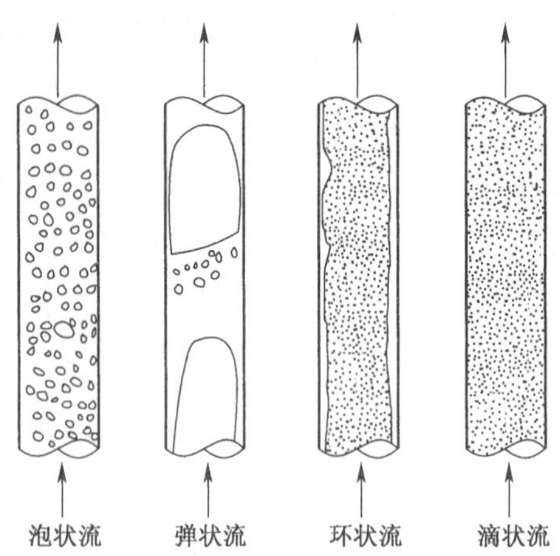

图 5-11 垂直加热通道中典型的汽—液两相流型

动，则称这种流动结构为反环状流，它是环状流的一个特例，这种流型只出现在欠热的稳定膜态沸腾工况。

(4) 滴状流

又称雾状流，在这种流型中，通道中的液体变成许多细小的液滴悬浮在蒸汽主流中随蒸汽流动。而且越接近通道出口，液滴的数量越少，液滴的尺寸也越小，直到形成但单相蒸汽为止。

5.5.3 描述两相流的特性参量

两相流系统中流动压降计算、传热计算、流动稳定性分析等，除了要涉及具体流型之外，还必须涉及通道中每一处两相各自的流动参量和两相相互关联的参量。

对于两相流来说，通道中各点的流体的状况随时间而发生连续的变化，有时是液相，有时是汽相，即对某一相来说，在时间域上是不连续的。虽然在某一瞬时，两相的行为仍然遵循质量守恒、动量守恒和能量守恒定律，但是不连续现象的存在，大大增加了建立和求解这些方程的困难。为了便于分析，在两相流中采用了类似于单相流中处理湍流流动所采用的方法，即用各个相的各物理量的时间平均值来代替其瞬时值，这样避开了因相的不连续所带来的困难，使不连续的两相流场变成一种类似单相介质流动的“连续流场”。实际证明，在大多数场合下，利用这一概念来处理有关两相流问题，给出的结果是令人满意的。

对于管内一维两相流动(即一维一速度模型和一维两速度模型)，下面两相流参量都是指截面平均和时间平均，并都省去平均运算符号。

1. 含气(汽)率

含气(汽)率表示两相流中气(汽)相所占的份额，它有如下 3 种表示法：

(1) 质量含气(汽)率 x(即真实含气率)

质量含气率是指流过某一通流截面的气(汽)— 液两相流总质量流量 m 中，气(汽) 相质量流量 $m_G(=A_G\rho_G u_G)$ 所占的份额，用下式表达：

$$x=\frac{m_G}{m}=\frac{m_G}{m_G+m_L} \tag{5-46}$$

式中，$m_L(=A_L\rho_L u_L)$ 是液相质量流量。质量流量的单位是 kg/s。显然，

$$1-x=\frac{m_L}{m}=\frac{m_L}{m_L+m_G} \tag{5-46A}$$

称为质量含液率。

这里，A_G 和 A_L 分别为气相和液相所占的横截面积，m^2；ρ_G 和 ρ_L 分别为气相和液相的密度，kg/m^3；u_G 和 u_L 分别为气相和液相的真实相平均速度，m/s。

(2) 体积含气(汽)率 β

体积含气率是指流过某一通流截面的气(汽)—液两相流总体积流量 Q 中，气(汽)相体积流量 $Q_G(=A_G u_G)$ 所占的份额，用下式表达：

$$\beta=\frac{Q_G}{Q}=\frac{Q_G}{Q_G+Q_L} \tag{5-47}$$

式中，$Q_L(=A_L u_L)$ 是液相体积流量(m^3/s)。显然，

$$1-\beta=\frac{Q_L}{Q}=\frac{Q_L}{Q_L+Q_G} \tag{5-47A}$$

为体积含液率。

x 与 β 的关系可以通过以上定义导出：

$$x=\frac{m_G}{m_G+m_L}=\frac{\beta\rho_G}{\beta\rho_G+(1-\beta)\rho_L}=\frac{1}{1+\dfrac{1-\beta}{\beta}\cdot\dfrac{\rho_L}{\rho_G}} \tag{5-48}$$

$$\beta=\frac{Q_G}{Q_G+Q_L}=\frac{x/\rho_G}{x/\rho_G+(1-x)/\rho_L)}=\frac{1}{1+\dfrac{1-x}{x}\cdot\dfrac{\rho_G}{\rho_L}} \tag{5-49}$$

在饱和状态下，ρ_G 和 ρ_L 的数值主要取决于压力。因此，当已知压力时，很容易从已知的 x 值求得 β 值。

(3) 截面含气率 α

截面含气率又称空泡份额，是指两相流通道中某一截面上，气相截面积 A_G 占通道总截面 A 的份额，其表达式为

$$\alpha=\frac{A_G}{A}=\frac{A_G}{A_G+A_L} \tag{5-50}$$

显然，

$$1-\alpha=\frac{A_L}{A}=\frac{A_L}{A_L+A_G} \tag{5-50A}$$

为截面含液率。

考虑一段等截面积 A 的微小管段 ΔL，其两相总体积为 ΔV，气相的体积为 ΔV_G，由式(5-50)可得：

$$\alpha=\frac{A_G}{A}=\frac{A_G\Delta L}{A\Delta L}=\frac{\Delta V_G}{\Delta V} \tag{5-51}$$

由式(5-51)可见，α 也表示存在于 ΔL 通道总体积中气相所占的体积份额。与此对照，β 则表示流过通道截面的气相体积份额。当气相流速 u_G 和液相流速 u_L 不相等时，流过通道的气相体积份额 β 一般也不等于存在于通道的气相体积份额 α。这一点可以从 β 和 α 的定义直接推导出：

$$\beta = \frac{Q_G}{Q_G + Q_L} = \frac{m_G/\rho_G}{m_G/\rho_G + m_L/\rho_L} = \frac{1}{1 + (m_L/m_G)(\rho_G/\rho_L)} = \frac{1}{1 + \frac{1-x}{x} \cdot \frac{\rho_G}{\rho_L}}$$

$$\alpha = \frac{A_G}{A_G + A_L} = \frac{1}{1 + A_L/A_G} = \frac{1}{1 + \left(\frac{m_L}{\rho_L u_L}\right) \Big/ \left(\frac{m_G}{\rho_G u_G}\right)} = \frac{1}{1 + \frac{1-x}{x} \cdot \frac{\rho_G}{\rho_L} \cdot \frac{u_G}{u_L}} \tag{5-52}$$

比较上面两式可以看出，当气—液两相之间无相对运动（无滑移）时，即当 $u_G = u_L$ 时，则 $\alpha = \beta$。在垂直上升的气—液两相流动中，一般 $u_G > u_L$，所以 $\alpha < \beta$；在气—液两相共同下降的流动中，一般 $u_G < u_L$，所以 $\alpha > \beta$。

气—液两相之间的相对运动的大小用滑速比 S 表示，即 $S = u_G/u_L$。由于滑速比 S 的引入，使式(5-52)变成：

$$\alpha = \frac{1}{1 + \frac{1-x}{x} \cdot \frac{\rho_G}{\rho_L} \cdot S} \tag{5-53}$$

α 与 β 之间的关系不难导得：

$$\alpha = \frac{1}{1 + \frac{1-\beta}{\beta} \cdot S} \tag{5-54}$$

或者，

$$\beta = \frac{1}{1 + \frac{1-\alpha}{\alpha} \cdot \frac{1}{S}} \tag{5-55}$$

由于式(5-53)和式(5-54)中都包含了滑速比 S，而影响 S 的因素多而复杂，例如，S 与系统压力、含气率、流速、流动方向、流型和热流密度等有关，故若已知 x 或 β 值来求得 α 值是比较困难的。

2. 折算速度和混合物速度

(1) 折算速度 J_G 和 J_L

折算速度又叫表观速度，它的意义是假定两相流中的某一相介质单独流过该通道截面积 A 时的速度，即

气相折算速度：
$$J_G = \frac{Q_G}{A} = \frac{m_G}{\rho_G A} = \frac{m_G}{\rho_G A_G/\alpha} = \alpha u_G \tag{5-56}$$

液相折算速度：
$$J_L = \frac{Q_L}{A} = \frac{m_L}{\rho_L A} = \frac{m_L}{\rho_L A_L/(1-\alpha)} = (1-\alpha) u_L \tag{5-57}$$

由于 α 一般小于 1，所以，折算速度 J_G 和 J_L，一般小于真实速度 u_G 和 u_L。在两相流试验数据处理中，常通过计算折算速度的方法来获得真实速度。

(2) 两相混合物速度 J

两相混合物速度又叫流量速度，它是指两相流总体积流量 Q 与通道截面积 A 之比，即

$$J = \frac{Q}{A} = \frac{Q_G + Q_L}{A} = J_G + J_L \tag{5-58}$$

折算速度和流量速度都是假想的速度（即表观速度），是为了两相流计算和处理数据方便而提出来的。

3. 两相介质的密度

(1) 两相介质的流动密度 ρ_0

流动密度 ρ_0 是指流过通道某一截面的两相介质的总质量流量 m 与总体积流量 Q 之比，即

$$\rho_0 = \frac{m}{Q} = \frac{m}{AJ} = \frac{Q_G\rho_G + Q_L\rho_L}{Q} = \beta\rho_G + (1-\beta)\rho_L \tag{5-59}$$

ρ_0 与两相介质的流动有关系。

(2) 两相介质的真实密度 ρ

两相介质的真实密度是根据密度的定义(即单位体积内两相介质的质量)得到的，它反映了存在于通道中的两相介质的实际密度，用它可以计算通道中两相介质的质量。

考虑一段等截面 A 的微小通道 ΔL，则该微小通道 ΔL 的体积为 $A\Delta L$，其中两相介质的质量 $M = \rho_G\alpha A\Delta L + \rho_L(1-\alpha)A\Delta L$，根据密度的定义：

$$\rho = \frac{\rho_G\alpha A\Delta L + \rho_L(1-\alpha)A\Delta L}{A\Delta L} = \alpha\rho_G + (1-\alpha)\rho_L \tag{5-60}$$

仅当 $u_G = u_L$ 时(即 $S = 1$)，才有 $\beta = \alpha$，才由式(5-59)和式(5-60)得出 $\rho_0 = \rho$。

4. 两相流的质量流密度和其他公式

质量流密度 G 是指单位时间内流过单位通道截面积的两相介质的总质量，即

$$G = \frac{m}{A} = \rho_0 J = \rho_G J_G + \rho_L J_L \tag{5-61}$$

$$G_G = \frac{m_G}{A} = \rho_G J_G \tag{5-62}$$

$$G_L = \frac{m_L}{A} = \rho_L J_L \tag{5-63}$$

$$G = G_G + G_L \tag{5-64}$$

下列公式在以后经常使用：

$$m_G = GAx \tag{5-65}$$

$$m_L = GA(1-x) \tag{5-66}$$

$$u_G = \frac{m_G}{A_G\rho_G} = \frac{Q_G}{A_G} = \frac{Gx}{\rho_G\alpha} \tag{5-67}$$

$$u_L = \frac{m_L}{A_L\rho_L} = \frac{Q_L}{A_L} = \frac{G(1-x)}{\rho_L(1-\alpha)} \tag{5-68}$$

$$J_G = \alpha u_G = \beta J = Gx/\rho_G \tag{5-69}$$

$$J_L = (1-\alpha)u_L = (1-\beta)J = G(1-x)/\rho_L \tag{5-70}$$

例题 5-3

某泡状气—液两相混合物在直径 D=0.025 m 的管内流动，已知气相体积流量 Q_G = 0.001 m^3/s，气泡速度 u_G=10.5 m/s，试求空泡份额 α。若液相体积流量 Q_L=0.002 4 m^3/s，试求液相速度 u_L。

解：$Q_G = A_G u_G = \alpha A u_G$，则 $\alpha = \dfrac{Q_G}{Au_G} = \dfrac{0.001}{\frac{\pi}{4}\times 0.025^2\times 10.5} = 0.194$；

$Q_L = A_L u_L = (1-\alpha)Au_L$，则 $u_L = \dfrac{Q_L}{(1-\alpha)A} = \dfrac{0.0024}{(1-0.194)\times\dfrac{\pi}{4}\times 0.025^2} = 6.07\ \text{m/s}$。

例题 5-4

两相混合物速度 $J = \dfrac{Q}{A}$，质量流密度 $G = \dfrac{m}{A}$，试证明 $J = G\left(\dfrac{x}{\rho_G} + \dfrac{1-x}{\rho_L}\right)$。

证明：$J = \dfrac{Q}{A} = \dfrac{Q_G + Q_L}{A} = \dfrac{\dfrac{m_G}{\rho_G} + \dfrac{m_L}{\rho_L}}{A} = \dfrac{\dfrac{xm}{\rho_G} + \dfrac{(1-x)m}{\rho_L}}{A} = G\left(\dfrac{x}{\rho_G} + \dfrac{1-x}{\rho_L}\right)$。

例题 5-5

定义质量含气率 $x = m_G/m$，空泡份额 $\alpha = A_G/A$，质量流速 $G = m/A$，试证明 $G = \left(\dfrac{x}{\rho_G u_G} + \dfrac{1-x}{\rho_L u_L}\right)^{-1}$。

证明：$G = \dfrac{m}{A} = \dfrac{m_{Gv}}{xA} = \dfrac{\rho_G u_G A_G}{xA} = \dfrac{\rho_G u_G}{x}\cdot\dfrac{1}{1+\dfrac{A_L}{A_G}} = \dfrac{1}{\dfrac{x}{\rho_G u_G} + \dfrac{x}{\rho_G u_G}\left(\dfrac{m_L}{\rho_L u_L}\right)\Big/\left(\dfrac{m_G}{\rho_G u_G}\right)}$

$$= \frac{1}{\dfrac{x}{\rho_G u_G} + \dfrac{x m_L}{\rho_L u_L m_G}} = \frac{1}{\dfrac{x}{\rho_G u_G} + \dfrac{1-x}{\rho_L u_L}}$$

$$= \left(\frac{x}{\rho_G u_G} + \frac{1-x}{\rho_L u_L}\right)^{-1}$$

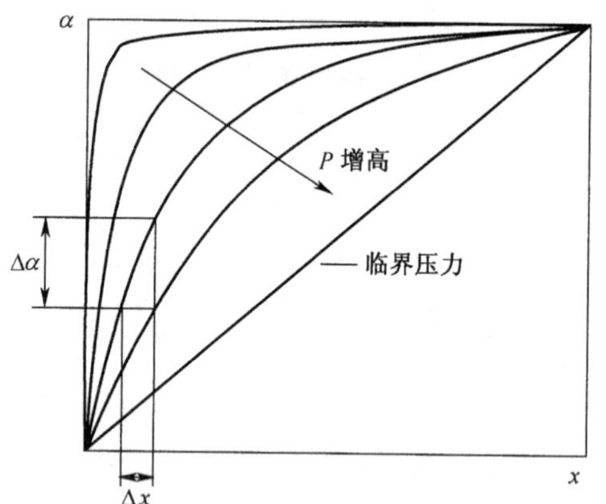

例题 5-6

假定 $\alpha=\beta$，试用图表示出空泡份额 α 随质量含汽率 x 的变化关系。

答：如右图所示。

从右图可知：当含汽率 x 很小时，对应其很小的 Δx 变化，会引起很大的空泡份额的变化 $\Delta\alpha$；压力愈低，这种现象愈明显。

例题 5-7

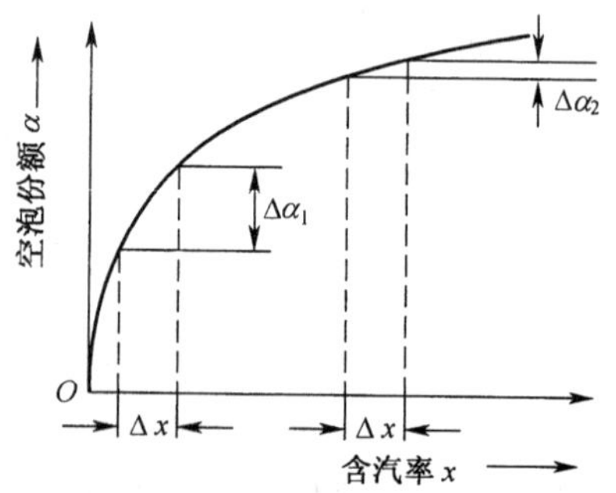

核电机组可以在高负荷或低负荷下运行，若负荷增加引起给水流量加大，而给水流量变化又会引起蒸汽发生器水位的变化。请问是在高负荷还是在低负荷下，负荷变化引起蒸汽发生器水位更明显的变化，为什么？请画出空泡份额 α 与含汽率 x 之间的关系曲线（设滑速比 $S=1$），并用此曲线加以解释。

答：在低负荷下运行时，负荷变化会引起蒸汽发生器液位更明显的变化，请看上图。在蒸汽发生器二次侧压力下（中等压力）空泡份额 α 与含汽率 x 之间的关系曲线。在低负荷运行时，蒸汽发生器二次侧沸腾段中的含汽率 x 很小，该含汽率的一个小的变化 Δx（也就是负荷变化）就对应一个很大的空泡份额的变化 $\Delta\alpha_1$，这引起汽液混合物较大的肿胀，即流体的体积变化量较大，从而使混合液位变化明显。而在较高的含汽率 x 下(即高负荷运行)，同样大小的含汽率变化 Δx 却对应一个较小的空泡份额变化 $\Delta\alpha_2$，这引起汽液混合物较小的肿胀，即流体的体积变化量较小，从而使混合液位变化不明显。

5.5.4　含汽率和空泡份额在沸腾通道内的分布

图 5-12 示出均匀加热时沸腾通道内的液体平均温度 T_l、含汽率 x 和空泡份额 α 沿流动方向 z 的分布。其中，ABCDE 是真实空泡份额的 α 分布，B′C′D′E′为真实含汽率 x 的分布，C″DE 和 B″C″D′E′分别为达到热平衡时的空泡份额 α_e 和含汽率 x_e 的分布。

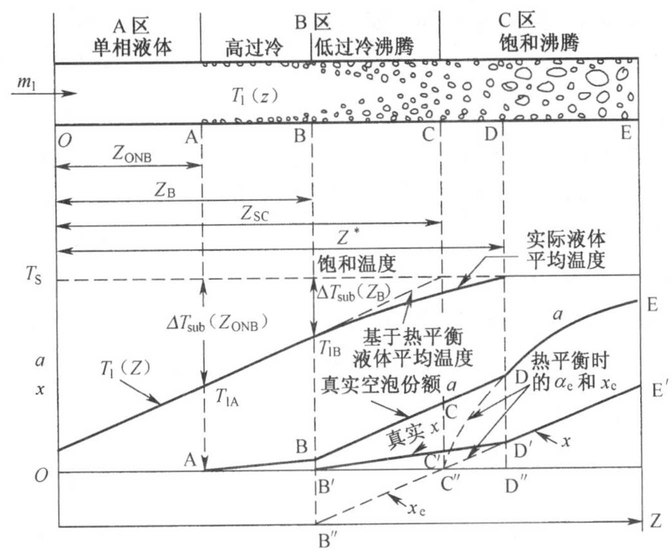

图 5-12　沸腾通道内的空泡份额 α 的含汽率 x 沿流动方向 z 的分布

过冷沸腾可分为两区，高过冷沸腾区和低过冷沸腾区。高过冷沸腾区(AB)是从汽泡开始产生点 A 至汽泡开始脱离壁面点 B。在这一区内，液体主流温度比饱和温度低得多，即过冷度高，在加热壁面上生成的汽泡很稀疏，并且汽泡黏附在壁面上(实际上汽泡不断地产生和消失，但它们不脱离壁面)，仅在壁面上出现空泡和很少量的蒸汽，其空泡份额称为壁面空泡率(Wall Voidage)。所以，在 AB 区内所产生的蒸汽实质上是一种“壁面效应”。由于该区内的汽泡数量很少，所以在许多实际计算中，往往忽略这种空泡份额和含汽率的影响；低过冷沸腾区(BCD)是从汽泡开始脱离壁面点 B 到“真正”饱和沸腾开始点 D。在这一区内，过冷沸腾充分发展，加热壁面上生成的汽泡越来越多，并且汽泡脱离壁面进入到微过冷的主流液体中，并随主流流动和缓慢凝结。也有一部分汽泡来不及完全凝结就被带到下游饱和沸腾区中。由于在主流中存在着明显的汽泡流，其空泡份额显著增高，所产生的蒸汽表现为“容积效应”，所以这一区属于两相流。过冷沸腾区的特征是在通道任意截面上的汽相和液相处于热力学不平衡状态，即液相温度低于汽相温度(即饱和温度)，所加热量的一部分要用于提高液体温度，另一部分要用于生成过冷空泡。

关于饱和沸腾区，如果按热平衡态模型，它应该从 C 点开始。因为在 C 点，按热平衡计算的液体平均温度就已达饱和温度 T_S，所以 C 点叫“热平衡态”饱和沸腾开始点，即在 C 点上，$x_e = 0$，$\alpha_e = 0$。但是，图 5-12 是按热不平衡态模型做出的，即饱和沸腾区从 D 点（z^*）开始。在 D 点之前，由于所加热量的一部分要用于生成过冷空泡，因而无法保证 C 点的液体达到饱和温度。只有达到 D 点，主流液体的温度才真正达到了饱和温度，即 $T_L = T_S$，D 点叫“真正”饱和沸腾开始点。在 D 点之后，加热量才全部用于生成汽泡，液体维持饱和温度，汽—液两相处于热力学平衡态，α 和 α_e，x 和 x_e 完全一致。

1. 低过冷沸腾区(BCD) 的真实含汽率 x 和空泡份额 α 的计算

欲计算该区的 x 和 α，必须先确定汽泡开始脱离壁面点 B 的位置 z_B 及其过冷比焓 $[h_f - h(z_B)]$。

按第 3 章 3.4.2.5 节的 Saha-Zuber 模型有：

$$h_f - h(z_B) = \begin{cases} 0.002\,2qDc_{pL}/k_L & \text{当 } Pe < 70\,000 \text{ 时} \\ 154q/G & \text{当 } Pe > 70\,000 \text{ 时} \end{cases} \tag{5-71}$$

算得汽泡开始脱离壁面点 B 处流体比焓 $h(z_B)$ 之后，就可以利用热平衡方程来求得汽泡开始脱离壁面点 B 的位置 z_B 了（见第 3 章 3.4.2.5）。

为了计算汽泡开始脱离壁面点的下游的真实含汽率 x 和 α，首先看一下图 5-12。由该图可知，在低过冷沸腾区(BCD) 存在着局部真实含汽率 x 和热平衡含汽率 x_e。当 $x_e \leqslant 0$ 时，x 可以有一个正值。假定在汽泡开始脱离壁面点 B 上，$x = 0$，这时 $x_e(z_B)$ 为负值，并由下式确定：

$$x_e(z_B) = -[h_f - h(z_B)]/h_{fg} \tag{5-72}$$

将式(5-71)代入式(5-72)得

$$x_e(z_B) = \begin{cases} -0.002\,2qDc_{pL}/(k_L h_{fg}) & \text{当 } Pe < 70\,000 \text{ 时} \\ -154q/(Gh_{fg}) & \text{当 } Pe > 70\,000 \text{ 时} \end{cases} \tag{5-73}$$

真实含汽率 x 必须满足在 $z = z_B$ 处，$x = 0$ 和在 B 点下游当 $x_e \gg |x_e(z_B)|$ 时，$x(z) \to x_e(z)$。Saha-Zuber 给出的下式能满足这些边界条件：

$$x(z) = \frac{x_e(z) - x_e(z_B)\exp\left[\dfrac{x_e(z)}{x_e(z_B)} - 1\right]}{1 - x_e(z_B)\exp\left[\dfrac{x_e(z)}{x_e(z_B)} - 1\right]} \tag{5-74}$$

式中，$x_e(z)$ 为计算点 z 处的热平衡含汽率，即

$$x_e(z) = \frac{h(z) - h_f}{h_{fg}} \tag{5-75}$$

$x_e(z_B)$ 是汽泡开始脱离壁面点 B 处的热平衡含汽率，即式(5-73)。

低过冷沸腾区(BCD)的真实空泡份额 $\alpha(z)$ 按漂移流模型计算：

$$\alpha(z) = \frac{x(z)\rho_L}{C_0\{x(z)\rho_L + [1 - x(z)]\rho_G\} + \rho_L\rho_G u_{gj}/G} \tag{5-76}$$

式中，分布参量 $C_0 = 1.13$；汽相加权平均漂移速度 u_{gj} 则为

$$u_{gj} = 1.41\left[\frac{\sigma g(\rho_L - \rho_G)}{\rho_L^2}\right]^{1/4} \quad \text{或者 } u_{gj} = 1.18\left[\frac{\sigma g(\rho_L - \rho_G)}{\rho_L^2}\right]^{1/4} \tag{5-77}$$

此外，Thom 整理了压力为 5.2～6.9 MPa 的过冷沸腾真实空泡份额，得出

$$\alpha = \frac{\gamma x_m}{1 + x_m(\gamma - 1)} \tag{5-78}$$

其中，x_m 为流体的“折合”真实含汽率，用下式定义

$$x_m = (h - h_B)/(h_g - h_B) \tag{5-79}$$

式中，h 为计算点处流体的局部比焓，h_g 为饱和蒸汽比焓，h_B 为 B 点处流体比焓，用下式计算

$$h_B = h_f(1 - 6.45 \times 10^{-5}\, q/G) \tag{5-80}$$

其中，h_f 为饱和液体比焓，J/kg；q 是汽泡开始脱离壁面点 B 处的热流密度，W/m^2；G 为质量流密度，kg/(m^2 · s)。

式(5-78)中的 γ 是系统压力的函数，当 $p=5.2$ MPa 时，$\gamma=16$；当 $p=6.9$ MPa 时 $\gamma=10$。

L. S. Tong 用修正的 γ 把式(5-78)的适用范围外推到 13.8 MPa，他推荐的计算 γ 的公式为

$$\gamma = \exp\{4.216[(y - 8.353)^2/8.353^2 - 1]^{0.5}\} \tag{5-81}$$

式中，$y = \ln(p/22.1)$，p 为压力，MPa。

2. 饱和沸腾区(D 点之后)的真实含汽率 x 和空泡份额 α 的计算

在饱和沸腾区有

$$x(z) = x_e(z) = \frac{h(z) - h_f}{h_{fg}} \tag{5-82}$$

式中，$h(z)$ 是计算点 z 处的比焓，J/kg；h_{fg}是汽化潜热，J/kg。

饱和沸腾区的空泡份额 α 是热平衡含汽率 x_e 和滑速比 $S(S = u_G/u_L)$ 的函数。如果已知 S，则 α 可按式(5-53) 计算。对于泡状流，α 也可按 Bankoff 模型计算：

$$\alpha = \frac{K}{1 + \dfrac{1 - x_e}{x_e} \cdot \dfrac{\rho_G}{\rho_L}} \tag{5-83}$$

式中，K 是一个无量纲量，它是压力 p 的函数：

$$K = 0.71 + 1.45 \times 10^{-2}\, p \tag{5-84}$$

其中，压力 p 的单位是 MPa。

对于环状流，α 可按 Martinelli-Nelson 关系曲线图 5-13 查得。

Thom 根据改进的实验数据对图 5-13 作了修正给出如下计算公式：

$$\alpha = \frac{\gamma x_e}{1 + x_e(\gamma - 1)} \tag{5-85}$$

式中，γ 是一经验常数，是压力 p 的函数，由表 5-3 确定。

表 5-3　Thom 公式(5-85)中的 γ 值

p/MPa	0.1	1.72	4.14	8.62	14.48	20.68	22.12
γ	246	40	20	9.8	4.95	2.15	1.0

计算空泡份额 α 的最为完善的模型是由 Zuber-Findlay 提出的漂移流模型，该模型的最终表达式是式(5-76)，只是把式(5-76)中的真实含汽率 $x(z)$ 换成热平衡含汽率 $x_e(z)$。

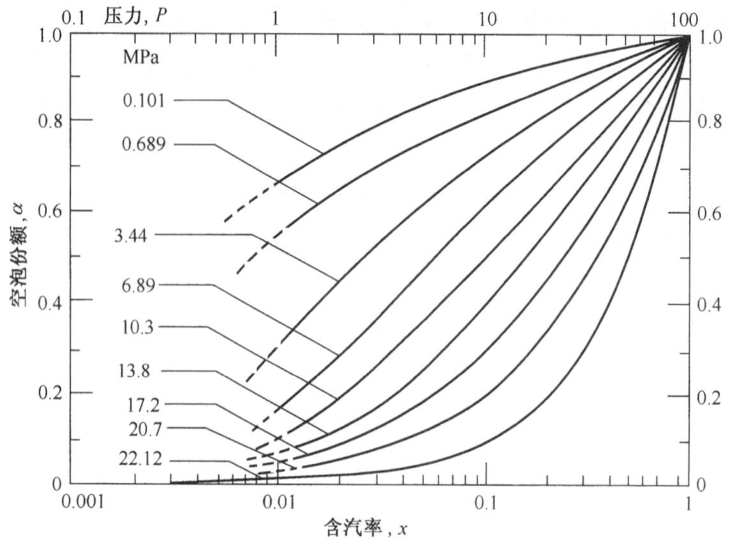

图 5-13 汽水混合物的空泡份额关系曲线

5.6 两相流基本方程和压降计算

5.6.1 基本方程

对气(汽)—液两相流动简化的一维分析,可通过考察图 5-14 所示系统来进行。通道轴线与水平方向夹角为 θ,通道截面上两相介质各自的流动特性参量取其平均值,在两相界面上有质量和动量的传递,即有蒸发或冷凝,在任何流通截面上的压力是均匀的,蒸汽和液体占有的面积总和等于通道截面积 A。假定流动是稳定的,各相均与通道壁面接触,并有一公共分界面。

1. 质量守恒方程

$$m = m_G + m_L = \text{常数} \tag{5-86}$$

式中,m 为两相总质量流量,m_G 和 m_L 分别为气相和液相的质量流量。于是

$$dm_G = -dm_L \tag{5-86A}$$

$$m_G = A_G \rho_G u_G = mx \tag{5-86B}$$

$$dm_G = d(A_G \rho_G u_G) = m dx \tag{5-86C}$$

$$m_L = A_L \rho_L u_L = m(1-x) \tag{5-86D}$$

$$dm_L = d(A_L \rho_L u_L) = -m dx \tag{5-86E}$$

2. 动量守恒方程

根据动量定理,作用在每一相上的力等于该相动量的变化率。这样,对气(汽)相有

$$pA_G - (p+dp)A_G - dF_G - dF_I - A_G dz \rho_G g \sin\theta = (m_G + dm_G)(u_G + du_G) - m_G u_G - u_L dm_G \tag{5-87}$$

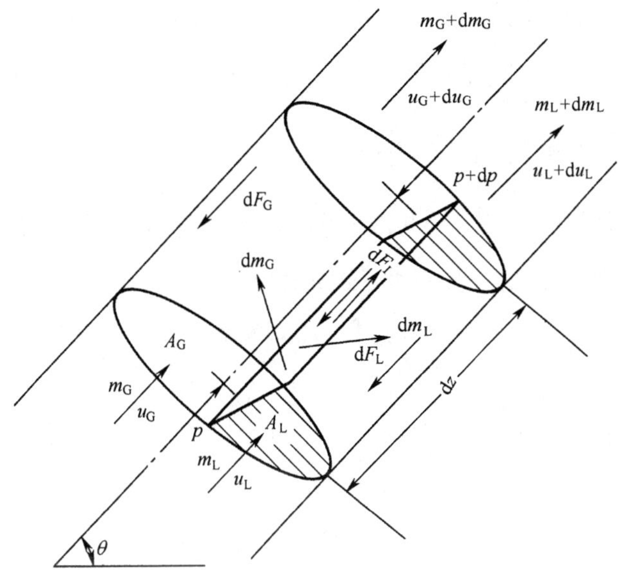

图 5-14　通道微元上两相流简化模型

式中，dF_G 是气(汽)相与壁面的摩擦力，dF_I 是两相界面上的切应力，$u_L dm_G$ 为液相变成汽相的那部分动量。将式(5-87)化简，并忽略高次微量则得

$$-A_G dp - dF_G - dF_I - A_G dz\rho_G g\sin\theta = m_G du_G + u_G dm_G - u_L dm_G \tag{5-88}$$

同样，对于液相可以导出

$$-A_L dp - dF_L + dF_I - A_L dz\rho_L g\sin\theta = m_L du_L + u_L dm_L + u_L dm_G \tag{5-89}$$

由式(5-86A) $dm_G = -dm_L$，则式(5-89)变成

$$-A_L dp - dF_L + dF_I - A_L dz\rho_L g\sin\theta = m_L du_L \tag{5-90}$$

应当指出，式(5-88)和(5-90)是针对液相蒸发过程而导出的。如果是汽相凝结过程，则有

$$-A_G dp - dF_G - dF_I - A_G dz\rho_G g\sin\theta = m_G du_G \tag{5-91}$$

$$-A_L dp - dF_L + dF_I - A_L dz\rho_L g\sin\theta = m_L du_L + u_L dm_L - u_G dm_L \tag{5-92}$$

将式(5-88)和(5-90)相加，或(5-91)和(5-92)相加，并考虑到 $dm_G = -dm_L$ 和 $A_G + A_L = A$，则得

$$-A dp - (dF_G + dF_L) - (A_G\rho_G + A_L\rho_L) dz g\sin\theta = d(m_G u_G + m_L u_L) \tag{5-93}$$

这就是简化的一维两相流动量微分方程。作用在各相上的净摩擦力可用各相所占面积表示

$$dF_G + dF_I = -A_G \left(\frac{dp}{dz}\right)_{GF} dz \tag{5-94A}$$

$$dF_L - dF_I = -A_L \left(\frac{dp}{dz}\right)_{LF} dz \tag{5-94B}$$

而气(汽)—液两相作用在壁面上的摩擦力可表示成

$$dF_G + dF_L = \tau_W P_W dz = -A \left(\frac{dp}{dz}\right)_F dz \tag{5-95}$$

式中，τ_W 为作用在壁面上单位面积上的摩擦力，Pa；P_W 为湿周长，m；$\left(\frac{dp}{dz}\right)_F$ 代表两相流摩

擦压力梯度。引用前面式(5-65)—(5-70)可将式(5-93)变成

$$-\frac{dp}{dz}=\frac{\tau_W P_W}{A}+\frac{1}{A}\frac{d}{dz}\left\{AG^2\left[\frac{x^2 v_G}{\alpha}+\frac{(1-x)^2 v_L}{1-\alpha}\right]\right\}+g[\alpha\rho_G+(1-\alpha)\rho_L]\sin\theta$$
$$=-\left(\frac{dp}{dz}\right)_F-\left(\frac{dp}{dz}\right)_A-\left(\frac{dp}{dz}\right)_G \tag{5-96}$$

式中，v_G 和 v_L 分别是气(汽)相和液相的比容，m^3/kg；$\left(\frac{dp}{dz}\right)_F$、$\left(\frac{dp}{dz}\right)_A$ 和 $\left(\frac{dp}{dz}\right)_G$ 分别代表摩擦、加速度和重力压力梯度。它们分别用下式表达：

$$-\left(\frac{dp}{dz}\right)_F=\frac{\tau_W P_W}{A} \tag{5-96A}$$

$$-\left(\frac{dp}{dz}\right)_A=\frac{1}{A}\frac{d}{dz}\left\{AG^2\left[\frac{x^2 v_G}{\alpha}+\frac{(1-x)^2 v_L}{1-\alpha}\right]\right\} \tag{5-96B}$$

$$-\left(\frac{dp}{dz}\right)_G=g[\alpha\rho_G+(1-\alpha)\rho_L]\sin\theta=g\rho\sin\theta \tag{5-96C}$$

即两相流总压力梯度 dp/dz 可由摩擦、加速度和重力压力梯度表示。

3. 能量守恒方程

根据能量守恒和转换定律，把两相合起来考虑的总能量守恒方程为

$$m(\delta q-\delta w)=mdh+d\left[\frac{1}{2}m_G u_G^2+\frac{1}{2}m_L u_L^2\right]+mg\sin\theta dz \tag{5-97}$$

式中，δq 为单位质量流体从周围介质吸收的热量，δw 为单位质量流体对周围介质作的功，dh 为流体比焓的变化，最后两项分别表示流体动能和位能的变化。

根据开口系统的热力学第一定律：

$$mdh=m\delta q+mdE+(m_G v_G+m_L v_L)dp \tag{5-98}$$

其中，dE 是单位质量的机械能损失转变成热能(摩擦损耗)。

将式(5-98)代入(5-97)，在流体对外界不作功($\delta w=0$)时，则得

$$-(m_G v_G+m_L v_L)\frac{dp}{dz}=m\frac{dE}{dz}+\frac{d}{dz}\left(\frac{m_G u_G^2}{2}+\frac{m_L u_L^2}{2}\right)+mg\sin\theta \tag{5-99}$$

同样引用前面式(5-65)—(5-70)可将式(5-99)化成：

$$-\frac{dp}{dz}=\rho_0\frac{dE}{dz}+\frac{\rho_0}{2}\frac{d}{dz}\left\{G^2\left[\frac{x^3 v_G^2}{\alpha^2}+\frac{(1-x)^3 v_L^2}{(1-\alpha)^2}\right]\right\}+\rho_0 g\sin\theta \tag{5-100}$$

其中，$\rho_0=1/[xv_G+(1-x)v_L]=\beta\rho_G+(1-\beta)\rho_L$ (5-100A)

从式(5-100)可以看到，总压力梯度 $-\left(\frac{dp}{dz}\right)$ 能够用摩擦损耗、动能(加速度头)和位能(重力头)来表示。

动量方程(5-96)和能量方程(5-100)都可以用来计算两相流压力梯度和实验数据处理。但必须先求出空泡份额 α。大多数研究者更倾向于使用动量方程(5-96)。

5.6.2 两相流的压降计算

5.6.2.1 沿等截面直通道的流动压降

1. 均匀流模型基本方程和压降计算

所谓均匀流模型，就是把气(汽)—液两相混合物看作一种均匀介质，其流动特性参量取

两相介质相应参量的平均值。该模型适用于泡状流和滴状流。均匀流模型的假设如下：

(1) 气(汽)相和液相的流速相等($S = 1$)；

(2) 两相之间处于热力学平衡态($T_G = T_L$)；

(3) 两相流的摩擦因子使用单相流的公式计算。

按上述假设，有 $u_G = u_L = u$，$\alpha = \beta$，$\rho = \rho_0$。前面方程(5-86) 和(5-93) 可以简化成质量守恒方程：

$$m = A\rho_0 u \tag{5-101}$$

动量守恒方程：

$$\begin{aligned}-\frac{dp}{dz} &= \frac{\tau_W P_W}{A} + \frac{1}{A}\frac{d}{dz}(mu) + [\alpha\rho_G + (1-\alpha)\rho_L]g\sin\theta \\ &= \frac{\tau_W P_W}{A} + G^2\frac{dv_0}{dz} + \rho_0 g\sin\theta\end{aligned} \tag{5-102}$$

其中，$v_0 = xv_G + (1-x)v_L = 1/\rho_0$。

下面利用方程(5-102) 来计算两相流在等截面直通道中的压降。

壁面摩擦切应力 τ_W 可以用范宁摩擦因子 f'_{TP} 表示成

$$\tau_W = f'_{TP}\frac{\rho_0 u^2}{2} \tag{5-103}$$

对于圆管，$P_W = \pi D$，$A = \pi D^2/4$，因此，摩擦压力梯度可写成

$$-\left(\frac{dp}{dz}\right)_F = \frac{\tau_W P_W}{A} = \frac{2f'_{TP}\rho_0 u^2}{D} = \frac{2f'_{TP}G^2 v_0}{D} \tag{5-104}$$

两相混合物比容 v_0 的微分项可写成

$$\frac{dv_0}{dz} = \frac{d}{dz}[xv_G + (1-x)v_L] = \frac{dv_L}{dz} + (v_G - v_L)\frac{dx}{dz} + x\left(\frac{dv_G}{dz} - \frac{dv_L}{dz}\right)$$

如果忽略液相的可压缩性，即

$$\frac{dv_L}{dz} = \frac{dv_L}{dp}\cdot\frac{dp}{dz} = 0，则$$

$$\frac{dv_0}{dz} = (v_G - v_L)\frac{dx}{dz} + x\frac{dv_G}{dp}\cdot\left(\frac{dp}{dz}\right) \tag{5-105}$$

将式(5-104)和(5-105)代入式(5-102)则得

$$-\left(\frac{dp}{dz}\right) = \frac{2f'_{TP}G^2 v_0}{D} + G^2\left[(v_G - v_L)\frac{dx}{dz} + x\frac{dv_G}{dp}\cdot\left(\frac{dp}{dz}\right)\right] + \rho_0\sin\theta \tag{5-106}$$

从方程(5-106)可以解出均匀流模型的总压力梯度的表达式：

$$-\left(\frac{dp}{dz}\right) = \left\{\frac{2f'_{TP}G^3 v_L}{D}\left[1 + x\left(\frac{v_G - v_L}{v_L}\right)\right] + G^2(v_G - v_L)\frac{dx}{dz} + \frac{g\sin\theta}{v_L + x(v_G - v_L)}\right\}\Bigg/\left[1 + G^2 x\left(\frac{dv_G}{dp}\right)\right] \tag{5-107}$$

沿通道积分此式就可求出两相流通过该段通道的压降。但是，因为沿通道 f'_{TP}、v_G、v_L、$\frac{dv_G}{dp}$、x 和$\frac{dx}{dz}$ 可能皆为变量，所以用解析法积分式(5-107) 是很困难的。通常用差分法沿通道逐段进行计算。

为了对式(5-107)进行解析积分，特做如下假设：

(1) $\left|G^2x\left(\frac{dv_G}{dp}\right)\right| \ll 1$，即忽略气相的可压缩性。在许多情况下，这种近似是合理的。例如，在压力 $p=8.3$ MPa 下，汽—水混合物质量流密度 $G=4\ 900\ \text{kg}/(\text{m}^2\cdot\text{s})$ 和 $x=0.1$ 时，$G^2x\left(\frac{dv_G}{dp}\right)=-0.008$。因此，式(5-107) 中的分母项近似等于 1。

(2) v_G、v_L 和 f'_{TP} 沿通道保持常数。这在压降与介质系统压力相比是很小时是成立的。这样，式(5-107) 简化成

$$-dp=\frac{2f'_{TP}G^2v_L}{D}\left[1+x\left(\frac{v_G-v_L}{v_L}\right)\right]dz+G^2(v_G-v_L)dx+\frac{g\sin\theta}{v_L+x(v_G-v_L)}dz \quad (5\text{-}108)$$

对于等温两相流动(如空气—水)，$x=$ 常数，$dx=0$。积分式(5-108) 可得等温两相流简化的圆管管段 L 的压降解析式：

$$\Delta p=\frac{2f'_{TP}G^2v_LL}{D}\left[1+x\left(\frac{v_G-v_L}{v_L}\right)\right]+\frac{Lg\sin\theta}{v_L+x(v_L-v_L)} \quad (5\text{-}109)$$

可以看到，等温两相流管段压降只包括摩擦和重力压降。

对于均匀受热管道，热平衡含汽率 $x_E(z)$ 沿通道呈线性增加，即 $dx_E(z)/dz=x_{E,O}/L=$ 常数，$x_{E,O}$ 为管段出口热平衡含汽率。如果管进口处为饱和液体(即 $x_{E,in}=0$)，则对式(5-108) 积分可得饱和沸腾段长为 L 的通道压降：

$$\Delta p=\frac{2f'_{TP}G^2v_LL}{D}\left[1+\frac{x_{E,O}}{2}\left(\frac{v_G-v_L}{v_L}\right)\right]+G^2(v_G-v_L)x_{E,O}+\frac{Lg\sin\theta}{x_{E,O}(v_G-v_L)}\ln\left[1+x_{E,O}\left(\frac{v_G-v_L}{v_L}\right)\right] \quad (5\text{-}110)$$

可见对于受热管道，总压降包括摩擦、加速和重力压降。在用式(5-107)－(5-110)计算压降时，必须首先计算出两相流摩擦因子 f'_{TP}。下面介绍两种计算均匀两相流摩擦因子 f'_{TP} 的方法。

(1) 认为两相摩擦因子 f'_{TP} 等于全部两相流动都被设想为液体流动时的摩擦因子 f'_{L0}(即 $\mu=\mu_L$)。f'_{L0} 按单相液体流动计算，它是全液相的雷诺数($Re_L=GD/\mu_L$) 和管道相对粗糙度(ε/D) 的函数。这样，式(5-104) 变成

$$-\left(\frac{dp}{dz}\right)_F=\frac{2f'_{L0}G^2v_L}{D}\left[1+x\left(\frac{v_G-v_L}{v_L}\right)\right]=-\left(\frac{dp}{dz}\right)_{L0}\left[1+x\left(\frac{v_G-v_L}{v_L}\right)\right] \quad (5\text{-}111)$$

式中，$-\left(\frac{dp}{dz}\right)_{L0}$ 表示把气(汽)— 液两相流全部设想成液体流动的摩擦压力梯度，并称之为全液相摩擦压力梯度，即

$$-\left(\frac{dp}{dz}\right)_{L0}=\frac{2f'_{L0}G^2v_L}{D},(G\text{ 全部为液体}) \quad (5\text{-}112)$$

式(5-111)还可以写成

$$-\left(\frac{dp}{dz}\right)_F=-\left(\frac{dp}{dz}\right)_{L0}\Phi_{L0}^2 \quad (5\text{-}113)$$

其中，Φ_{L0}^2 称为两相流摩擦阻力的全液相折算系数(或称两相摩擦压降倍率)。对于均匀流模型，

$$\Phi_{L0}^2=\left[1+x\left(\frac{v_G}{v_L}-1\right)\right]=\rho_L/\rho_0=\frac{v_0}{v_L} \quad (5\text{-}114)$$

当 $x=0$ 时，$\Phi_{L0}^2=1$，随着 x 值增加，Φ_{L0}^2 逐渐增大。但是，当 $x=1$ 时（即单相气（汽）体时），式(5-114) 不能成立。一般说来，当 x 值较大时，式(5-114) 的计算误差较大。因此式(5-114) 适用于含气率较低的情况。

(2) 根据两相平均黏度 μ 来计算 f'_{TP}。两相平均黏度 μ 的计算方法有如下几种：

1) McAdams：
$$\frac{1}{\mu}=\frac{x}{\mu_G}+\frac{(1-x)}{\mu_L} \tag{5-115}$$

2) Cicchitti：
$$\mu=x\mu_G+(1-x)\mu_L \tag{5-116}$$

3) Dukler：
$$\mu=\rho_0[xv_G\mu_G+(1-x)v_L\mu_L] \tag{5-117}$$

4) Davidson：
$$\mu=\mu_L\left[1+x\left(\frac{v_G}{v_L}-1\right)\right] \tag{5-118}$$

前 3 个公式都满足极限条件：$x=0,\mu=\mu_L$；$x=1,\mu=\mu_G$。

平均黏度 μ 确定以后，两相摩擦因子 f'_{TP} 可按布拉修斯公式计算：

$$f'_{TP}=\frac{0.079}{(GD/\mu)^{0.25}} \tag{5-119}$$

将式(5-119)代入式(5-104)得

$$-\left(\frac{dp}{dz}\right)_F=\frac{2\times0.079G^2v_L}{D(GD/\mu)^{0.25}}\left[1+x\left(\frac{v_G-v_L}{v_L}\right)\right]=\frac{2\times0.079G^2v_L}{D(GD/\mu_L)^{0.25}(\mu_L/\mu)^{0.25}}\times\left[1+x\left(\frac{v_G-v_L}{v_L}\right)\right]=\frac{2f'_{L0}G^2v_L}{D}\left[1+x\left(\frac{v_G-v_L}{v_L}\right)\right]\left(\frac{\mu}{\mu_L}\right)^{0.25} \tag{5-120}$$

因而，

$$\Phi_{L0}^2=\left[1+x\left(\frac{v_G-v_L}{v_L}\right)\right]\left(\frac{\mu}{\mu_L}\right)^{0.25} \tag{5-121}$$

将式(5-115)—(5-118)分别代入式(5-121)则得

1)
$$\Phi_{L0}^2=\left[1+x\left(\frac{v_G}{v_L}-1\right)\right]\left[1+x\left(\frac{\mu_L}{\mu_G}-1\right)\right]^{-0.25} \tag{5-122}$$

2)
$$\Phi_{L0}^2=\left[1+x\left(\frac{v_G}{v_L}-1\right)\right]\left[1+x\left(\frac{\mu_G}{\mu_L}-1\right)\right]^{0.25} \tag{5-123}$$

3)
$$\Phi_{L0}^2=\left[1+x\left(\frac{v_G}{v_L}-1\right)\right]\left\{\rho_0v_L\left[1+x\left(\frac{v_G\mu_G}{v_L\mu_L}-1\right)\right]\right\}^{0.25} \tag{5-124}$$

4)
$$\Phi_{L0}^2=\left[1+x\left(\frac{v_G}{v_L}-1\right)\right]^{5/4} \tag{5-125}$$

由此可见，按不同处理方法算得的两相摩擦倍率 Φ_{L0}^2 的表达式是不同的。此外，对于两相湍流流动，可粗略的取 $f'_{TP}=0.005$。

均匀流模型把复杂的两相流动作为单相流动处理，掩盖了两相流中许多复杂问题。因此这种模型是比较粗糙的，它适用于两相质量流密度较大和压力较高的情况，符合泡状流型、沫状和滴状流型。

2. 分离流模型的动量方程和压降计算

分离流模型把气(汽)—液两相流动处理成气相和液相各自分开的两股流动。每相有其平均流速（u_G 和 u_L）和自己的物性参量。在两相流型中，环状流用分离流模型最合适。分离流模型假定：

(1) 气(汽) 相和液相的速度是常量，但不一定相等；

(2) 气(汽)—液两相间处于热力学平衡；

(3) 应用经验公式或简化的概念表示两相流摩擦倍率 Φ_{L0}^2 和空泡份额 α 与流动参量之间的关系。

一维稳态分离流动量方程就是在本章开头已经导出的微分方程(5-96)。假定通道横截面积 $A=$ 常数，则动量方程(5-96)简化成

$$-\left(\frac{\mathrm{d}p}{\mathrm{d}z}\right)=\frac{\tau_{\mathrm{W}}P_{\mathrm{W}}}{A}+G^2\frac{\mathrm{d}}{\mathrm{d}z}\left[\frac{x^2v_{\mathrm{G}}}{\alpha}+\frac{(1-x)^2v_{\mathrm{L}}}{1-\alpha}\right]+g[\alpha\rho_{\mathrm{G}}+(1-\alpha)\rho_{\mathrm{L}}]\sin\theta \tag{5-126}$$

与均匀流模型一样，把两相流摩擦压力梯度用全液相摩擦压力梯度和全液相折算系数来表示：

$$-\left(\frac{\mathrm{d}p}{\mathrm{d}z}\right)_F=-\left(\frac{\mathrm{d}p}{\mathrm{d}z}\right)_{\mathrm{L0}}\cdot\Phi_{\mathrm{L0}}^2=\frac{2f'_{\mathrm{L0}}G^2v_{\mathrm{L}}}{D}\Phi_{\mathrm{L0}}^2 \tag{5-127}$$

对于式(5-126)中的加速度压力梯度项，在忽略液相可压缩性($\mathrm{d}v_{\mathrm{L}}/\mathrm{d}p=0$)时，其微分展开式为

$$\begin{aligned}-\left(\frac{\mathrm{d}p}{\mathrm{d}z}\right)_A&=G^2\frac{\mathrm{d}}{\mathrm{d}z}\left[\frac{x^2v_{\mathrm{G}}}{\alpha}+\frac{(1-x)^2v_{\mathrm{L}}}{1-\alpha}\right]\\&=G^2\left\{\frac{\mathrm{d}x}{\mathrm{d}z}\left[\left(\frac{2xv_{\mathrm{G}}}{\alpha}-\frac{2(1-x)v_{\mathrm{L}}}{1-\alpha}\right)+\left(\frac{\partial\alpha}{\partial x}\right)_p\left(\frac{(1-x)^2v_{\mathrm{L}}}{(1-\alpha)^2}-\frac{x^2v_{\mathrm{G}}}{\alpha^2}\right)\right]+\right.\\&\qquad\left.\frac{\mathrm{d}p}{\mathrm{d}z}\left[\frac{x^2}{\alpha}\frac{\mathrm{d}v_{\mathrm{G}}}{\mathrm{d}p}+\left(\frac{\partial\alpha}{\partial p}\right)_x\left(\frac{(1-x)^2v_{\mathrm{L}}}{(1-\alpha)^2}-\frac{x^2v_{\mathrm{G}}}{\alpha^2}\right)\right]\right\}\end{aligned} \tag{5-128}$$

将式(5-127)和(5-128)代入式(5-126)并重新整理就可以得到分离流模型的总压力梯度的表达式：

$$\begin{aligned}-\frac{\mathrm{d}p}{\mathrm{d}z}=&\left\{\frac{2f'_{\mathrm{L0}}G^2v_{\mathrm{L}}}{D}\Phi_{\mathrm{L0}}^2+G^2\frac{\mathrm{d}x}{\mathrm{d}z}\left[\left(\frac{2xv_{\mathrm{G}}}{\alpha}-\frac{2(1-x)v_{\mathrm{L}}}{1-\alpha}\right)+\left(\frac{\partial\alpha}{\partial x}\right)_p\left(\frac{(1-x)^2v_{\mathrm{L}}}{(1-\alpha)^2}-\frac{x^2v_{\mathrm{G}}}{\alpha^2}\right)\right]+\right.\\&\left.g[\alpha\rho_{\mathrm{G}}+(1-\alpha)\rho_{\mathrm{L}}]\sin\theta\right\}\Big/\left\{1+G^2\left[\frac{x^2}{\alpha}\frac{\mathrm{d}v_{\mathrm{G}}}{\mathrm{d}p}+\left(\frac{\partial\alpha}{\partial p}\right)_x\left(\frac{(1-x)^2v_{\mathrm{L}}}{(1-\alpha)^2}-\frac{x^2v_{\mathrm{G}}}{\alpha^2}\right)\right]\right\}\end{aligned} \tag{5-129}$$

与均匀流模型一样，方程(5-129)一般要采用逐段数值积分。但是，若作如下简化假设则可求得解析计算式：

(1) 忽略气相可压缩性，即 $\frac{\mathrm{d}v_{\mathrm{g}}}{\mathrm{d}p}=0$，$\left(\frac{\partial\alpha}{\partial p}\right)_x=0$，这时式(5-129)的分母变成1；

(2) 假设比容 v_{G} 和 v_{L} 与摩擦因子 f'_{L0} 沿通道不变化。

对于等温两相流动(如空气—水)，$x=$ 常数，$\mathrm{d}x=0$，积分式(5-129)可得等温两相流简化的圆管管段 L 的压降解析式：

$$\Delta p=\frac{2f_{\mathrm{L0}}G^2v_{\mathrm{L}}L\Phi_{\mathrm{L0}}^2}{D}+gL[\alpha\rho_{\mathrm{G}}+(1-\alpha)\rho_{\mathrm{L}}]\sin\theta \tag{5-130}$$

对于均匀加热管道，热平衡含汽率 x_{E} 沿流道呈线性增加，即 $\mathrm{d}x_{\mathrm{E}}/\mathrm{d}z=x_{\mathrm{E,O}}/L=$ 常数，为了积分式(5-129)，将它恢复成原式(5-126)。对于管进口处为饱和液体，即 $z=0$ 时，$x_{\mathrm{E,in}}=0$，$\alpha_{\mathrm{E,in}}=0$，出口处，$z=L$ 时，$x_{\mathrm{E}}=x_{\mathrm{E,O}}$，$\alpha_{\mathrm{E}}=\alpha_{\mathrm{E,O}}$，则积分式(5-126)则得饱和沸腾段长为 L 的通道压降：

$$\Delta p=\frac{2f'_{\mathrm{L0}}G^2v_{\mathrm{L}}L}{D}\cdot\frac{1}{x_{\mathrm{E,O}}}\int_0^{x_{\mathrm{E,O}}}\Phi_{\mathrm{L0}}^2\mathrm{d}x+G^2v_{\mathrm{L}}\left[\frac{x_{\mathrm{E,O}}^2v_{\mathrm{G}}}{\alpha_{\mathrm{E,O}}v_{\mathrm{L}}}+\frac{(1-x_{\mathrm{E,O}})^2}{1-\alpha_{\mathrm{E,O}}}-1\right]+$$

$$\frac{Lg\sin\theta}{x_{E,O}}\int_0^{x_{E,O}}[\alpha\rho_G+(1-\alpha)\rho_L]dx \tag{5-131}$$

从式(5-131)可以看出，已知流道几何尺寸（L 和 D）、两相流质量流密度 G、系统压力 p 以及热流密度 q，就可以按热平衡方程计算出出口热平衡含汽率 $x_{E,O}$。但要计算两相流压降 Δp，关键问题是确定 Φ_{L0}^2 和 α。

对于汽水加热系统，广泛采用马蒂内利 - 内尔逊关系式（M-N 方法）来求得 Φ_{L0}^2 和 α。马蒂内利 - 内尔逊已把局部的 Φ_{L0}^2 和 α 作成局部的含汽率 x 和压力 p 的函数曲线图，如图 5-15 和前面的图 5-13 所示。表 5-4 也给出了汽水系统的 Φ_{L0}^2 作为 x 和 p 的函数，并同时给出了均匀流模型式(5-122) 计算的 $\Phi_{L0,h}^2$，以便和 M-N 法的 Φ_{L0}^2 值进行比较。

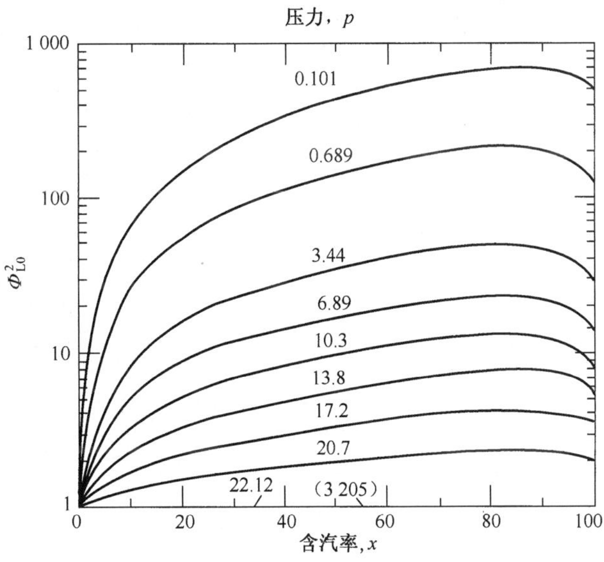

图 5-15　Φ_{L0}^2 作为含汽率 x 和压力 p 的函数

图 5-15 中的 Φ_{L0}^2 还可以用如下近似公式计算：

$$\Phi_{L0}^2=[1+4x(1-x)]\left[x\frac{\rho_L}{\rho_G}+1-x\right]^{0.853}，\text{M—N 近似式} \tag{5-132}$$

其中 $\Phi_{L0,h}^2=\left[1+x\left(\frac{v_G-v_L}{v_L}\right)\right]\left[1+\left(\frac{\mu_L}{\mu_G}-1\right)\right]^{-0.25}$

表 5-4　汽—水系统 M—N 的 Φ_{L0}^2 和均匀流模型的 $\Phi_{L0,h}^2$ 的比较

含汽率 x	Φ_{L0}^2 / $\Phi_{L0,h}^2$	压力 p/MPa								
		0.101	0.689	3.44	6.89	10.3	13.8	17.2	20.7	22.12
0.01	Φ_{L0}^2	5.6	3.5	1.8	1.6	1.35	1.2	1.1	1.05	1
	$\Phi_{L0,h}^2$	16.2	3.4	1.44	1.19	1.10	1.05	1.04	1.01	1

续表

含汽率 x	Φ^2_{L0} / $\Phi^2_{L0,h}$	压力 p/MPa								
		0.101	0.689	3.44	6.89	10.3	13.8	17.2	20.7	22.12
0.05	Φ^2_{L0}	30	15	5.3	3.6	2.4	1.75	1.43	1.17	1
	$\Phi^2_{L0,h}$	67.6	12.2	3.12	1.89	1.49	1.28	1.16	1.06	1
0.1	Φ^2_{L0}	69	28	8.9	5.4	3.4	2.45	1.75	1.30	1
	$\Phi^2_{L0,h}$	121.2	21.8	5.06	2.73	1.95	1.56	1.30	1.13	1
0.2	Φ^2_{L0}	150	56	16.2	8.6	5.1	3.25	2.19	1.51	1
	$\Phi^2_{L0,h}$	212.2	38.7	7.8	4.27	2.81	2.08	1.60	1.25	1
0.3	Φ^2_{L0}	245	83	23	11.6	6.8	4.04	2.62	1.68	1
	$\Phi^2_{L0,h}$	292.8	53.8	11.74	5.71	3.60	2.57	1.87	1.36	1
0.4	Φ^2_{L0}	350	115	29.2	14.4	8.4	4.82	3.02	1.83	1
	$\Phi^2_{L0,h}$	366	67.3	14.7	7.03	4.36	3.04	2.14	1.48	1
0.5	Φ^2_{L0}	450	145	34.9	17.0	9.9	5.59	3.38	1.97	1
	$\Phi^2_{L0,h}$	435	80.2	17.45	8.30	5.08	3.48	2.41	1.60	1
0.6	Φ^2_{L0}	545	174	40.0	19.4	11.1	6.34	3.70	2.10	1
	$\Phi^2_{L0,h}$	500	92.4	20.14	9.50	5.76	3.91	2.67	1.71	1
0.7	Φ^2_{L0}	625	199	44.6	21.4	12.1	7.05	3.96	2.23	1
	$\Phi^2_{L0,h}$	563	104.2	22.7	10.7	6.44	4.33	2.89	1.82	1
0.8	Φ^2_{L0}	685	216	48.6	22.9	12.8	7.70	4.15	2.35	1
	$\Phi^2_{L0,h}$	623	115.7	25.1	11.81	7.08	4.74	3.14	1.93	1
0.9	Φ^2_{L0}	720	210	48	22.3	13.0	7.95	4.2	2.38	1
	$\Phi^2_{L0,h}$	682	127	27.5	12.9	7.75	5.21	3.37	2.04	1
1	Φ^2_{L0}	525	130	30.0	15.0	8.6	5.9	3.7	2.15	1
	$\Phi^2_{L0,h}$	738	137.4	29.8	13.98	8.32	5.52	3.60	2.14	1

按已知的压力 p 和含汽率 x 可由图 5-15 或表 5-4 查出对应的 Φ^2_{L0} 值或从 M—N 近似式(5-132)计算出 Φ^2_{L0}，然后乘以饱和水以总质量流密度 G 流经同一管道的单相摩擦压力梯度就得到两相流摩擦压力梯度。

为了便于计算汽—水两相流的压降，马蒂内利—内尔逊利用图 5-15 中的曲线计算了积分项 $r_3 = \frac{1}{x_{E,O}}\int_0^{x_{E,O}} \Phi^2_{L0}\,dx$，并示于图 5-16 上。对于进口为饱和水($x_{E,in} = 0$)，出口含汽率 $x_E = x_{E,O}$ 的均匀受热管道，可按压力 p 和 $x_{E,O}$ 的值从图 5-16 上查出 r_3 值，然后乘以 $\Delta p_{L,0} = \frac{2f'_{L0}G^2Lv_L}{D}$，就得到两相摩擦压降 Δp_F。

在等截面加热管道中，由于汽—水混合物比容的变化会引起流速的变化，从而产生加速度压降。在式(5-131)中，加速度压降 Δp_A 的表达式为

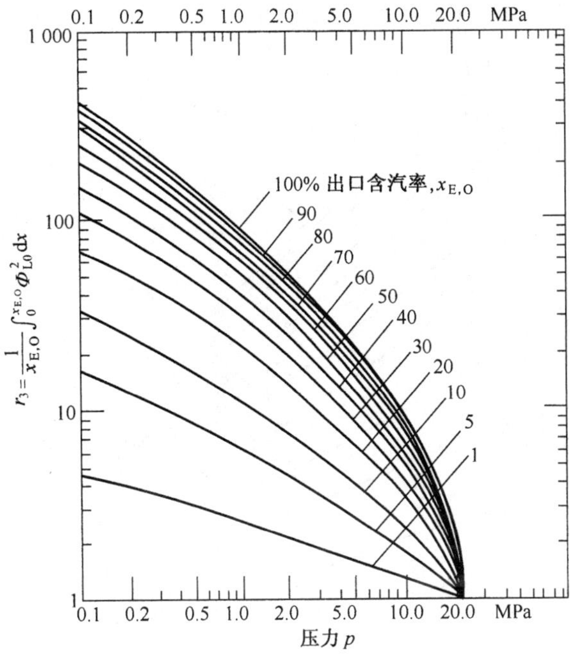

图 5-16 M—N 汽—水两相流 $r_3(x_{E,O},p)$

$$\Delta p_A = G^2 v_L\left[\frac{x_{E,O}^2 v_G}{\alpha_{E,O} v_L}+\frac{(1-x_{E,O})^2}{1-\alpha_{E,O}}-1\right]=G^2 v_L r_2(x_{E,O},p) \tag{5-133}$$

其中,r_2 称为加速度压降倍率,M—N 利用图 5-13 中的空泡份额 α 的值将 r_2 求出,并作为压力 p 和出口含汽率 $x_{E,O}$ 的函数关系示于图 5-17 上。

M—N 曲线是在水平管实验基础上发展起来的,但它仍可用于垂直管的两相流压降计算,并且还可推广于其他流体的两相流压降计算。一般认为,在低质量流密度范围内[$G<$ 1 360 kg/(m^2 · s)],M—N 关系式给出了比均匀流模型更准确的压降预测;而在较高质量流密度范围内[$G>$2 000～5 000 kg/(m^2 · s)],均匀流模型给出更符合实验的计算结果。

垂直受热管道中的重力压降 Δp_G 用下式:

$$\Delta p_G = g\int_0^L[\alpha\rho_G+(1-\alpha)\rho_L]dz = Lg\rho_L r_4(x_{E,O},p) \tag{5-134}$$

式中,r_4 称为重力压降倍率,其值见表 5-5。

表 5-5 重力压降倍率 r_4 随 p 和 $x_{E,O}$ 的变化

$x_{E,O}$/%	1	5	10	20	30	40	50	60	70	80	90	100
1.72 MPa	0.842	0.549	0.399	0.268	0.206	0.167	0.142	0.123	0.109	0.098	0.089	0.081
4.13 MPa	0.915	0.696	0.549	0.399	0.317	0.269	0.228	0.201	0.18	0.163	0.149	0.136
8.61 MPa	0.956	0.823	0.705	0.558	0.468	0.406	0.357	0.321	0.291	0.267	0.248	0.229
14.5 MPa	0.991	0.91	0.836	0.718	0.637	0.575	0.526	0.482	0.444	0.413	0.389	0.364
20.7 MPa	0.994	0.97	0.941	0.889	0.843	0.803	0.767	0.733	0.702	0.675	0.651	0.626

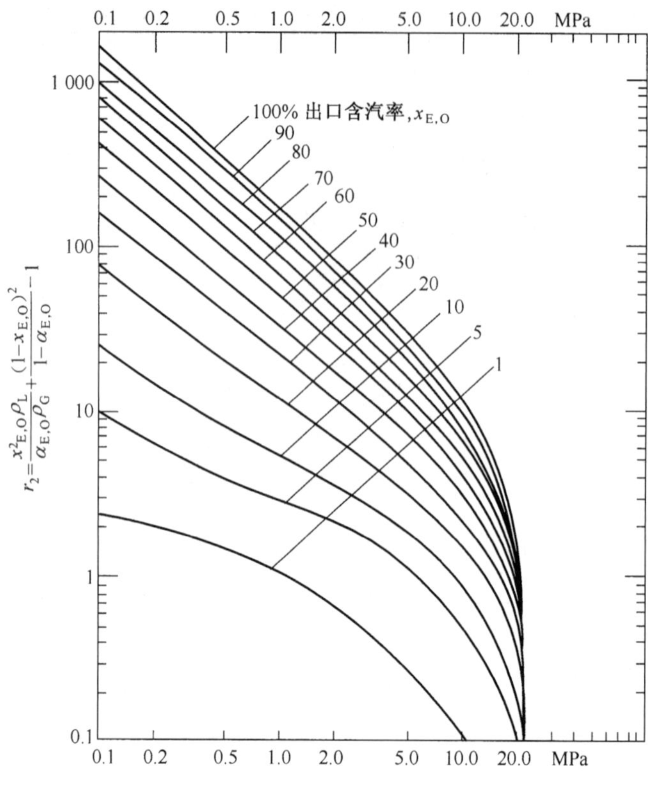

图 5-17 M—N 对汽—水算得的 $r_2(p,x_e)$

对于向上流动，重力压降取正值；对于向下流动，重力压降取负值。

总的两相流压降为：

$$\Delta p = \Delta p_F + \Delta p_A + \Delta p_G \tag{5-135}$$

M—N 方法考虑了压力 p 对 Φ^2_{L0} 的影响，但没有考虑质量流密度 G 对 Φ^2_{L0} 的影响。事实上，许多实验研究表明，质量流密度 G 对两相流摩擦折算系数 Φ^2_{L0} 是有影响的。Chisholm 所提出的关系式考虑了质量流密度 G 对两相流摩擦折算系数 Φ^2_{L0} 的影响，并适用于光滑管内两相混合物湍流流动，其关系式如下：

$$\Phi^2_{L0} = 1 + (R^2 - 1)\cdot[Bx^{(2-n)/2}(1-x)^{(2-n)/2} + x^{2-n}] \tag{5-136}$$

式中，

$$R = \left[\left(\frac{dp}{dz}\right)_{G0}\Big/\left(\frac{dp}{dz}\right)_{L0}\right]^{0.5} = \left(\frac{\rho_L}{\rho_G}\right)^{0.5}\left(\frac{\mu_G}{\mu_L}\right)^{0.5n} \tag{5-136A}$$

n 为布拉修斯摩擦因子方程中雷诺数的指数（$n = 0.25$ 或 $n = 0.2$；对粗糙管 $n = 0$）。B 值取决于 R 和 G，如表 5-6 所示。

表 5-6 光滑管的 B 值

R	G/[kg/(m² · s)]	B
<9.5	≤500	4.8
	500<G<1 900	$2\,400/G$
	≥1 900	$55/G^{0.5}$
9.5≤R≤28	≤600	$520/RG^{0.5}$
	>600	$21/R$
>28		$15\,000/R^2\cdot G^{0.5}$

1959 年 Armand 整理了汽—水混合物在粗糙管内流动的实验数据（$D=25.5$ mm和 56 mm，$p=1\sim18$ MPa）得出 Φ_{L0}^2与 α 和 x 的关系如下：

$$\Phi_{L0}^2=\begin{cases}1.0 & \alpha=0 \text{ 和 } \alpha=1\\ \dfrac{(1-x)^2}{(1-\alpha)^{1.42}} & 0.39<(1-\alpha)<1.0\\ \dfrac{0.478(1-x)^2}{(1-\alpha)^{2.2}} & 0.1<(1-\alpha)\leqslant 0.39\\ \dfrac{1.73(1-x)^2}{(1-\alpha)^{1.64}} & 0<(1-\alpha)\leqslant 0.1\end{cases}\tag{5-137}$$

其中，$\alpha=(0.833+0.167x)\beta$

例题 5-8

设有一垂直管段，管内径 $D=10$ mm，管长 $L=3.7$ m，沿管全长均匀加热，其总热功率 $P_{th}=100$ kW，管内压力 $p=6.89$ MPa，进口水向上流动，其进口水温度 $T_{in}=204$ ℃，流量 $m=0.11$ kg/s，已知管进口水比焓 $h_{in}=0.87\times10^6$ J/kg，饱和水比焓 $h_f=1.26\times10^6$ J/kg，饱和温度 $T_S=285$ ℃，饱和水黏度 $\mu_L=9.6\times10^{-5}$ Pa・s，饱和水比容 $v_L=0.001\ 35$ m^3/kg，饱和蒸汽比容 $v_G=0.027\ 8$ m^3/kg，汽化潜热 $h_{fg}=1.51\times10^6$ J/kg。

（1）试计算将水加热到饱和温度所需要的管长 $z_{SC}=$？

（2）试推导出饱和沸腾段热平衡含汽率 $\dfrac{dx_E(z)}{dz}$ 与饱和沸腾段长度 L_B 和 $x_{E,O}$ 的关系。

（3）试用均匀流模型计算饱和沸腾段汽－水两相流总压降。

解：（1）$z_{SC}=\dfrac{m(h_f-h_{in})}{q\pi D}=\dfrac{m(h_f-h_{in})}{\pi D(P_{th}/\pi DL)}=\dfrac{0.11\times(1.26-0.87)\times10^6}{100\ 000/3.7}=1.587$ m；

所以饱和沸腾段长度 $L_B=L-z_{SC}=3.7-1.587=2.113$ m

（2）$\dfrac{dx_E(z)}{dz}=\dfrac{\pi Dq}{mh_{fg}}$，$x_{E,O}=\dfrac{h-h_f}{h_{fg}}=\dfrac{\pi DqL_B}{mh_{fg}}$，所以

$$\frac{dx_E(z)}{dz}=\frac{x_{E,O}}{L_B}$$

（3）$f'_{L0}=\dfrac{0.079}{(GD/\mu_L)^{0.25}}=\dfrac{0.079}{(1\ 400\times0.01/9.6\times10^{-5})^{0.25}}=0.004\ 04$

$$q=P_{th}/\pi DL/100\ 000/\pi\times0.01\times3.7=860\ 297\ \text{W/m}^2$$

$$x_{E,O}=\frac{h-h_f}{h_{fg}}=\frac{\pi DqL_B}{mh_{fg}}=\frac{\pi\times0.01\times860\ 297\times2.113}{0.11\times1.51\times10^6}=0.344$$

$$\Delta p=\frac{2f'_{L0}G^2v_LL_B}{D}\left[1+\frac{x_{E,O}}{2}\left(\frac{v_G}{v_L}-1\right)\right]+G^2(v_G-v_L)x_{E,O}+$$

$$\frac{gL_B}{x_{E,O}(v_G-v_L)}\ln\left[1+\frac{x_{E,O}(v_G-v_L)}{v_L}\right]$$

$$=\frac{2\times0.004\ 04\times1\ 400^2\times0.001\ 35\times2.113}{0.01}\times\left(1+\frac{0.344\times0.026\ 45}{2\times0.001\ 35}\right)+$$

$$1\ 400^2\times0.026\ 45\times0.344+\frac{9.8\times2.113}{0.344\times0.026\ 45}\ln\left(1+\frac{0.344\times0.026\ 45}{0.001\ 35}\right)$$

$$=19\ 752+17\ 834+4\ 657$$

$$=42\ 250\ \text{Pa}$$

例题 5-9

一垂直管段，管内径 $D=10.16\ \text{mm}$，管段长 $L=3.66\ \text{m}$，沿管全长均匀加热，其总加热功率为 100 kW，管内压力 $p=6.89\ \text{MPa}$，进口水温 $T_{\text{f,in}}=204\ ℃$，进口水流量 $m=0.108\ \text{kg/s}$，试用均匀流模、M-N 方法和 Chisholm 关系式计算管段总压降 Δp。

已知物性参量：204 ℃水的比焓 $h_{\text{L,in}}=0.872\times10^{6}\ \text{J/kg}$，在 6.89 MPa 下水的饱和比焓 $h_{\text{f}}=1.26\times10^{6}\ \text{J/kg}$，在 6.89 MPa 下水的汽化潜热 $h_{\text{fg}}=1.51\times10^{6}\ \text{J/kg}$，在 6.89 MPa 下水的饱和温度 $T_{\text{S}}=285\ ℃$。

解：

1. 通过管段 L 的比焓升

$\Delta h = P_{\text{th}}/m = 100\times10^{3}/0.108 = 0.926\times10^{6}\ \text{J/kg}$；

将水预热到饱和温度所需要的管长 z_{SC} 为

$$z_{\text{SC}}=\frac{m(h_{\text{f}}-h_{\text{in}})}{\pi D(P_{\text{th}}/\pi DL)}=\frac{0.108\times(1.26-0.872)\times10^{6}}{100\times10^{3}/3.66}=1.534\ \text{m};$$

2. 出口含汽率

$$x_{\text{E,O}}=\frac{h_{\text{out}}-h_{\text{f}}}{h_{\text{fg}}}=\frac{\Delta h+h_{\text{in}}-h_{\text{f}}}{h_{\text{fg}}}=\frac{0.926+0.872-1.26}{1.51}=0.356;$$

3. 预热段 z_{SC} 单相水的压降 ΔP_{s}

质量流密度 $G=m/\left(\dfrac{1}{4}\pi D^{2}\right)=\dfrac{4\times0.108}{\pi(0.01016)^{2}}=1332\ \text{kg/(m}^{2}\cdot\text{s)}$

在 $T_{\text{in}}=204\ ℃$ 下：$\mu_{\text{L,in}}=1.32\times10^{-4}\ \text{N}\cdot\text{s/m}^{2}$，

$v_{\text{L,in}}=1.163\times10^{-3}\ \text{m}^{3}/\text{kg}$，

在 $T_{\text{S}}=285\ ℃$ 下：$\mu_{\text{L,S}}=0.96\times10^{-4}\ \text{N}\cdot\text{s/m}^{2}$，

$v_{\text{L,S}}=1.35\times10^{-3}\ \text{m}^{3}/\text{kg}$。

所以预热段平均物性为

$$\mu_{\text{L}}=\frac{1}{2}(\mu_{\text{L,in}}+\mu_{\text{L,S}})=\frac{(1.32+0.96)\times10^{-4}}{2}=1.14\times10^{-4}\ \text{N}\cdot\text{s/m}^{2},$$

$$v_{\text{L}}=\frac{1}{2}(v_{\text{L,in}}+v_{\text{L,S}})=\frac{(1.163+1.35)\times10^{-3}}{2}=1.2565\times10^{-3}\ \text{m}^{3}/\text{kg}。$$

平均雷诺数 $Re_{\text{L}}=\dfrac{GD}{\mu_{\text{L}}}=\dfrac{1332\times0.01016}{1.14\times10^{-4}}=1.187\times10^{5}$，

平均摩擦因子 $f'_{\text{L0}}=0.079Re_{\text{L}}^{-0.25}=0.079\times(1.187\times10^{5})^{-0.25}=4.256\times10^{-3}$。

预热段摩擦压降：

$$\Delta p_{F,S}=\frac{2f'_{\text{L0}}G^{2}v_{\text{L}}z_{\text{SC}}}{D}=\frac{2\times4.256\times10^{-3}\times(1332)^{2}\times1.2565\times10^{-3}\times1.534}{0.01016}$$

$$=2.865\times10^{3}\ \text{Pa};$$

比容改变引起水加速度压降：

$\Delta p_{A,S}=G^{2}(v_{\text{L,S}}-v_{\text{L,in}}=(1332)^{2}\times(1.35-1.163)\times10^{-3}=0.332\times10^{3}\ \text{Pa}$；

重力压降：

$$\Delta p_{G,S}=\frac{gz_{\text{SC}}}{v_{\text{L}}}=\frac{9.8\times1.534}{1.2565\times10^{-3}}=11.96\times10^{3}\ \text{Pa}。$$

预热段 z_{SC} 单相水的压降：

$\Delta p_S = \Delta p_{F,S} + \Delta p_{A,S} + \Delta p_{G,S} = (2.865 + 0.332 + 11.96) \times 10^3 = 15.157 \times 10^3$ Pa。

4. 两相流段压降 Δp_{TP}

(1) 均匀流模型

首先估算 $G^2 x \dfrac{dv_g}{dp}$：在 6.89 MPa，$\dfrac{dv_g}{dp} = -4.6 \times 10^{-9} \left(\dfrac{m^2/kg}{N/m^2}\right)$，

所以，$G^2 x \dfrac{dv_g}{dp} = (1\,332)^2 \times 0.356 \times (-4.6 \times 10^{-9}) = -0.002\,9$

因此，$\left|G^2 x \dfrac{dv_g}{dp}\right| \ll 1$，假定 f'_{TP}、$v_{G,S}$ 和 $v_{L,S}$ 沿饱和沸腾段管长不变化，则可用式(5-110)来计算 Δp_{TP}。但先计算 f'_{TP}，已知在 6.89 MPa 下，$\mu_{L,S} = 0.96 \times 10^{-4}$ N·s/m²，$\mu_{G,S} = 1.89 \times 10^{-5}$ N·s/m²，$v_{G,S} = 0.027\,8$ m³/kg，在饱和沸腾段内的平均含汽率 $\bar{x} = 0.5(x_{E,in} + x_{E,O}) = 0.5 \times (0 + 0.356) = 0.178$，在饱和沸腾段内汽—液两相流平均比容为：

$\bar{v} = \bar{x} v_{G,S} + (1 - \bar{x}) v_{L,S} = 0.178 \times 0.027\,8 + (1 - 0.178) \times 0.001\,35 = 0.006\,06$ m³/kg。

关于两相黏度 μ 可以用如下 5 种方法确定：

1) $\mu = \mu_{L,S} = 0.96 \times 10^{-4}$ N·s/m²；

2) $\dfrac{1}{\mu} = \dfrac{\bar{x}}{\mu_{G,S}} + \dfrac{1 - \bar{x}}{\mu_{L,S}} = \dfrac{0.178}{1.89 \times 10^{-5}} + \dfrac{1 - 0.178}{9.6 \times 10^{-5}}$，$\mu = 5.56 \times 10^{-5}$ N·s/m²；

3) $\mu = \bar{x}\mu_{G,S} + (1 - \bar{x})\mu_{L,S} = 0.178 \times 1.89 \times 10^{-5} + (1 - 0.178) \times 9.6 \times 10^{-5}$
$= 8.23 \times 10^{-5}$ N·s/m²；

4) $\mu = \dfrac{1}{v}[\bar{x} v_{G,S}\mu_{G,S} + (1 - \bar{x}) v_{L,S}\mu_{L,S}]$

$\mu = \dfrac{[0.178 \times 0.027\,8 \times 1.89 + (1 - 0.178) \times 0.001\,35 \times 9.6] \times 10^{-5}}{0.006\,06} = 3.3 \times 10^{-5}$ N·s/m²；

5) $\mu = \mu_{L,S}\left[1 + x\left(\dfrac{v_{G,S}}{v_{L,S}} - 1\right)\right] = 9.6 \times 10^{-5}\left[1 + 0.178 \times \left(\dfrac{0.027\,8}{0.001\,35} - 1\right)\right] = 43.1 \times 10^{-5}$ N·s/m²。

对应的两相流摩擦因子：$f'_{TP} = 0.079(GD/\mu)^{-0.25}$

$$f'_{TP} = \begin{cases} 0.004\,08, 1) \\ 0.003\,56, 2) \\ 0.003\,92, 3) \\ 0.003\,12, 4) \\ 0.005\,93, 5) \end{cases}$$

汽—液两相流摩擦压降：

$$\Delta p_F = \frac{2 f'_{TP} G^2 v_{L,S}(L - z_{SC})}{D}\left[1 + \frac{x_{E,O}}{2}\left(\frac{v_{G,S} - v_{L,S}}{v_{L,S}}\right)\right]$$

$$\Delta p_F = \frac{2 \times (1\,332)^2 \times 0.001\,35 \times (3.66 - 1.534)}{0.010\,16}\left[1 + \frac{0.356 \times (0.027\,8 - 0.001\,35)}{2 \times 0.001\,35}\right] f'_{TP}$$

$$\Delta p_F = 4.5 \times 10^6 f'_{TP}$$

$$\Delta p_F = \begin{cases} 18.36\times 10^3 & 1) \\ 16.02\times 10^3 & 2) \\ 17.64\times 10^3 & 3) \\ 14.04\times 10^3 & 4) \\ 26.69\times 10^3 & 5) \end{cases} \ \text{Pa}$$

加速度压降：

$\Delta p_A = G^2(v_{G,S} - v_{L,S})x_{E,O} = (1\,332)^2(0.027\,8 - 0.001\,35)\times 0.356 = 16.71\times 10^3\ \text{Pa}$；

重力压降：

$$\Delta p_G = \frac{(L - z_{SC})g\sin\theta}{(v_{G,S} - v_{L,S})x_{E,O}}\ln\left(1 + \frac{v_{G,S} - v_{L,S}}{v_{L,S}}x_{E,O}\right)$$

$$= \frac{2.126\times 9.8}{0.026\,45\times 0.356}\ln\left(1 + \frac{0.026\,45\times 0.356}{0.001\,35}\right) = 4.6\times 10^3\ \text{Pa}。$$

(2) M—N 关系式

应用方程(5-131)。

摩擦压降：

$$\Delta p_F = \frac{2f'_{L0}G^2 v_{L,S}(L - z_{SC})}{D}\cdot\frac{1}{x_{E,O}}\int_0^{x_{E,O}}\Phi_{L0}^2\,dx$$

在 $p = 6.89$ MPa 和 $x_{E,O} = 0.356$ 下，由图 5-16 查得

$$\frac{1}{x_{E,O}} = \int_0^{x_{E,O}}\Phi_{L0}^2\,dx = r_3 = 7.05$$

所以，$\Delta p_F = \dfrac{2\times 0.004\,08\times(1\,332)^2\times 0.001\,35\times 2.126\times 7.05}{0.010\,16} = 28.83\times 10^3\ \text{Pa}$；

加速度压降，按式(5-133)：$\Delta p_A = G^2 v_L r_2(x_{E,O}, p)$，由图5-17查得，在 $p = 6.89$ MPa 和 $x_{E,O} = 0.356$ 下，$r_2 = 4.4$。所以，

$$\Delta p_A = (1\,332)^2\times 0.001\,35\times 4.4 = 10.54\times 10^3\ \text{Pa};$$

重力压降：

$\Delta p_G = \dfrac{g(L - z_{SC})r_4}{v_{L,S}}$，由表 5-5 查得 $r_4 = 0.38$

$$\Delta p_G = \frac{9.8\times 2.126\times 0.38}{0.001\,35} = 5.86\times 10^3\ \text{Pa}。$$

(3) Chisholm 关系式(取 $n=0.2$)

$$R = \left(\frac{\rho_{L,S}}{\rho_{G,S}}\right)^{0.5}\left(\frac{\mu_{G,S}}{\mu_{L,S}}\right)^{0.5n} = \left(\frac{0.0278}{0.001\,35}\right)^{0.5}\left(\frac{1.89\times 10^{-5}}{9.6\times 10^{-5}}\right)^{0.5\times 0.2} = 3.86$$

因此，$R<9.5$，所以

$$B = 2\,400/G = 2\,400/1\,332 = 1.802$$

$$\Phi_{L0}^2 = 1 + (R^2 - 1)[Bx^{(2-n)/2}(1-x)^{(2-n)/2} + x^{2-n}]$$

$$= 1 + (3.86^2 - 1)[1.802x^{0.9}(1-x)^{0.9} + x^{1.8}],$$

所以，
$$\frac{1}{x_{E,O}}\int_0^{x_{E,O}}\Phi_{L0}^2\,dx = \frac{1}{x_{E,O}}\int_0^{x_{E,O}}\{1 + 13.9[1.802x^{0.9}(1-x)^{0.9} + x^{1.8}]\}dx$$

$$\approx \frac{1}{x_{E,O}}\int_0^{x_{E,O}}\{1 + 13.9[1.802x - 0.802x^2]dx$$

$$= 1 + 13.9\left(\frac{1.802}{2}x_{\mathrm{E,O}} - \frac{0.802}{3}x_{\mathrm{E,O}}^2\right)$$

$$= 1 + 13.9\left(0.901 \times 0.356 - \frac{0.802 \times 0.356^2}{3}\right) = 4.99;$$

所以，$\Delta p_F = \dfrac{2 \times 0.004\ 08 \times (1\ 332)^2 \times 0.001\ 35 \times 2.126 \times 4.99}{0.010\ 16} = 20.41 \times 10^3\ \mathrm{Pa}$。

加速度和重力压降与 M—N 取同样的值。

5. 总压降 Δp=单相段+两相段

单相流段 $\Delta p_S = 15.157 \times 10^3$ Pa，汽—液两相流段压降表 5-7。

表 5-7　汽—液两相流段压降

压降分量/kPa	均匀流模型					M—N	Chisholm
	1)	2)	3)	4)	5)		
Δp_F	18.36	16.02	17.64	14.04	26.69	28.83	20.41
Δp_A	16.71	16.71	16.71	16.71	16.71	10.54	10.54
Δp_G	4.6	4.6	4.6	4.6	4.6	5.86	5.86
Δp_{TP}	39.67	37.33	38.94	35.34	48.00	45.23	36.81
总 Δp	54.83	52.49	54.1	50.5	63.16	60.39	51.97
全部模型的平均值 $\Delta p = 55.35$							
最大值 $\Delta p_{\max} = 63.16$							
最小值 $\Delta p_{\min} = 50.5$							

5.6.2.2　两相流动局部压降和压力损失

在反应堆系统内，经常会遇到两相介质流经通道截面突然发生变化的情况，例如冷却剂通道的进出口、阀门、定位格架、孔板等。当气（汽）—液两相流流经这些部位时会产生局部压降和局部压力损失。它们是由动能变化和涡流区的形成以及碰撞、转向等所引起的，并受流动机构的影响。两相流局部压降和压力损失的计算，对反应堆的设计是很重要的。但是目前还不能用纯理论分析方法来计算它们，只能靠实验或者半理论半经验方法来处理它们。

(1) 截面突然扩大

两相流通过截面突然扩大时，会发生附面层的脱离，形成涡流区，造成涡流损失。这种情况可按分离流模型计算局部压降和局部压力损失。图 5-18 示出两相流流经水平的突扩接头。由于接头长度很短，所以可忽略壁面摩擦阻力。对截面 1 和 2 之间的控制体积，可以列出如下守恒方程：

两相混合物质量守恒方程：

$$m_1 = m_2 \text{ 或}$$

$$m_{\mathrm{L}} = (1-x)m = (1-\alpha)\rho_{\mathrm{L}} A u_{\mathrm{L}}$$

$$m_G = xm = \alpha\rho_G A u_G \qquad (5\text{-}138)$$

两相混合物动量守恒方程：

$$p_2 A_2 - p_1 A_1 - p_{10} A_{10} = m_{L,1} u_{L,1} + m_{G,1} u_{G,1} - m_{L,2} u_{L,2} - m_{G,2} u_{G,2} \qquad (5\text{-}139)$$

式中，截面 A_{10} 表示突扩截面的肩部面积，通常假定 A_{10} 处的压力 p_{10} 等于 A_1 处的压力 p_1，即 $p_{10} = p_1$。于是式(5-139) 简化成

$$(p_2 - p_1)A_2 = m_{L,1} u_{L,1} + m_{G,1} u_{G,1} - m_{L,2} u_{L,2} - m_{G,2} u_{G,2} \qquad (5\text{-}140)$$

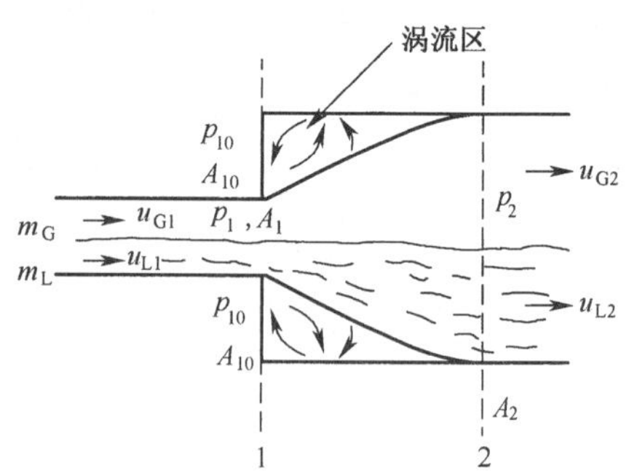

图 5-18 突扩接头两相流

假定在截面 1 和 2 之间没有相变，即 $x_1 = x_2 = x$，并利用

$$m_{L,1} = m_{L,2} = (1-x)m, m_{G,1} = m_{G,2} = xm, u_{L,1} = \frac{(1-x)m}{(1-\alpha_1)\rho_L A_1},$$

$$u_{L,2} = \frac{(1-x)m}{(1-\alpha_2)\rho_L A_2}, u_{G,1} = \frac{xm}{\alpha_1\rho_G A_1}, u_{G,2} = \frac{xm}{\alpha_2\rho_G A_2} \qquad (5\text{-}141)$$

则式(5-140)变成：

$$p_1 - p_2 = m^2\left\{\frac{(1-x)^2}{\rho_L}\left[\frac{1}{(1-\alpha_2)A_2^2} - \frac{1}{(1-\alpha_1)A_1 A_2}\right] + \frac{x^2}{\rho_G}\left(\frac{1}{\alpha_2 A_2^2} - \frac{1}{\alpha_1 A_1 A_2}\right)\right\} \qquad (5\text{-}142)$$

如果再假定流经突扩接头的空泡份额不变，即 $\alpha_1 = \alpha_2 = \alpha$，则式(5-142)可以简化成

$$p_1 - p_2 = \frac{m^2}{\rho_L}\left(\frac{1}{A_2^2} - \frac{1}{A_1 A_2}\right)\left[\frac{x^2\rho_L}{\alpha\rho_G} + \frac{(1-x)^2}{1-\alpha}\right] \qquad (5\text{-}143)$$

对于均匀流模型，式(5-143)简化成

$$p_1 - p_2 = \frac{m^2}{\rho_L}\left(\frac{1}{A_2^2} - \frac{1}{A_1 A_2}\right)\left[1 + x\left(\frac{\rho_L}{\rho_G}\right) - 1\right] \qquad (5\text{-}144)$$

由于 $A_1 < A_2$，所以式(5-143) 和(5-144) 等号右边是负值，即 $p_2 > p_1$。这说明两相流在流经突然扩大的截面时，和单相液体流情况一样，有一个静压力升高。比较式(5-143)[或式(5-144)] 与式(5-40) 可以清楚地看到，在相同质量流量和相同流道截面积的情况下，两相流所引起的压力升高要比单相液体流的大。而且含汽率越高，压力升高也越大。若 $x = 0$，$\alpha = 0$，则式(5-143)[或式(5-144)] 就与式(5-40) 一样了。从两相流所得到的结果与整个流动被假定为单相液体流时的结果相比，不难看出式(5-144) 方括号内这一项相当于两相流压降倍数。此外，和单相液体流情况一样，流经突扩接头动能的减少，只有一部分转变成压力能的增加，另一部分则由于涡流损失变成了热能。这部分损失的机械能用 dE 表示。截面 1 和 2 之间的控制体的两相混合物的能量守恒方程为

$$(p_1 - p_2)\left(\frac{m_G}{\rho_G} + \frac{m_L}{\rho_L}\right) = m\mathrm{d}E + \frac{1}{2}m_G(u_{G,2}^2 - u_{G,1}^2) + \frac{1}{2}m_L(u_{L,2}^2 - u_{L,1}^2) \qquad (5\text{-}145)$$

式中，dE 表示单位质量流体转变为热能（损失掉的）的机械能。利用前面式(5-138) 和(5-141)，并假定 $\alpha_1 = \alpha_2 = \alpha$，对式(5-145) 整理后可得到：

$$(p_1-p_2)=\frac{\mathrm{d}E}{\dfrac{x}{\rho_G}+\dfrac{1-x}{\rho_L}}-\frac{m^2\left(\dfrac{1}{A_1^2}-\dfrac{1}{A_2^2}\right)\left[\dfrac{x^3}{\alpha^2\rho_G^2}+\dfrac{(1-x)^3}{(1-\alpha)^2\rho_L^2}\right]}{2\left(\dfrac{x}{\rho_G}+\dfrac{1-x}{\rho_L}\right)} \tag{5-146}$$

式(5-146)等号右边第一项就是截面突然扩大的形阻压力损失，用 $\Delta p_{E,TP}$ 表示。联立式(5-146)和(5-143)就可以解得 $\Delta p_{E,TP}$ 的表达式：

$$\Delta p_{E,TP}=\frac{\mathrm{d}E}{\dfrac{x}{\rho_G}+\dfrac{1-x}{\rho_L}}=m^2\left(\frac{1}{A_1^2}-\frac{1}{A_1A_2}\right)\left\{\left(1+\frac{A_1}{A_2}\right)\left[\frac{x^3}{\alpha^2\rho_G^2}+\frac{(1-x)^3}{(1-\alpha)^2\rho_L^2}\right]\Big/ 2\left[\frac{x}{\rho_G}+\frac{1-x}{\rho_L}\right]-\frac{A_1}{A_2}\left[\frac{x^2}{\alpha\rho_G}+\frac{(1-x)^2}{(1-\alpha)\rho_L}\right]\right\} \tag{5-147}$$

对于均匀流模型，上式简化成

$$\Delta p_{E,TP}=\frac{m^2}{2\rho_L}\left(\frac{1}{A_1}-\frac{1}{A_2}\right)^2\left[1+x\left(\frac{\rho_L}{\rho_G}-1\right)\right] \tag{5-148}$$

应当指出，两相流经过突扩接头时，空泡份额 α 是变化的，即 $\alpha_1\neq\alpha_2$（即使含汽率 x 保持不变）。特别是对于低压汽—水两相流，按 $\alpha_1=\alpha_2$ 的条件计算时，误差有时很大。均匀流模型在高压和高质量流密度[$G>2\ 700\ \mathrm{kg/(m^2\cdot s)}$]下，按式(5-144)计算常给出满意的测算值。

(2) 截面突然缩小

两相流经突然收缩的接头时，紧接缩口后面形成一个面积为 A_C 的缩脉断面，如图 5-19 所示，然后流体再扩大到面积 A_2。流体从截面 1 到截面 C 为收缩流，属于加速运动，部分压力能转变成动能，涡流损失很小；自 C 截面到 2 截面为扩大流，其特性与突然扩大接头相仿，产生较大的涡流损失。在研究突缩接头引起的形阻压降时，主要考虑由截面 C 到截面 2 的突然扩大所造成的涡流损失。这样，式(5-143)和(5-146)可以应用到截面 C 至截面 2 这一段“扩大口”上，只是用 A_C 代替 A_1。所求得的两相流分离流模型的突缩接头的形阻压力损失（即局部压力损失）$\Delta p_{C,TP}$ 为

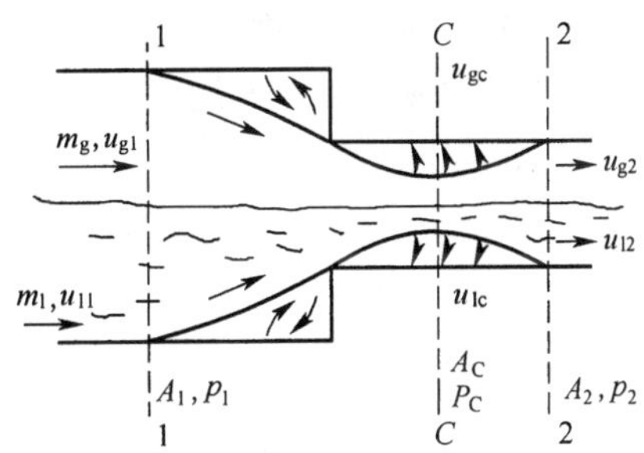

图 5-19 突缩接头的两相流

$$\Delta p_{C,TP}=\frac{\mathrm{d}E}{\dfrac{x}{\rho_G}+\dfrac{1-x}{\rho_L}}=m^2\left(\frac{1}{A_C^2}-\frac{1}{A_CA_2}\right)\left\{\left(1+\frac{A_C}{A_2}\right)\left[\frac{x^3}{\alpha^2\rho_G^2}+\frac{(1-x)^3}{(1-\alpha)^2\rho_L^2}\right]\Big/ 2\left[\frac{x}{\rho_G}+\frac{1-x}{\rho_L}\right]-\frac{A_C}{A_2}\left[\frac{x^2}{\alpha\rho_G}+\frac{(1-x)^2}{(1-\alpha)\rho_L}\right]\right\} \tag{5-149}$$

对于均匀流模型，上式可简化成

$$\Delta p_{C,TP}=\frac{m^2}{2\rho_L}\left(\frac{1}{A_C}-\frac{1}{A_2}\right)^2\left[1+x\left(\frac{\rho_L}{\rho_G}-1\right)\right] \tag{5-150}$$

截面突然缩小的流体静压力变化，应由动能变化而引起的加速度压降与形阻压力损失之和给出，对于均匀流模型为

$$p_1-p_2=\frac{m^2}{2\rho_LA_2^2}\left\{\left(\frac{A_2}{A_C}-1\right)^2+\left[1-\left(\frac{A_2}{A_1}\right)^2\right]\right\}\left[1+x\left(\frac{\rho_L}{\rho_G}-1\right)\right] \tag{5-151}$$

A_C 的大小与 A_2/A_1 的值有关，对于单相湍流，Perry 推荐值为：

A_2/A_1	0	0.2	0.4	0.6	0.8	1.0
A_C/A_2	0.586	0.598	0.625	0.686	0.790	1.0

由于 $A_C < A_2 < A_1$，式(5-151) 等号右边为正值，因而 $p_2 < p_1$。这说明截面突然缩小时，与单相流一样，在两相流中也导致一个静压降低。

有关汽水两相流的大量实验表明，由均匀流模型计算的结果与实验数据符合得较好。

(3) 孔板

气(汽)—液两相流经尖锐棱边的孔板所引起的压降常作为流量测量。两相流通过孔板的流动与突缩接头的情形相似，如图 5-20所示。

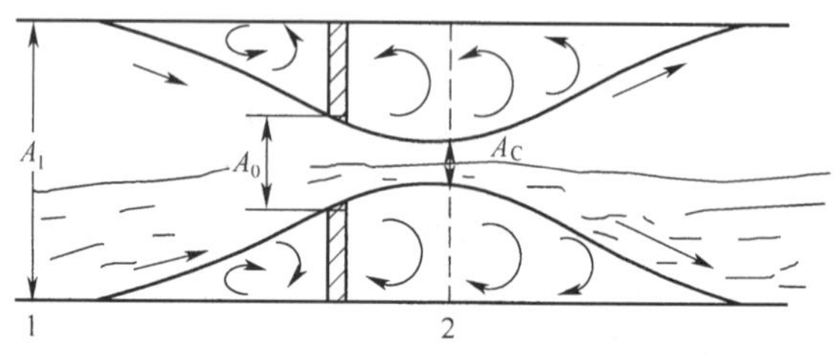

图 5-20 通过孔板的两相流

流体流经孔板时由于截面突然缩小而使流速突然加大，但最大流速并不发生在孔口上，而是在缩脉断面 A_C 处。Murdock 采用分析单相流的方法来处理两相流，并给出计算两相流经孔板的压降 Δp_{TP}的关系式为

$$\sqrt{\Delta p_{TP}} = \sqrt{\Delta p_L} + \sqrt{\Delta p_G} \tag{5-152}$$

式中，Δp_L 为两相流中只液相单独流过孔板时的压降；Δp_G 为两相流中只气(汽) 相单独流过孔板时的压降。

实验表明，流经孔板两相流压降的实际值要比用式(5-152)算出的大。所以，Murdock 提出如下修正式

$$\sqrt{\Delta p_{TP}} = 1.26\sqrt{\Delta p_L} + \sqrt{\Delta p_G} \tag{5-153}$$

5.7 临界流动

5.7.1 临界流动现象

在图 5-21 中，管道上游是一个充满可压缩流体的容器，下游通向一个大空间。如果上游容器中的压力 p_0 固定不变，且容器中流体温度 T_0 和比容 v_0 为定值。当大空间的压力 p_b(背压) 低于 p_0 时(图中曲线 1)，可压缩流体便沿管道开始流动，并在 p_0 与通道出口处压力 p_e之间建立一个压力梯度，这时的 p_e 等于 p_b。当 p_b 进一步降低时，p_e 随之降低，管出口流体速度 u(或流量 m) 相应增大，此时 p_e 仍等于 p_b(曲线 2)。然而，当 p_b 降低得足够低，以致使出口处流体速度 u 增加到等于出口温度和压力下的声速 c 时，出口的流体速度 u 或者出口流量 m 就达到了最大值(曲线 3)。此后，再进一步降低 p_b 也不会使出口流速或流量增加，也不会使 p_e 降低(曲线 4 和 5)。这种使出口流量保持在最大值的流动叫做临界流动，其最大流量称为临界流量 m_C。当 p_b 降低而 p_e 保持不变时，在 p_e 与 p_b 之间的流体就在通道外面自由

扩张，并呈抛物线形状。

出口截面上压力 p_e 不随 p_b 继续下降并因此使流体速度达到临界速度，这可以用压力变化（压力波）在流体中传播的特性来解释。在不流动的可压缩流体中，某处的压力变化不会立刻传遍整个流体，而是以流体内的声速传播。在流动的可压缩流体中，压力变化传播的绝对速度（相对于上游静止的管道）等于声速与流体速度之差（即 $c-u$）。随背压 p_b 的下降，流速 u 渐增，这个差值渐小，直到 p_b 降低到使 $u=c$ 时，这个差值便等于零。这时出口截面（即临界截面）上的压力 p_e 就是临界压力 p_C。如果再进一步降低背压 p_b 使之低于临界压力 p_C，则由于出口流体速度已等于声速，背压 p_b 的变化就传播不到出口截面了。这时出口截面上的压力仍保持 p_C，它高于背压 p_b。

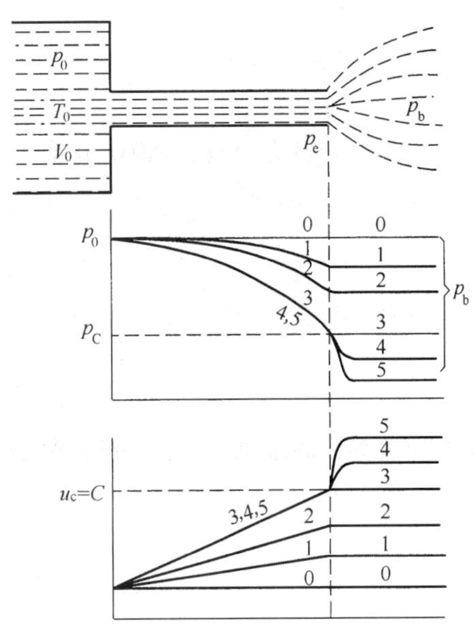

图 5-21　临界流现象

临界流动现象在单相流和两相流（两相流也是可压缩流体）中都可能发生，它不仅发生在管道断裂的破口处，而且也可能发生在破口上游的某截面上，只要那里的流体速度足够高。

临界流动在反应堆事故分析中十分重要。在水冷反应堆一回路系统中，充满着高温高压的冷却水。当回路管道发生破裂时，冷却水从破口喷出，回路迅速卸压，回路内的高温水急剧汽化，形成汽—液两相流，破口一般处于两相临界流动状态，破口排放流量达到临界流量。破口流量决定了冷却剂的丧失速率和一回路卸压速率，从而影响到堆芯冷却能力和应急堆芯冷却系统的设计。

5.7.2　单相流体的临界流动

在单相可压缩流体的流动中，常用如下三个准则之一来判断某一截面发生临界流动：

1. 当临界截面的下游工况在一定范围内变化时，其上游流动不受影响；
2. 对应于给定的上游工况，临界截面上的流量达到最大值；
3. 在临界截面上，流速等于等熵声速 $c=\left(\dfrac{\partial p}{\partial \rho}\right)_S^{0.5}$。

在单相临界流理论分析中，常以可压缩流体在水平管内的一维稳态流动作为分析对象，并假定流体对外既不作功也没有热交换。在这种情况下，连续性方程和动量方程为

$$m=A\rho u \tag{5-154}$$

$$-A\mathrm{d}p-\mathrm{d}F_W=m\mathrm{d}u \tag{5-155}$$

式中：

m—— 质量流量；

A—— 管道横截面积；

ρ—— 流体密度；

u—— 流体速度；

F_W—— 壁面摩擦力；

p—— 为压力。

如果忽略摩擦力，也就是说研究绝热无摩擦的等熵流动，则 $dF_W = 0$。这时把式(5-154)和(5-155)合并就得到

$$\frac{du}{dp} + \frac{1}{\rho u} = 0 \tag{5-156}$$

在 $A =$ 常数下，式(5-154)两边对压力 p 求导数得

$$\frac{1}{m} \cdot \frac{dm}{dp} = \frac{1}{\rho} \cdot \frac{d\rho}{dp} + \frac{1}{u} \cdot \frac{du}{dp} \tag{5-157}$$

根据判断临界流的准则 2，当达到临界流动时，流量 m 变成最大值 m_{max}，即流量 m 对 p 的导数等于零，$\left(\frac{dm}{dp}\right)_S = 0$，于是式(5-157)成为

$$\frac{1}{u}\frac{du}{dp} = -\frac{1}{\rho}\frac{d\rho}{dp}, \text{或} \frac{du}{dp} = -\frac{m_{max}}{\rho^2 A} \cdot \frac{d\rho}{dp} \tag{5-158}$$

其中下角标 S 表示此过程为等熵过程。

将式(5-154)、(5-156)与(5-158)合并和重新整理后得出

$$\left(\frac{m_{max}}{A}\right)^2 = G_C^2 = \rho^2 \frac{dp}{d\rho} = \rho^2 \frac{dp}{dv} \cdot \frac{dv}{d\rho} \tag{5-159}$$

因为比容 $v = \rho^{-1}$，所以 $\frac{dv}{d\rho} = -\rho^{-2}$ 代入上式得

$$G_C^2 = -\frac{dp}{dv} \tag{5-160}$$

式中，p 和 v 分别为管道出口处的压力和比容。

因绝热过程时有 $pv^\gamma =$ 常数，所以式(5-160)可写成

$$G_C^2 = \frac{\gamma p}{v} \tag{5-161}$$

由式(5-159)可得

$$\frac{G_C^2}{\rho^2} = u_C^2 = \left(\frac{dp}{d\rho}\right)_S = c^2 \tag{5-162}$$

其中，c 为等熵声速。这表明临界流动速度等于声速。也就是说，在临界流动中，出口流体流速达到该处压力和温度下的声速时，流量达到最大值。

下面将由等熵流动的能量微分方程导得临界流速和流量的理论关系式。能量微分方程为

$$dh + d\left(\frac{u^2}{2}\right) = 0 \tag{5-163}$$

将上式从上游至出口积分后得

$$h_0 - h_e = \frac{u_e^2}{2} - \frac{u_0^2}{2} \tag{5-164}$$

式中，h_0 为上游流体的滞止比焓($u_0 = 0$)，h_e 和 u_e 分别为流道出口处的流体比焓和流速。于是

$$u_e = [2(h_0 - h_e)]^{0.5} \tag{5-165}$$

由于 $h_0 - h_e = c_p(T_0 - T_e)$，所以上式变成

$$u_e = \left[2c_pT_0\left(1-\frac{T_e}{T_0}\right)\right]^{0.5} \tag{5-166}$$

式中，T_0 为滞止温度，T_e 为出口处流体温度。对于理想气体的绝热过程有

$$\frac{T_e}{T_0} = \left(\frac{p_e}{p_0}\right)^{(\gamma-1)/\gamma} \tag{5-167}$$

式中，γ 为绝热指数，$\gamma = c_p/c_v$，c_p 为比定压热容，c_v 为定容比热容，而 $c_p = \gamma R/(\gamma-1)$，$R$ 为气体常数。于是式(5-166) 变成

$$u_e = \left\{\frac{2\gamma}{\gamma-1}RT_0\left[1-\left(\frac{p_e}{p_0}\right)^{(\gamma-1)/\gamma}\right]\right\}^{0.5} \tag{5-168}$$

由理想气体状态方程 $pv = RT$ 得 $p_0v_0 = RT_0$，所以上式成为

$$u_e = \left\{\frac{2\gamma}{\gamma-1}\cdot p_0v_0\left[1-\left(\frac{p_e}{p_0}\right)^{(\gamma-1)/\gamma}\right]\right\}^{0.5} \tag{5-169}$$

式中，p_0 为上游滞止压力，v_0 为上游滞止压力 p_0 和滞止温度 T_0 下的比容，p_e 为通道出口处压力。由连续性方程(5-154) 可得通道出口处的质量流量为

$$m_e = A_eu_e/v_e \tag{5-170}$$

式中，A_e 为出口横截面积，v_e 为出口处流体的比容。

由气体绝热过程有 $p_0v_0^\gamma = p_ev_e^\gamma$，所以

$$\frac{1}{v_e} = \frac{1}{v_0}\left(\frac{p_e}{p_0}\right)^{1/\gamma} \tag{5-171}$$

把式(5-169)和(5-171)代入式(5-170)整理后得

$$G_e = \frac{m_e}{A_e} = \left\{\frac{2\gamma}{\gamma-1}\cdot\frac{p_0}{v_0}\left[\left(\frac{p_e}{p_0}\right)^{2/\gamma}-\left(\frac{p_e}{p_0}\right)^{(\gamma+1)/\gamma}\right]\right\}^{0.5} \tag{5-172}$$

令 $\eta = p_e/p_0$，称 η 为压力比，于是上式成为

$$G_e = \frac{m_e}{A_e} = \left\{\frac{2\gamma}{\gamma-1}\cdot\frac{p_0}{v_0}\left[\eta^{2/\gamma}-\eta^{(\gamma+1)/\gamma}\right]\right\}^{0.5} \tag{5-173}$$

式(5-173)反映了气体流过通道时流量(或质量流密度)随出口截面上压力 p_e 的变化规律。当上游压力 p_0 和比容 v_0 固定不变时，必有一 η 值使 m_e 为最大。将式(5-173) 对 η 取导数，并令 $\mathrm{d}m_e/\mathrm{d}\eta = 0$，则得

$$\eta_C = \left(\frac{2}{\gamma+1}\right)^{\gamma/(\gamma-1)} = \frac{p_C}{p_0} \tag{5-174}$$

与 η_C 相对应的 p_e 和 m_e 就是临界压力 p_C 和临界流量 m_C。

以 η 为横坐标，m_e 为纵坐标，可将式(5-173) 表示在图 5-22 中。当 η 由 1 降到 η_C 时，m_e 由零增加到 m_C(曲线 AB)。当 η 由 η_C 再降至 0 时，按式(5-173)，m_e 应沿曲线 BD 由 m_C 减到零。但实际上并非如此，当 η 由 η_C 降至零时，m_e 将始终保持不变(曲线 BC)。因此，实际的流量曲线是 ABC，BC 两点之间的流动就是临界流动。

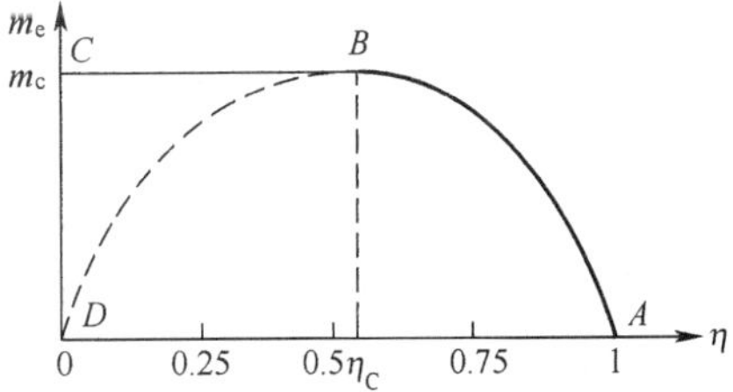

图 5-22　质量流量与压力比的关系

当 $\eta = \eta_C$ 时，得到临界流速即声速为

$$u_C = c = \left(\frac{2\gamma}{\gamma+1} \cdot p_0 v_0\right)^{0.5} \tag{5-175}$$

临界流量 m_C（或临界质量流密度 G_C）为

$$G_C = \frac{m_C}{A_e}\left[\frac{2\gamma}{\gamma+1}\left(\frac{2}{\gamma+1}\right)^{2/(\gamma-1)} \cdot \frac{p_0}{v_0}\right]^{0.5} = \left[\frac{\gamma p_0}{v_0}\left(\frac{2}{\gamma+1}\right)^{\frac{\gamma+1}{\gamma-1}}\right]^{0.5} \tag{5-176}$$

对于低温空气，$\gamma = 1.4$，$\eta_C = 0.528$，对于过热蒸汽，$\gamma = 1.3$，$\eta_C = 0.546$；对于饱和水蒸汽，$\gamma = 1.135$，$\eta_C = 0.577$。

5.7.3 两相临界流动

两相临界流动比单相临界流动复杂得多，这是因为在汽—液两相流中，两相界面之间存在着质量、动量和能量的交换，特别是随着压力的下降会发生相变，部分液相蒸发导致含汽率和两相混合物比容的增加，继而可能出现不同的流型。当两相快速膨胀时还会出现相间不平衡。因此，相界面之间的交换、相间不平衡性和流型是影响两相流特性的三个关键因素，它们能够强烈地影响波动现象和临界流动。所以，只能把单相临界流的前两个判断准则推广到两相临界流动中，最后一个与波动现象相联系的准则应慎重使用。

下面从气（汽）—液两相流在等截面 A 的水平通道内流动的动量守恒方程导出两相临界流量的一般表达式。稳态一维水平流动的两相流连续性方程和动量方程（忽略因相变引入的作用力）为

液相连续性方程：$$m_L = A_L u_L / v_L = m(1-x) = GA(1-x) \tag{5-177}$$

气（汽）相连续性方程：$$m_G = A_G u_G / v_G = mx = GAx \tag{5-178}$$

两相混合物动量方程：$$-A\mathrm{d}p = \mathrm{d}(m_G u_G + m_L u_L) + \mathrm{d}F_W \tag{5-179}$$

对于高速流动，壁面摩擦力 $\mathrm{d}F_W$ 同动量和压力的变化相比小到可以忽略。再利用方程(5-177)和(5-178)，则方程(5-179)变成

$$-\mathrm{d}p = \frac{1}{A}\mathrm{d}\{[xu_G + (1+x)u_L]GA\} = \mathrm{d}\{[xu_G + (1-x)u_L]G\} \tag{5-180}$$

使用公式 $$u_G/u_L = S, u_L = \frac{v_L G(1-x)}{1-\alpha} \text{ 和 } \alpha = \frac{1}{1+\frac{1-x}{x}\cdot\frac{v_L}{v_G}\cdot S}$$

则方程(5-180)变成

$$-\mathrm{d}p = \mathrm{d}\left\{\frac{xS+(1-x)}{S}[xv_G + (1-x)Sv_L]G^2\right\} \tag{5-181}$$

对于固定的上游滞止条件，假定 x、S、v_G、v_L 和 G 都是压力 p 的函数，则式(5-181)可以写成

$$\frac{\mathrm{d}}{\mathrm{d}p}\left\{\frac{xS+(1-x)}{S}[xv_G + (1-x)Sv_L]G^2\right\} = -1 \tag{5-182}$$

对方程(5-182)等号左边对压力 p 微分后得

$$G^2\frac{\mathrm{d}}{\mathrm{d}p}\left\{\frac{xS+(1-x)}{S}[xv_G + (1-x)v_L S]\right\} + \left\{\frac{xS+(1-x)}{S}[xv_G + (1-x)v_L S]\right\}2G\frac{\mathrm{d}G}{\mathrm{d}p} = -1 \tag{5-183}$$

根据临界流的判断准则 2，当达到临界流时，临界截面 e 上的流量达到最大值，即相对于

临界截面 e 上的压力，有 $\left[\frac{dG}{dp}\right]_e=0$，所以，由式(5-183)可得到临界质量流密度 G_C 的表达式为

$$G_C^2=\left\{-\frac{d}{dp}\left\{\frac{xS+(1-x)}{S}[xv_G+(1-x)Sv_L]\right\}\right\}_e^{-1} \tag{5-184}$$

$$令\ v_M=\frac{xS+(1-x)}{S}[xv_G+(1-x)Sv_L] \tag{5-185}$$

v_M 就是分离流模型的两相流的动量比容。于是，式(5-184)可写成

$$G_C^2=-\left(\frac{dp}{dv_M}\right)_e \tag{5-186}$$

上式与单相临界流的方程(5-160)在形式上是一致的。将式(5-184)右边对 p 求导数后就可以得到两相临界质量流密度 G_C 的一般表达式：

$$G_C^2=-\left\{S[1+x(S-1)]x\frac{dv_G}{dp}+\{v_G[1+2x(S-1)]+Sv_L[2(x-1)+S(1-2x)]\}\frac{dx}{dp}+\right.$$

$$\left.S[1+x(S-2)-x^2(S-1)]\frac{dv_L}{dp}+x(1-x)\left(Sv_L-\frac{v_G}{S}\right)\frac{dS}{dp}\right]^{-1}\Bigg\}_e \tag{5-187}$$

式(5-187)一般在等熵过程下计算，既要求知道临界截面 e 上两相介质的热力学性质又需要知道各导数项值。变量 v_G、v_L、x 和 S 在临界截面上的局部值表示从上游膨胀到临界截面所发生的相间热量、质量和动量传递的数量，导数 dV_G/dp、dv_L/dp、dx/dp 和 dS/dp 则描述发生在临界截面上的相间热量、质量和动量传递的局部变化率。一般说来，两相临界流量受汽—液混合物的可压缩性控制，它主要取决于上游流体的状态(p_0,h_0 或 x_0)，其次是进口几何条件和长径比(L/D)。两相临界流量的计算主要有两种模型：热力学平衡态临界流动模型和热力学不平衡态临界流动模型。

5.7.3.1　热力学平衡态临界流动模型

在长通道内，因为两相流有足够的停留时间使汽泡生成并长大，所以可认为汽—液两相之间达到了热力学平衡。属于这种模型的有均匀平衡模型和滑移平衡模型。

1. 均匀平衡临界流模型(HEM)

均匀平衡模型属于早期两相临界流模型。这种模型假设两相间不仅处于热平衡($T_G=T_L$)而且还无滑移(即 $u_G=u_L$)。将 $S=1$ 和 $x=x_E[x_E=(h-h_f)/h_{fg}]$ 代入式(5-187)便得到均匀平衡模型的临界质量流密度 $G_{C,HEM}$ 的表达式：

$$G_{C,HEM}^2=-\left[x_E\frac{dv_G}{dp}+(v_G-v_L)\frac{dx_E}{dp}+(1-x_E)\frac{dv_L}{dp}\right]_e^{-1} \tag{5-188}$$

在中等压力下，液相比容 v_L 和可压缩性 dv_L/dp 与汽相的相比，小到可以忽略，所以式(5-188)可近似表示成

$$G_{C,HEM}^2=-\left[x_E\frac{dv_G}{dp}+v_G\frac{dx_E}{dp}\right]_e^{-1} \tag{5-189}$$

式中，dv_G/dp、dx_E/dp 和 x_E 的计算方法可参见下节 Fauske 图 5-23。

由于均匀平衡模型假设相间质量、动量和能量的交换速率无限大(即假定了 $u_G=u_L$，$T_G=T_L$)，所以它计算的临界流量值一般都偏低，尤其是对于低含汽率和短管情况，其计算值更低(甚至比实验测量值低几倍)。在低压下，该模型计算的偏差也较大。所以，均匀平衡

模型仅适用于长通道、高含汽率和较高压力的情况。

2. 滑移平衡临界流模型

这种模型同样假设两相间达到热力学平衡(即 $T_G = T_L$),但考虑了汽—液两相之间的滑移($S \neq 1$)。属于这种模型的有 Fauske 模型和 Moody 模型。

(1) Fauske 滑移平衡模型

Fauske 模型的基本假设是:

1) 两相流动为环状流型,各相的平均速度不相等(即 $S \neq 1$),即汽—液两相之间存在滑移;

2) 两相之间在整个通道内处于热力学平衡状态($T_G = T_L$);

3) 当质量流量不再随背压的降低而增加时就达到了临界流动,即 $\mathrm{d}G/\mathrm{d}p = 0$ 时为临界流动;

4) 对于给定的流量和含汽率下,通道出口的压力梯度达到一个有限最大值时就发生临界流动;

5) 汽—液两相混合物的比焓 h 不随压力 p 变化,即 $\mathrm{d}h/\mathrm{d}p = 0$。

当压力沿通道下降时,液体的一部分将汽化成蒸汽,两相混合物的动量比容 v_M 不断增加,在通道出口处,压力梯度达到最大值,因而比容 v_M 也达到最大值。由式(5-185)可知,v_M 是滑速比 S 的函数,所以在满足 $\partial v_M/\partial S = 0$ 的条件下,$\dot{v}_M$ 达最大值,压力梯度达最大值,从而 G 达最大值。

将式(5-185)对 S 求导数并令其等于零,便得到

$$\frac{\partial v_M}{\partial S} = (x - x^2)\left(v_L - \frac{v_G}{S^2}\right) = 0 \tag{5-190}$$

由此可得发生临界流时的滑速比 S_C 为

$$S_C = (v_G/v_L)^{0.5} = (\rho_L/\rho_G)^{0.5} \tag{5-191}$$

将 S_C 和热平衡含汽率 x_E 替代式(5-187)中的 S 和 x,并忽略液体的可压缩项,即忽略 $\mathrm{d}v_L/\mathrm{d}p$ 项和利用式(5-191),就得到 Fauske 临界质量流密度 $G_{C,F}$ 的表达式:

$$G_{C,F}^2 = -\left\{S_C\left[(1 - x_E + S_C x_E)x_E \frac{\mathrm{d}v_G}{\mathrm{d}p} + \left[v_G(1 + 2S_C x_E - 2x_E) + v_L(2x_E S_C - 2S_C - 2x_E S_C^2 + S_C^2)\right]\frac{\mathrm{d}x_E}{\mathrm{d}p}\right]^{-1}\right\}_e \tag{5-192}$$

用上式计算 $G_{C,F}$ 必须求出临界截面 e 上的 x_E、$dv_G/\mathrm{d}p$ 和 $dx_E/\mathrm{d}p$ 的值。对于汽—水混合物,$\mathrm{d}v_G/\mathrm{d}p$ 之值示于图 5-23。如果压降 Δp 相对于系统压力 p 来说并不大,则 $\mathrm{d}v_G/\mathrm{d}p$ 可用 $\Delta v_G/\Delta p$ 近似。$\mathrm{d}x_E/\mathrm{d}p$ 可以用图 5-23 和下述公式求得:

$$x_E = (h - h_f)/h_{fg} \tag{5-193}$$

其中,h 为汽—水混合物比焓,h_f 为饱和水比焓,h_{fg} 为汽化潜热。所以

$$\frac{\mathrm{d}x_E}{\mathrm{d}p} = \frac{\mathrm{d}}{\mathrm{d}p}\left(\frac{h}{h_{fg}}\right) - \frac{\mathrm{d}}{\mathrm{d}p}\left(\frac{h_f}{h_{fg}}\right) = \frac{1}{h_{fg}^2}\left[\left(h_{fg}\frac{\mathrm{d}h}{\mathrm{d}p} - h\frac{\mathrm{d}h_{fg}}{\mathrm{d}p}\right) - \left(h_{fg}\frac{\mathrm{d}h_f}{\mathrm{d}p} - h_f\frac{\mathrm{d}h_{fg}}{\mathrm{d}p}\right)\right] \tag{5-194}$$

根据 Fauske 假设:汽—液两相混合物的比焓 h 不随压力 p 变化,所以 $\mathrm{d}h/\mathrm{d}p = 0$,而 $h_{fg} = h_g - h_f$,$\mathrm{d}h_{fg} = \mathrm{d}h_g - \mathrm{d}h_f$,于是式(5-194)可以简化成

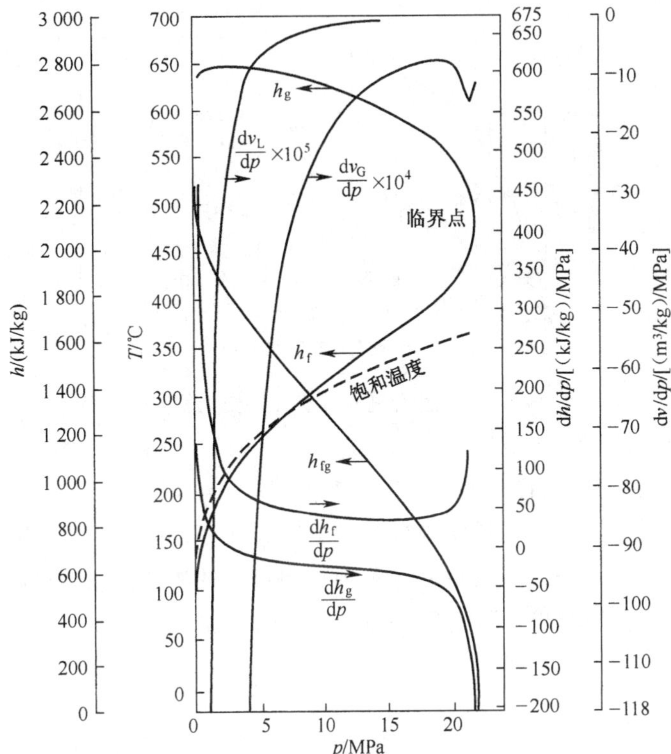

图 5-23 饱和水和饱和水蒸气的某些热力学性质

$$\frac{\mathrm{d}x_E}{\mathrm{d}p} = -\left(\frac{1-x_E}{h_{fg}} \cdot \frac{\mathrm{d}h_f}{\mathrm{d}p}\right) - \left(\frac{x_E}{h_{fg}} \frac{\mathrm{d}h_g}{\mathrm{d}p}\right) \tag{5-195}$$

式(5-195)中，$\mathrm{d}h_f/\mathrm{d}p$ 和 $\mathrm{d}h_g/\mathrm{d}p$ 只是压力 p 的函数，它们的值由图 5-23 查得。x_E 可借助于既不作功又无热交换的能量方程求得：

$$h_0 - h_e = \left[\frac{x_E}{2}u_G^2 + \frac{1-x_E}{2}u_L^2\right]_e \tag{5-196}$$

其中，

$$h_e = h_f + x_E(h_g - h_f) \tag{5-196A}$$

合并上面两式就得

$$\begin{aligned} h_0 &= (1-x_E)\left(h_f + \frac{1}{2}u_L^2\right) + x_E\left(h_g + \frac{1}{2}u_G^2\right) \\ &= (1-x_E)h_f + x_E h_g + \frac{1}{2}G_{C,F}^2[(1-x_E)S_C v_L + x_E v_G]^2\left[x_E + \frac{1-x_E}{S_C^2}\right] \end{aligned} \tag{5-197}$$

上式把临界截面上的流体状态与上游滞止点的流体状态（h_0）联系起来。等号右边的参量都是临界截面 e 上的量，应按临界压力 p_C 进行计算。p_C 可由 Fauske 提供的实验数据图 5-24 确定。实验条件为 $D = 6.35$ mm，$L/D = 0$（孔板）～ 40 具有锐边式进口。

Fauske 的实验表明，临界压力比 p_C/p_0 只与 L/D 值有关，而与初始压力 p_0 和通道直径 D 的大小无关。当 $L/D > 12$ 时，p_C/p_0 值趋近于某一常数，其值大约是 0.55。通常把 $L/D > 12$ 的通道当作长通道，这一区（第 Ⅲ 区）可利用 Fauske 模型计算。

Fauske 模型给出了一组方程(5-191)～(5-197)求解临界质量流密度 $G_{C,F}$，所用的参量

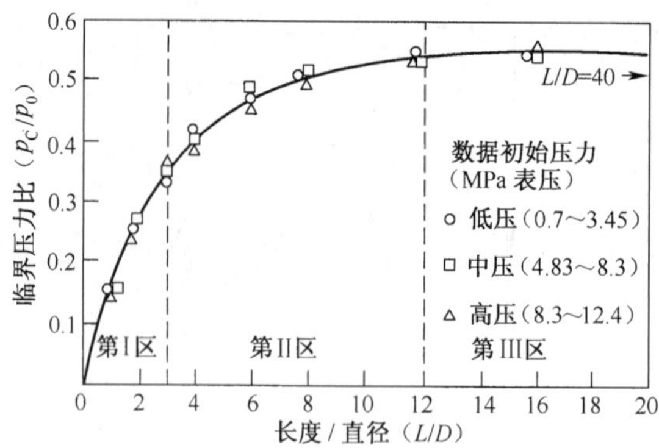

图 5-24 临界压力比随长度直径比变化的实验数据

都是临界截面 e 处的局部值。因此，在已知上游滞止压力 p_0 和滞止比焓 h_0 的情况下，要求解出口临界质量流密度 $G_{C,F}$ 的值，需要进行多次迭代试算。Fauske 已经求得了它们的解，其结果示于图 5-25。图中压力 p_C 和含汽率 x_E 是通道出口处的局部参量。可以看出，临界质量流密度 $G_{C,F}$ 随出口压力的增高而增大，随出口含汽率的增加而减小。

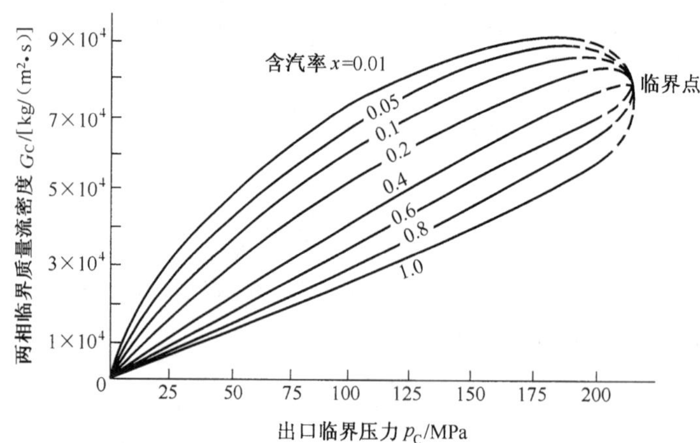

图 5-25 根据 Fauske 模型算出的汽—水混合物的临界质量流密度

（2）Moody 滑移平衡模型

Moody 从能量方程出发，导出了以上游流体的滞止参量为依据的计算下游出口临界流量的表达式。这个方法避免了 Fauske 方法的不便之处。Moody 模型同样假设两相流为环状流型，每相平均速度不相同，两相处于热力学平衡状态。对于流体对外既不作功也没有热交换的等熵流动，上游滞止点与下游出口处的能量方程为

$$h_0 = h_e + \frac{x_E}{2}u_G^2 + \frac{(1-x_E)}{2}u_L^2 = h_e + \frac{G^2}{2}[(1-x_E)Sv_L + x_E v_G]^2\left(x_E + \frac{1-x_E}{S^2}\right) \tag{5-198}$$

其中，h_0 和 h_e 分别为上游滞止焓和出口处汽水混合物的比焓，G 为出口汽水混合物的质量流密度，S 为出口处滑速比（它们并不是临界流条件下的值）。由上式可得 G 的表达式

$$G=\left\{\frac{2(h_0-h_e)}{[(1-x_E)Sv_L+x_Ev_G]^2[x_E+(1-x_E)/S^2]}\right\}^{1/2} \tag{5-199}$$

因为

$$h_e=h_f+x_Eh_{fg} \tag{5-200}$$

$$s_0=s_f+x_Es_{fg}=s(\text{等熵流动}) \tag{5-201}$$

其中，s_0 为滞止比熵，s_f 为饱和流体比熵，$s_{fg}=s_g-s_f$，s_g 为饱和蒸汽比熵。

合并式(5-200) 和(5-201) 消去 x_E 得

$$h_e=h_f+\frac{h_{fg}}{s_{fg}}(s_0-s_f) \tag{5-202}$$

将式(5-201)和 $x_E=(s_0-s_f)/s_{fg}$ 代入式(5-199) 便得

$$G=\left\{\frac{2\left[h_0-h_f-\dfrac{h_{fg}}{s_{fg}}(s_0-s_f)\right]}{\left[\dfrac{S(s_g-s_0)v_L}{s_{fg}}+\dfrac{(s_0-s_f)v_G}{s_{fg}}\right]^2\left[\dfrac{s_0-s_f}{s_{fg}}+\dfrac{s_g-s_0}{S^2s_{fg}}\right]}\right\}^{1/2} \tag{5-203}$$

式中，h_f、h_{fg}、s_f、s_g、s_{fg}、v_L 和 v_G 都是出口压力 p_e 的函数，所以对于已知的滞止比焓 h_0 和滞止比熵 s_0（或滞止压力 p_0）G 是出口压力 p_e 和滑速比 S 的函数，即

$$G=f(p_e,\ S,\ p_0,\ h_0) \tag{5-204}$$

Moody 认为对应于上游一定的滞止压力 p_0 和滞止比焓 h_0，p_e 和 S 是彼此独立的，因此，G 达到最大值（即临界流量）时应满足条件

$$\left(\frac{\partial G}{\partial S}\right)_{p_e}=0,\ \left(\frac{\partial^2 G}{\partial S^2}\right)_{p_e}<0 \tag{5-205A}$$

$$\left(\frac{\partial G}{\partial p}\right)_S=0,\ \left(\frac{\partial^2 G}{\partial p^2}\right)_S<0 \tag{5-205B}$$

由式(5-205A)，$(\partial G/\partial S)_{p_e}=0$ 可求得临界流时的滑速比 S_C 为

$$S_C=\left(\frac{v_G}{v_L}\right)^{1/3}=\left(\frac{\rho_L}{\rho_G}\right)^{1/3} \tag{5-206}$$

该式表明，在发生临界流时，S_C 只是出口压力 p_e 的函数。把式(5-206) 代入式(5-203) 再对 p 求导数，并满足式(5-205B)，就得到临界质量流密度 $G_{C,M}$ 作为 p_0 和 h_0 函数的表达式。Moody 算得的以上游滞止参量 p_0 和 h_0 为依据的下游出口临界质量流密度 $G_{C,M}$ 和出口临界压力 p_C 表示在图 5-26 和图 5-27 中。

从图 5-26 可以看到，临界质量流密度 $G_{C,M}$ 随滞止压力 p_0 的增高而增加，随滞止比焓 h_0 或随滞止含汽率 x_0 的增加而降低。h_0 和 x_0 的关系为

$$h_0=h_{f,0}+x_0h_{fg,0} \tag{5-207}$$

5.7.3.2　热力学不平衡态临界流动模型

对于流经短通道（$L/D<12$）、短喷嘴和孔板的两相流，因为缺少能生成汽泡的核心，表面张力又阻碍汽泡的生成以及传热的困难等因素，会使汽化推迟，造成液体过热（$T_L>T_S$），这种流动称为亚稳态流动（热力学不平衡态）。高温高压水通过短管或孔板的快速排放就可发生亚稳态流动。属于热力学不平衡态临界流模型的有冻结临界流模型和 Henry-Fauske 模型以及经验公式法。下面只介绍经验公式法，该法仅适用于上游为液体（$x_0=0$）的情况。

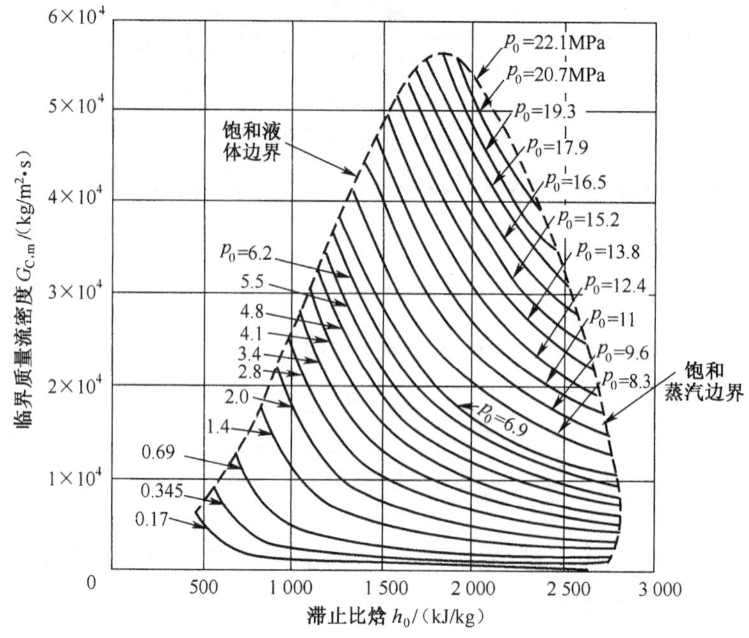

图 5-26 Moody算得的汽—水混合物的临界质量流密度

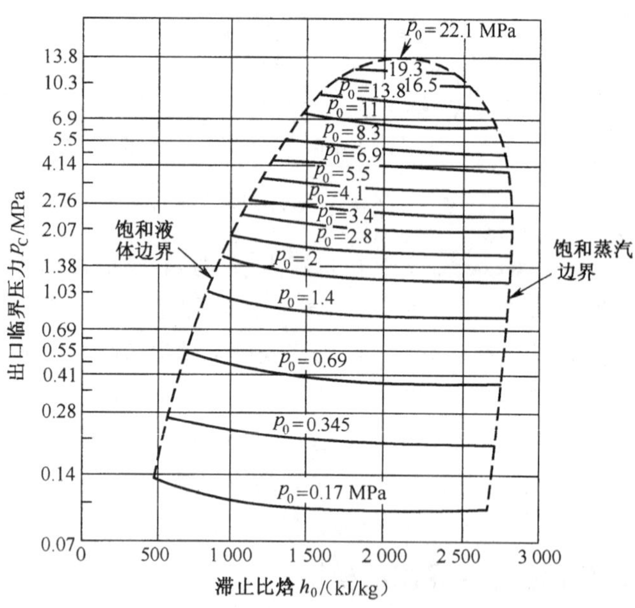

图 5-27 汽—水混合物的临界压力 $p_C = f(h_0, p_0)$ 的关系

一般 $p_C/p_0 = 0.55 \sim 0.73$

1. 孔板（$L/D \approx 0$）

液体流过孔板时，在孔道内停留时间极短，突然汽化发生在孔道外面，如图 5-28a 所示。因而不存在临界压力，观察不到临界流动。它的流量由不可压缩流体的孔板方程确定：

$$G = 0.61\sqrt{2\rho_L(p_0 - p_b)} \tag{5-208}$$

2. 短管（$0 < L/D < 3$）

液体流径直角锐边进口的短管时，液体突然加速造成收缩，仅在液体表面发生汽化，内部为亚稳态液芯射流，如图 5-28b 所示。其临界流量由下式确定：

$$G_C = 0.61\sqrt{2\rho_L(p_0 - p_C)} \tag{5-209}$$

式中 p_C 由前面图 5-24 查得。

3. 短管（$3 < L/D < 12$），直角锐边进口

亚稳态液芯在通道下游碎裂发生急剧汽化，导致一个高压脉动，从而造成流动阻塞，如图 5-28c 所示。其流量比用式(5-209)算出的要低。图 5-29 示出该区中两相临界流量的实验值。

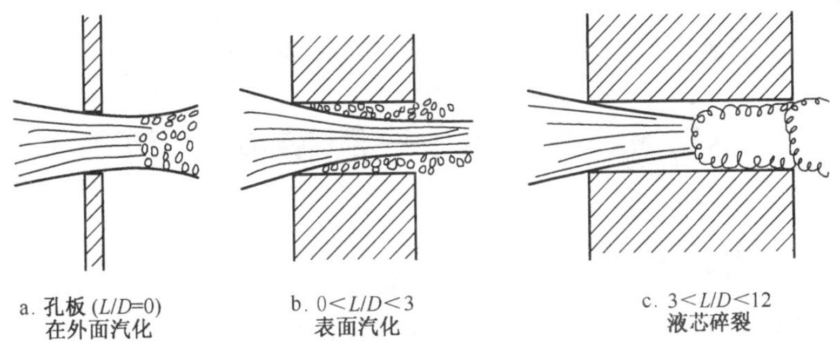

图 5-28　孔板和短管内两相临界流

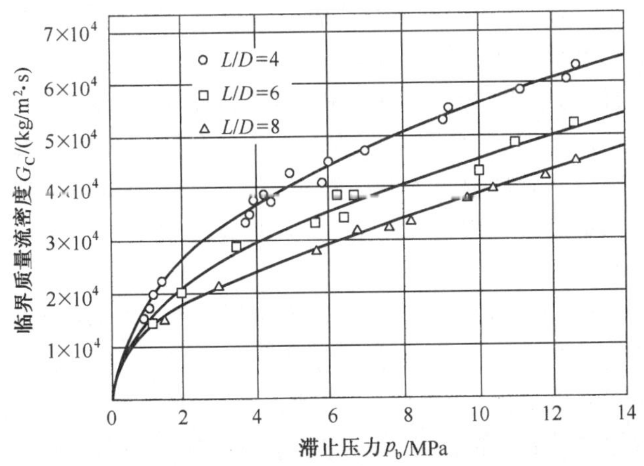

图 5-29　短通道（$3 < L/D < 12$）临界质量流密度

例题 5-10

已知上游滞止压力 $p_0=6.2$ MPa，试用 Fauske 和 Moody 模型计算在 $x_0=0.001$，0.01，0.1 和 1.0 下的临界质量流密度（利用图 5-25 和图 5-26）。

解：查得在 $p_0=6.2$ MPa 下的物性 $h_{f0}=1.2248\times10^6$ J/kg，$h_{g0}=2.781\times10^6$ J/kg。

由 $h_0=x_0h_{g0}+(1-x_0)h_{f0}=h_{f0}+x_0(h_{g0}-h_{f0})$ 得

$x_0=$	0.001	0.01	0.1	1.0
$h_0=\times10^6$ J/kg	1.2264	1.2404	1.3804	2.781

按 Fauske 模型：由 $\eta_C=p_C/p_0=0.55$，得 $p_C=3.41$ MPa。在 $p_C=3.41$ MPa 下查得 $h_{f,C}=1.042\times10^6$ J/kg，$h_{fg,C}=1.76\times10^6$ J/kg。从而可按下式计算出口处含汽率 $x_{E,O}$：

$$x_{E,O}=\frac{h_C-h_{f,C}}{h_{fg,C}}\approx\frac{h_0-h_{f,C}}{h_{fg,C}}$$

将上面 h_0 值代入上式得：$x_{E,O}=0.105$　0.11　0.19　1.0

根据 $p_C=3.41$ MPa 和上面算得的 $x_{E,O}$ 值从图 5-25 查得

$G_C=\times10^4$ kg/(m^2·s)　2.7　2.6　2.1　0.8

按 Moody 模型：根据 h_0 和 $p_0=6.2$ MPa 查图 5-26 得

$G_C=\times10^4$ kg/(m^2·s)　3.7　3.6　3.1　0.85

可见，Moody 模型的临界质量流密度值比 Fauske 模型的更高。

5.8 气(汽)—液逆向流动

5.8.1 气(汽)—液逆向流动现象

气(汽)相和液相的流动方向相反的两相流叫气(汽)—液逆向流动。例如，在压水堆一回路管道发生大破口失水事故过程中，应急冷却水注向压力容器下行通道(Downcomer)时，会与从堆芯及下腔室冒出来的蒸汽相遇，即冷却水向下流而蒸汽向上流，这就形成垂直汽—液逆向流动；在压水堆一回路系统发生小破口失水事故过程中，当自然循环中断时，在蒸汽发生器传热管内蒸汽冷凝而成的凝结水通过主管道的水平段返回堆芯的途中，遇到流往蒸汽发生器的蒸汽，就形成水平汽—液逆向流动。

垂直气—液逆向流动可用图 5-30 的试验加以说明。液体通过多孔壁注入一根垂直圆管中，形成液膜沿管壁向下流动，在圆管下部再通过多孔壁将液体抽出。试验开始时，没有气体流过。后来，把气体从管底部引入并在管道中心和液膜之间向上流动。如果气体流量很低，则管内可维持稳定的气—液逆向流动，壁面上液膜和气体的分界面是比较光滑的，如图 5-30(1)工况所示。

对于一定的注入液体流量 Q_L，当气体流量增加但还不大时，液膜仍然下落，即仍然维持工况(1)。如果继续增加气体流量，当气体流量增加到某一气流速度(即溢流速度)时，液膜变得不稳定，在气—液界面上出现大幅度的波动，从液膜的波峰处有液滴被撕下来，被向上的气流所夹带，某些被夹带到液体注入点上方的液滴碰撞到壁面，于是在注入点的上方也形成少许液膜，如图 5-30(2)工况所示。这个初始转变点称为阻流点，即开始阻止液体向下流动，也叫溢流(Flooding)开始点，即液滴被携带到注入点上方。在这点，向下输送的液体流

量近似于液体注入流量，只是有很少量的液体以夹带液滴的形式被气流向上带。如果气体流量再继续增加，即气体速度增加到超过溢流速度时，则被带到注入点上方的液体逐步增加，这时向上的爬膜和向下的落膜同时存在，因此向下输送的液体流量减少，如图 5-30(3)工况所示。最后，当气体流量增大到一定程度，全部注入的液体都被带到注入点的上方，形成向上的爬膜，向下输送的液体流量为零，如图 5-30(4)工况所示。对应向下输送的液体流量为零的气体速度叫做临界气流速度。在更高的气体流量下，向上的同向乳沫流或同向环状流在上部管段出现。

如果现在把上述过程倒过来，气体速度从这个最高值逐渐降低，气体流量减小到某一数值时，则部分液膜开始向注入点下方爬行，这种过渡称之为流动反转点或称倒流，如图 5-30(5)工况所示。进一步减小气体流量，则导致同时向上和向下的液膜流动，如图 5-30(6)工况所示。再减小气体流量，则所有的液体完全变成向下流动的液膜，如图 5-30(7)工况所示。这时，向下输送的液体流量又等于液体注入流量。

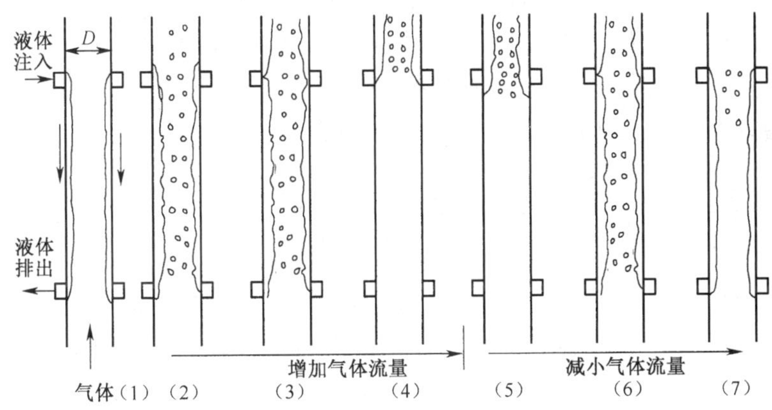

图 5-30　垂直气液逆向流动中的阻液和流动反转

5.8.2　气(汽)—液逆向流动的流量制约关系

上面的气液逆向流动试验表明，在垂直通道中，沿壁面向下流动的液膜(环状流)在遇到向上流动的气体时，会受到气体的阻流。但这两种呈相反流向的流体流量之间存在一定的制约关系，这种制约关系叫溢流关系式，通常用如下半经验关系式表达：

$$(J_G^*)^{1/2} + m(J_L^*)^{1/2} = C \tag{5-210}$$

式中，J_G^* 和 J_L^* 分别为气(汽)相和液相的无量纲表观速度，其定义为

$$J_G^* = J_G\left[\frac{\rho_G}{gD(\rho_L - \rho_G)}\right]^{1/2} \tag{5-210A}$$

$$J_L^* = J_L\left[\frac{\rho_L}{gD(\rho_L - \rho_G)}\right]^{1/2} \tag{5-210B}$$

其中，J_G 和 J_L 分别为气(汽)相和液相的折算速度，D 是管道直径，ρ 是密度，m 和 C 是经验数，它们的数值与液体及气体的进口情况、介质的物性、液体的欠热度以及管道的直径等因素有关。Wallis(1961) 给出 $m = 0.8 \sim 1, C = 0.7 \sim 1$；对于压水堆压力容器下行通道的情

况，推荐 $m=0.8, C=0.4$。

式(5-210)表明，对于给定的气(汽)体流量，存在一个可向下穿透气(蒸汽)流空间的最大允许的液膜流量。气(汽)体流量越大，允许的液膜流量就越小。当气(汽)体流量增大到 $(J_G^*)^{1/2}=C$ 时，必然有 $J_L^*=0$。也就是说，从通道上方供给的液体遇到这样大的气(汽)流时，就不能再向下流动了，而全部被气(汽)流夹带到注入点的上方。这种现象在反应堆瞬态过程中是不希望长期存在的。在压水堆一回路大破口失水事故过程中，应急冷却水注射到压力容器下行通道时，由于压力容器壁温很高(达 300 ℃左右)，高于泄压后的饱和温度(约 150 ℃)很多，因此，注入水与壁面接触所产生的大量蒸汽会对下行冷却水产生阻流作用，它有可能使应急冷却水在某一段时间内根本进入不了下腔室，而全部从堆芯围板外面的环形空间旁路，流向破口。所以，阻流作用延缓了堆芯下腔室的灌水过程，也推迟了堆芯再淹没的时间，对堆芯的安全冷却是很不利的。

例题 5-11

在直径 $D=0.05$ m 的垂直管内，空气和水逆向流动。已知空气密度 $\rho_G=1.6\ \text{kg/m}^3$，水的密度 $\rho_L=1\,000\ \text{kg/m}^3$。(1) 试问当空气的流量 $m_G=0.025$ kg/s 时，最大允许的向下流动的液体流量 m_L 为多大？(假定 m=1,C=1)(2)如果增加气体的流量，试问当 m_G 为多大时，注入液体开始全部被带到注入点的上方？(假定 C=0.707)。

解：(1) 管横截面积 $A=\frac{\pi}{4}D^2=\frac{\pi}{4}\times 0.05^2=1.963\,5\times 10^{-3}\ \text{m}^2$；

$$J_G=\frac{m_G}{A\rho_G}=\frac{0.025}{1.963\,5\times 10^{-3}\times 1.6}=7.96\ \text{m/s}$$

$$J_G^*=J_G\left[\frac{\rho_G}{gD(\rho_L-\rho_G)}\right]^{0.5}=7.96\times\left[\frac{1.6}{9.81\times 0.05\times(1\,000-1.6)}\right]^{0.5}=0.455$$

由式(5-210)，得 $(J_L^*)^{1/2}=C-(J_G^*)^{1/2}=1-(0.455)^{0.5}=0.325\,5$，因此 $J_L^*=0.106$；

$$J_L=J_L^*\left[\frac{gD(\rho_L-\rho_G)}{\rho_L}\right]^{0.5}=0.106\left[\frac{9.81\times 0.05\times(1\,000-1.6)}{1\,000}\right]^{0.5}=0.074\,2\ \text{m/s};$$

最大允许的液体流量 $m_L=A\rho_L J_L=1.963\,5\times 10^{-3}\times 1\,000\times 0.074\,2=0.145\,7\ \text{kg/s}$。

(2) $(J_G^*)^{1/2}=C=0.707$，则 $J_G^*=0.707^2=0.5$。因此

$$J_G=J_G^*\left[\frac{gD(\rho_L-\rho_G)}{\rho_G}\right]^{0.5}=0.5\times\left[\frac{9.81\times 0.05\times(1\,000-1.6)}{1.6}\right]^{0.5}=8.75\ \text{m/s};$$

$m_G=A\rho_G J_G=1.963\,5\times 10^{-3}\times 1.6\times 8.75=0.027\,5\ \text{kg/s}$。

5.9　水锤现象

流体速度的突然改变会引起巨大的压力变化，可以把这种压力变化看作一种压力波，跨越这种压力波的压力和速度是不连续的。压力波可能是一种压缩波(高压在波前之后)，也可能是一种稀疏波(低压在波前之后)，它们相对于流体以声速推进。突然关闭流体正在流动的管道中的阀门，一个高压管道系统的破裂(例如冷却剂丧失事故)，或者由于反应堆功率的偏移导致蒸汽的猝发，都有可能产生压力波。蒸汽的猝发给出了动能，当流动受到阻碍时，动能便转变为压力脉冲。这种普遍性的压力波和其传播通常称为水锤。因为压力波的振荡会对管道和设备造成冲击，类似"锤子"对它们的敲打，故称"水锤"。

截止阀突然关闭而形成水锤的过程如下：

(1) 管道中单相流体的流动：截止阀突然关闭，使阀门附近的流体的速度突然降到零，而阀门上游的流体由于惯性继续以原来的速度向前流动，从而对阀门附近的流体造成压缩形成高压区。接着，紧挨阀门附近的上游一段流体相继停止流动，压力升高。这样流体逐段被压缩，形成一种弹性波，即压力波，并以声速 c 不断向上游传播，从而又造成上游压力升高。最后阀门附近的流体压力降低。如此反复振荡形成“水锤”。

(2) 管道中汽－液两相流动：基本上与单相流动相似。但是，由于汽泡的消失和重新形成，会造成的压力振荡的幅度更大。在第一次形成高压区时，压力的升高使汽－液两相流过冷，从而使蒸汽泡快速凝结成水而使汽泡突然消失，使上游的两相流体加速向阀门附近流动而压缩，又造成更多的汽泡消失或破裂。当反向增压时，使另一方向的汽泡压缩而破裂消失，而阀门附近的汽－液两相流因减压而使液体过热，使部分液体“闪蒸”，重新形成汽泡。由于压力减到比原来均衡流动压力更低，新汽泡比原来的汽泡更多更大，因而这时反复振荡形成的压力波波幅更大，更具破坏力。

在一维流动中，跨越一个声波的压力和速度的变化可由动量方程导出。对于单相流体在水平圆管内的一维流动，如果忽略壁面摩擦力，其瞬态动量守恒方程为

$$\frac{\partial u}{\partial t}+u\frac{\partial u}{\partial z}=-\frac{1}{\rho}\cdot\frac{\partial p}{\partial z} \tag{5-211}$$

式中，p 为压力，u 为流体速度，z 为轴向坐标，t 为时间。由于在直管中速度 u 随坐标 z 的变化很小，即 $\partial u/\partial z$ 项可以忽略不计，方程(5-211) 简化为

$$\frac{\partial u}{\partial t}=-\frac{1}{\rho}\cdot\frac{\partial p}{\partial z} \tag{5-212}$$

压力波以声速 c 传播，故在时间 t 内传播的距离为 ct。设

$$\theta = z\pm ct \tag{5-213}$$

当波运动的方向和 u 相反时采用式(5-213)中的负号。把方程(5-213)代入方程(5-212)中可得

$$\pm c\frac{\mathrm{d}u}{\mathrm{d}\theta}=-\frac{1}{\rho}\cdot\frac{\mathrm{d}p}{\mathrm{d}\theta} \tag{5-214}$$

积分上式可得

$$\frac{p_2-p_1}{u_2-u_1}=\mp\rho c \tag{5-215}$$

方程(5-215)表明，在密度 $\rho=993\ \mathrm{kg/m^3}$ 的欠热水中，声速 $c=1\ 524\ \mathrm{m/s}$，若流体速度的变化 $u_2-u_1=-5\ \mathrm{m/s}$，则跨越波前产生的压力脉冲为 $p_2-p_1=993\times1\ 524\times5=7.57\ \mathrm{MPa}$。这么大的压力波波幅易造成管道支承部件的松脱，法兰面的破坏等。长期的压力波动和所造成的振动会引起管道及承压设备疲劳损伤。巨大的压力波还可能造成流通管道破裂、阀门密封面及其他承压设备破坏。为了防止高速流动的管道中的水锤产生，一般采取慢开慢关截止阀，对于不宜慢开慢关的阀门，可采用小流量旁通阀先打开，然后再关闭或打开主管道上截止阀。

当一个压力波到达一个堵死的刚性堵头时，它以相同振幅和相同符号的波反射回来，即一个稀疏波反射回来的也是一个稀疏波，一个压缩波反射回来的也是一个压缩波。当一个压力波到达一个开口端或一个大容器时，反射回来的波的振幅相同，但符号相反。当一个压

力波遇到通道面积发生变化的截面或叉口时，波的一部分将反射回来，另一部分仍然沿原来方向向前传播。与大容器相连接的管道上的阀门瞬时关闭，会造成压力波在管道内的传播和反射(有关压力波的详细分析读者可查阅有关专著)。

5.10 流动不稳定性

5.10.1 概述

在加热的流动系统中，如果流体发生相变即出现汽—液两相流动，流体不均匀的体积变化可能导致流动不稳定。这里所说的流动不稳定是指：在一个质量流量、压降和空泡之间存在着热力与流体动力学联系的两相流系统中，流体受到某一个微小的扰动后所发生的流量漂移或者以某一频率的恒定振幅或变振幅进行的流量振荡。这种现象与机械系统中的振动很相似。质量流量、压降和空泡可以看作是机械系统的质量、激发力和弹簧，在这中间，质量流量和压降之间的关系起着主要作用。流动不稳定性不仅在热源有变化的情况下会发生，而且在热源保持恒定的情况下也会发生。

在反应堆堆芯、蒸汽发生器以及其他存在汽—液两相流的设备中一般都不允许出现流动不稳定性，其主要原因是：

(1) 流动振荡会使部件产生有害的机械振动，而持续的流动振荡会导致部件的疲劳破坏；

(2) 流动振荡干扰控制系统。在压水堆中由于冷却剂同时兼作慢化剂，所以这个问题尤其重要；

(3) 流动振荡会使部件的局部热应力产生周期性的变化，从而导致部件的热疲劳破坏；

(4) 流动振荡会使系统内的传热性能变坏，使临界热流密度大幅度下降，造成沸腾危机的过早出现。实验证明，当出现流动振荡时，临界热流密度的数值会降低40%之多。

在两相流系统中可能出现的流动不稳定性主要有以下五种类型：

(1) 水动力不稳定性；

(2) 密度波不稳定性；

(3) 并联通道的管间脉动；

(4) 流型不稳定性；

(5) 热振荡。

在压水堆系统中，最常见的是水动力不稳定性和密度波不稳定性，所以本节只讨论这两种类型。

5.10.2 水动力不稳定性

1. 水动力不稳定性分析

在加热的汽—液两相流系统中，水动力不稳定性的特点是系统内的流量会发生非周期性的漂移。这种不稳定性是莱迪内格(Ledinegg)在1938年最早发现的，所以又称莱迪内格不稳定性。发生水动力不稳定性的原因，可以由一个具有恒定热量输入的沸腾通道的压降 Δp 与质量流量 m 之间的关系曲线，即水动力特性曲线来说明，见图5-31。

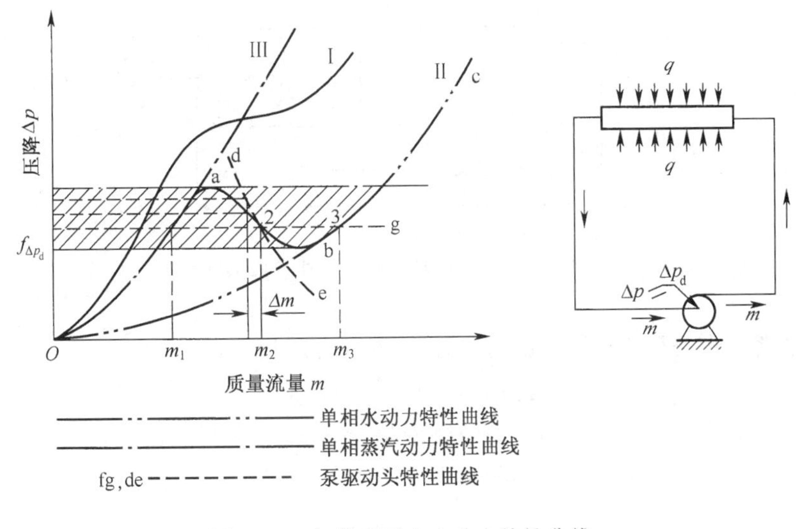

图 5-31　加热通道内水动力特性曲线

当进入通道内的水流量很大、外加热量不足以使水达到沸腾时，通道内流动的流体全是单相水，这样，如果流量 m 降低，则通道内的压降 Δp 也随着单相水的水动力曲线单调下降，如图 5-31 中的曲线Ⅱ的 cb 段所示。当进入通道内的水流量 m 降低到一定程度后，通道内开始出现沸腾段，这时压降 Δp 随着流量 m 变化的趋势就要由两个因素来决定：(1)由于流量的降低，压降有下降的趋势；(2)由于产生沸腾，汽水混合物的体积膨胀而流速增加，从而使压降反而随着流量的减少而增大。压降究竟随流量如何变化，要看这两个因素中哪一个因素起主要作用。如果第一个因素起主要作用，则压降会就随着流量的减少而降低，图 5-31 中的曲线Ⅰ即属于这种情况。如果第二个因素起主要作用，就会出现流量减少而压降反而上升的现象，如图 5-31 中的曲线Ⅱ的 ba 段所示。到了 a 点所对应的流量 m_a 以后，如果继续降低流量，通道出口处的含汽率就会很大，甚至会出现过热段，流量越低，过热段所占的比例越大，这时体积膨胀的因素对增加压降所起的作用已经很小了，压降差不多是沿着过热蒸汽的水动力特性曲线随流量的下降而单调下降，如图 5-31 中的曲线Ⅱ的 ao 段所示。图 5-31 中的曲线Ⅱ所表明的情况说明 Δp 与 m 之间并不是单调关系，在曲线的两个拐点之间所包含的压降范围内(图 5-31 中的阴影部分)对应一个压降可能有三个不同的流量。由于水动力特件曲线的这种变化，当提供一个外驱动压头 Δp_d 时，通道中的流量就可能出现不同的数值，可以是 m_1，也可以是 m_3(下面将看到 m_2 所对应的状态是停留不住的)。总而言之，如果并联工作的各个通道处于这种流动工况，那么虽然它们两端的压差是相等的，但是却可以有不相等的流量。某个通道中的流量可能时大时小(非周期性的变化)，与此同时，在并联通道的总流量不变的情况下，其他通道的流量也会发生相应的非周期性的变化。这就是发生水动力不稳定性的原因。下面来讨论一个均匀加热的水平圆管内的流动情况，如图 5-32 所示，并从理论上推导出 Δp 与 m 之间的关系式。

假设通道由不沸腾段 L_{NO}(忽略欠热泡核沸腾)和饱和泡核沸腾段 L_B 组成。不沸腾段 L_{NO} 内的压降按单相流计算，饱和泡核沸腾段 L_B 内的压降按均匀两相流计算，并都忽略它

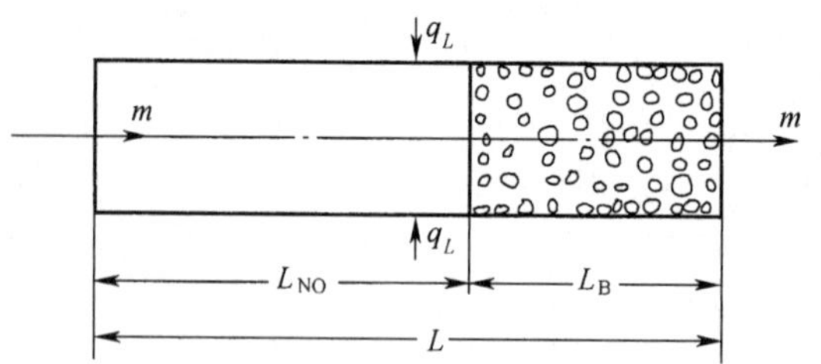

图 5-32 均匀加热的水平圆管内的流动

们的加速度压降，则沿通道全长 L 的压降 Δp_T 可以表示为

$$\Delta p_T = \Delta p_{F,S} + \Delta p_{F,TP} \tag{5-216}$$

式中，$\Delta p_{F,S}$为不沸腾段 L_{NO}内单相水的摩擦压降，$\Delta p_{F,TP}$为饱和泡核沸腾段 L_B 内汽一液两相流的摩擦压降。不沸腾段内的摩擦压降可以写成

$$\Delta p_{F,S} = f\frac{m^2\bar{v}_L L_{NO}}{2A^2D} \tag{5-216A}$$

式中，$\bar{v}_L$ 是不沸腾段内水的平均比容，假定 $\bar{v}_L \approx v_f$，而 v_f 是饱和水的比容，则上式变成

$$\Delta p_{F,S} = f\frac{m^2 v_f L_{NO}}{2A^2D} \tag{5-216B}$$

与此相似，饱和沸腾段内的摩擦压降可以写成

$$\Delta p_{F,TP} = f_{TP}\frac{m^2\bar{v}_{TP}L_B}{2A^2D} \tag{5-216C}$$

式中，$\bar{v}_{TP}$是饱和沸腾段内汽水混合物的平均比容。设饱和沸腾段出口处汽水混合物的比容为 v_{EO}，则

$$\bar{v}_{TP} = (v_f + v_{E,O})/2 \tag{5-217}$$

按汽液两相流均匀模型计算 $v_{E,O}$，则

$$v_{E,O} = v_f + (1 - x_{E,O}) + v_G x_{E,O} \tag{5-218}$$

式中，v_G是饱和蒸汽的比容，$x_{E,O}$是出口含汽率，用下式计算：

$$x_{E,O} = \frac{q_L L_B}{m h_{fg}} \tag{5-219}$$

其中，q_L 是加热线功率密度，h_{fg}是汽化潜热。

将式(5-216B)和(5-216C)代入式(5-216)得

$$\Delta p_T = \frac{m^2}{2A^2D}(fL_{NO}v_f + f_{TP}L_B\bar{v}_{TP}) \tag{5-220}$$

式中的 L_{NO}和 L_B 可由热平衡求得

$$L_{NO} = \frac{m(h_f - h_{in})}{q_L} \tag{5-221}$$

式中，h_f 是饱和水比焓，h_{in}是进口水比焓。而

$$L_B = L - L_{NO} = L - \frac{m(h_f - h_{in})}{q_L} \tag{5-222}$$

把式(5-221)和(5-222)代入式(5-220)，并利用式(5-217)、(5-218)和(5-219)，整理后得到

$$\Delta p_{\mathrm{T}} = \frac{A}{q_L} \cdot m^3 + Bm^2 + Cq_L m \tag{5-223}$$

因为摩擦因子 f 和 f_{TP} 与 m 的关系较弱，故式中 A、B 和 C 可近似看作与 m 和 q_{L} 无关的三个常数，它们分别表示为

$$A = \frac{8}{\pi^2 D^5}\left[v_{\mathrm{f}}(h_{\mathrm{f}} - h_{\mathrm{in}})(f - f_{\mathrm{TP}}) + \frac{1}{2} f_{\mathrm{TP}} \frac{(h_{\mathrm{f}} - h_{\mathrm{in}})^2 (v_{\mathrm{G}} - v_{\mathrm{f}})}{h_{\mathrm{fg}}}\right]$$

$$B = \frac{8}{\pi^2 D^5} f_{\mathrm{TP}} L\left[v_{\mathrm{f}} - \frac{(h_{\mathrm{f}} - h_{\mathrm{in}})(v_{\mathrm{G}} - v_{\mathrm{f}})}{h_{\mathrm{fg}}}\right]$$

$$C = \frac{4}{\pi^2 D^5} f_{\mathrm{TP}} L^2 \frac{h_{\mathrm{f}} - h_{\mathrm{in}}}{h_{\mathrm{fg}}}$$

式(5-223)即为沸腾通道内的水动力特性方程式，它是一个三次方程，其解可能是三个实根，即在同一个压降下可能有三个不同的流量。如果是这样，流动就是不稳定的。若方程有一个实根和两个虚根，则流动就是稳定的。同样，对于垂直沸腾通道也可以导出与式(5-223)相同形式的水动力特性方程式，只不过其中的系数 A、B 和 C 不同罢了。

2. 稳定性准则

当给定一个外加驱动压头 Δp_{d} 后，如果系统运行在图 5-31 中的曲线的 oa 和 bc 段，即 $\frac{\partial(\Delta p_{\mathrm{T}})}{\partial m} > 0$，则流动是稳定的。例如运行在点 1 或点 3，此时若进入通道内的流量有一个微量变化，如增加一个微量 Δm，则系统压降将变得比驱动压头大，这就会使流量减小，从而使系统恢复到原来的运行点。相反，若流量减少一个微量 Δm，则系统驱动压头比系统压降大，从而迫使流体加速，流量增大，直到恢复到原来运行点为止。

如果系统运行在曲线的 ab 段，即 $\frac{\partial(\Delta p_{\mathrm{T}})}{\partial m} < 0$，则流动是不稳定的。例如运行在点 2，流动就不能稳定。此时不管流量是增加还是减小，系统将不能恢复到点 2 运行。在这种情况下，流量或者增加到能够稳定运行的点 3，或者减小到能够稳定运行的点 1，这样就产生了流量漂移。

在 $\frac{\partial(\Delta p_{\mathrm{T}})}{\partial m} < 0$ 的这个区段中，若能提供这样一个驱动压头随流量的变化曲线，即其斜率的负值比水动力特性曲线的负值更小，例如图 5-31 中的虚线 de，则就可以使流量稳定下来。此时若通道内的流量有所增加，则由于驱动压头低于系统压降，流体将减速，从而使流量重新稳定在运行点 2，虽然 $\frac{\partial(\Delta p_{\mathrm{T}})}{\partial m}$ 是负值，但系统仍然是稳定的。因此水动力稳定性准则为

$$\frac{\partial(\Delta p_{\mathrm{d}})}{\partial m} - \frac{\partial(\Delta p_{\mathrm{T}})}{\partial m} < 0 \tag{5-224}$$

3. 消除水动力不稳定性的主要方法

从上面的分析可以看出，要消除水动力不稳定性，可以从以下几个方面着手：

(1) 系统不在水动力特性曲线 $\frac{\partial(\Delta p_{\mathrm{T}})}{\partial m} < 0$ 的区段内运行。如果遇到系统必须在 $\frac{\partial(\Delta p_{\mathrm{T}})}{\partial m} < 0$ 的区段内运行，就必须采用在大流量下驱动压头会大大下降的水泵，以满足式

(5-224)的条件。

(2) 使水动力特性曲线趋于稳定,即消除曲线中$\frac{\partial(\Delta p_T)}{\partial m}=0$的区段,使$\Delta p_T$和$m$成为单值的对应关系。其主要方法有:

1) 在通道进口处装节流件,以增大进口局部阻力。图5-33中的曲线2为节流件的压力损失与流量的关系,因为通道进口一般为过冷水,比容不变,所以其压降随流量增加而增加(压降与流量的平方成正比)。曲线1为未装节流件时系统的水动力特性曲线,它有两个拐点。曲线3则为装了节流件后的系统的水动力特性曲线。曲线3是曲线1和曲线2以流量相等而压降相加的方法得出的。此时一个压降只对应一个流量,则曲线变成单调上升。

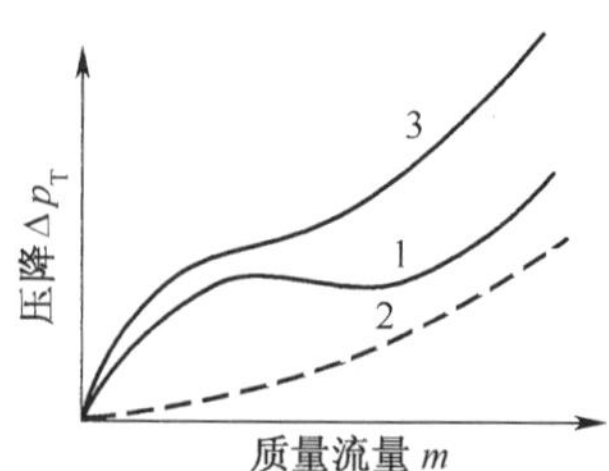

图5-33 用节流件稳定水动力特性

1—未加节流件时的水动力特性;
2—节流件压降特性;
3—加节流件后的水动力特性

2) 选取合理的系统参量。系统的运行压力越高,汽相和液相的比容就相差越小,流动就越稳定,如图5-34所示。这是因为两相流动出现不稳定性的根本原因在于:当水变成蒸汽时,汽一水混合物的比容变化比较大。当压力增高到临界压力时,水和蒸汽的比容相等了,不稳定性也就不出现了。

除了压力之外,通道进口处水的欠热度也会影响水动力特性的稳定性。通常欠热度对水动力特性的影响有一个临界值。当小于该临界值时,减小进口水的欠热度,可使流动趋于稳定,如图5-35所示。当欠热度为零时,式(5-223)中的系数A等于零,压降Δp_T便与流量m的平方成正比,这时对应每一个压降有两个流量m,一个为正值,另一个为负值,实际上对应于每一个压降只有一个流量。故不会发生不稳定性流动。当大于该临界值时,减小进口水的欠热度会增加沸腾段的长度和空泡份额,结果反而使流动的稳定性降低。可见,只有当欠热度大于临界欠热度时,增加通道进口的欠热度,才会提高流动的稳定性。

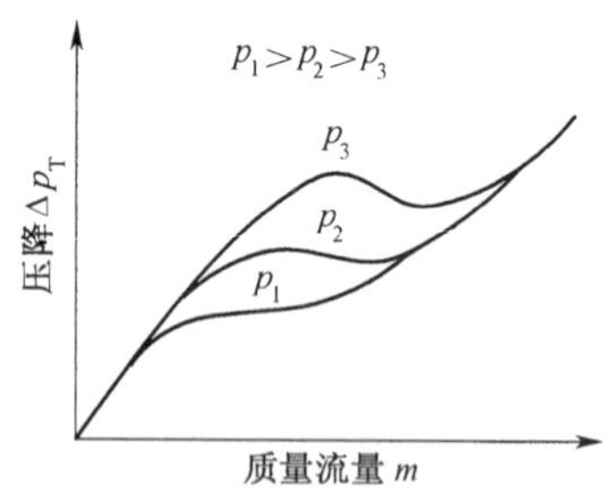

图5-34 压力对水动力特性的影响

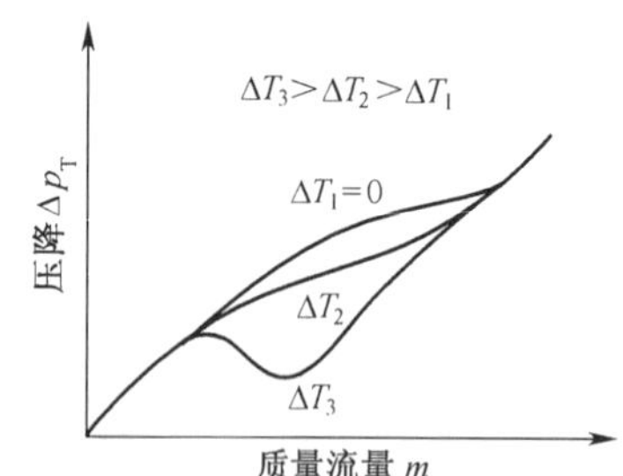

图5-35 欠热度对水动力特性的影响

5.10.3 密度波不稳定性

在加热的沸腾通道内,由于瞬时减少通道进口流量,将使流体的焓升速度加快,通道中平均空泡份额也随之增加,流体平均密度下降。这一扰动势必影响到提升、加速和摩擦压降以及传热性能，这样多次的反馈作用，形成流量、空泡（或流体密度）和压降的振荡，这种现象称为密度波不稳定性。在系统压力为 7 MPa 左右，当两相密度比小于 0.2 时，就会产生密度波不稳定性。

由于密度波是两相流动不稳定性中的重要类型，它又是在各种设备中最常见的流动不稳定性，所以从 20 世纪 60 年代初就得到比较广泛的研究。在实验研究中观测一些主要参量对密度波不稳定性的影响，下面将分别做定性的讨论。

1. 通道加热长度的影响

通过在氟里昂的回路中研究具有恒定功率密度的管道长度对密度波不稳定性的影响，实验表明，减少加热长度可以提高强迫流动的稳定性。类似的效应在自然循环回路中也能观测到。

2. 通道进口处和出口处节流的影响

在通道进口处加节流装置可以增加单相流动压降，它对流动振荡起到阻尼的作用，所以通道进口节流可以提高流动的稳定性。而在通道出口处加节流装置可以大大增加两相流动压降，使得流量减小，这样不断循环下去就会出现流量振荡。所以通道出口节流降低了流动的稳定性。

3. 通道进口欠热度的影响

在加热功率不变的情况下，增加进口流体的欠热度，这样增长了欠热段长度和流体通过这段通道的时间，并减少了空泡份额。实验研究表明，在中等或大的进口欠热度下，加大流体进口欠热度会使两相流动变得稳定。

4. 系统压力的影响

在恒定功率下，提高系统压力，使汽相与液相的密度差减小，并减小了空泡份额，从而降低了两相摩擦压降和加速度压降在总压降中的比例，这样就会使系统的流动变得稳定。

5.11　堆芯冷却剂流量分配

5.11.1　概述

为了在安全可靠的前提下尽量提高反应堆的输出功率，在进行热工设计时，首先，根据物理计算给出的堆芯总功率和功率分布、堆芯布置以及燃料组件几何尺寸等，来确定反应堆总流量及其分配。有了这些数据之后，再进行热工计算，给出堆芯冷却剂的压力场和焓场、燃料元件及各种材料的温度场，以及临界热流密度等。最后对反应堆的安全特性进行分析。堆芯释热率的分布已在第 2 章中做了详细讨论，这一节将讨论冷却剂在堆芯内各冷却剂通道之间的流量分配问题。

由于多种原因，进入堆芯的冷却剂并不是均匀分配的。反应堆的类型不同，造成流量分配不均匀的主要原因也就可能不一样，必须根据具体堆型进行具体分析。就压水堆而言，产生流量分配不均匀的原因主要有：

（1）进入下腔室的冷却剂流动不可避免地会形成许多大大小小的涡流区，从而可能造成各冷却剂通道进口处的静压力各不相同；

(2) 各冷却剂通道在堆芯或燃料组件中所处的位置不同，其流通截面的几何形状和大小也不可能完全一致，例如在燃料组件边、角位置上的冷却剂通道，其流通截面和中心处的冷却剂通道截面就可能不一样；

(3) 燃料元件和燃料组件的加工制造和安装的偏差，会引起冷却剂通道截面的几何形状和大小偏离设计值；

(4) 各冷却剂通道中释热量不同，引起各通道内冷却剂的温度（进而引起热物性和含汽率）也各不相同，从而导致通道中的流动阻力产生显著的差别，这是造成流入各冷却剂通道流量大小不同的一个重要原因。

从反应堆的总热功率确定所需要的冷却剂总流量并不困难，但是要给出冷却剂在堆芯内的流量分配数据就不那么容易了。由于堆芯冷却剂流动的复杂性，目前还不可能单纯依靠理论分析来解决堆芯流量分配问题，而只能借助于描述稳态工况的冷却剂热工流体力学基本方程式、已知的参量或边界条件以及一些经验数据或关系式，来求得可以满足工程要求的堆芯流量分配的近似解。比较准确的流量分配，一般是在设计了反应堆本体之后，根据相似理论，通过水力模拟试验测量出来的。这种测量只能得到冷态工况的流量分布，有时甚至在反应堆建成后进行堆内实际测量才能得到准确的流量分配。下面以压水堆为例，具体讨论求解堆芯流量分配的方法。

5.11.2 压水堆堆芯流量分配的计算

压水堆堆芯成千上万个相互平行的冷却剂通道可以看成是一组并联的通道，堆芯的上下腔室就是这些平行通道的汇集处。依照计算模型的不同，并联通道常被划分为闭式通道和开式通道两类。如果相邻通道的冷却剂之间不存在质量、动量和能量的交换，就称这些通道为闭式通道，反之则称为开式通道。由开式棒束燃料组件组成的堆芯，在实际运行时相邻通道的冷却剂之间将发生混合或交混，但是，如果在热工流体力学计算中，不考虑这些通道之间的冷却剂的质量、动量和能量的交换，那就意味着仍然把这些通道当闭式通道处理。

在求解并联闭式通道的流量分配时，首先需要列出稳态工况下各通道的各种守恒方程。对于闭式通道来说，因为只考虑一维（向上）的流动，不计相邻通道之间的冷却剂的质量、动量和能量的交换，所以这些方程的形式都比较简单。

1. 质量守恒方程

假设堆芯是由 n 个并联的闭式冷却剂通道组成的，如图 5-36 所示。进入反应堆的冷却剂的总质量流量为 m_t，并联通道的各分流量分别为 m_1，m_2，…，m_i，…，m_n，则可写出质量守恒方程为

$$(1-\xi_s)m_t = \sum_{i=1}^{n} m_i \tag{5-225}$$

式中，ξ_s 是旁流系数，$(1-\xi_s)m_t$ 是表示通过堆芯冷却剂通道的有效冷却剂流量。

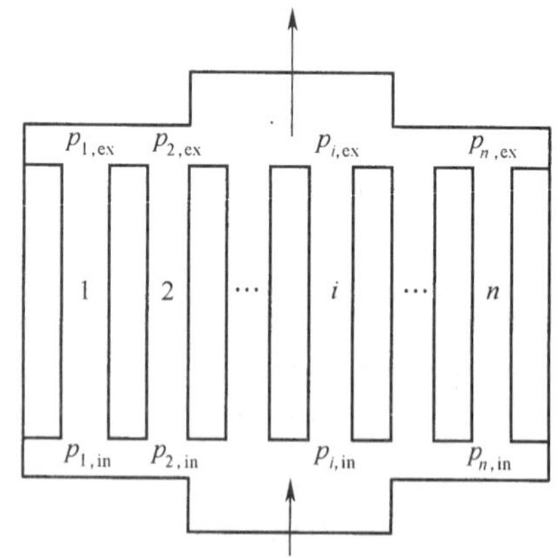

图 5-36 堆芯并联通道示意图

2. 动量守恒方程

把式(5-12)写成一般的函数形式,则对第 i 个冷却剂通道可以写出

$$p_{i,\text{in}} - p_{i,\text{ex}} = f(L_i, D_{ei}, A_i, m_i, \mu_i, \rho_i, g, \varepsilon_i/D_{ei}, x_i, \alpha_i) \tag{5-226}$$

式(5-226)是第 i 个冷却剂通道的动量守恒方程。式中,$p_{i,\text{in}}$ 和 $p_{i,\text{ex}}$ 分别表示该通道进、出口压力;L、D_e、A 分别表示该通道的长度、等效直径、通道横截面积;m、μ、ρ、g、ε/D_e、x、α 分别表示质量流量、动力黏度、密度、重力加速度、相对粗糙度、含汽率、空泡份额;下标 i 表示通道的序号。对于具有 n 个通道的堆芯,可以列出 n 个如式(5-226)那样的方程。

3. 能量守恒方程

第 i 个冷却剂通道稳态工况下的能量守恒方程可以表示为

$$m_i(h_{i,\text{ex}} - h_{i,\text{in}}) = \int_0^L q_{L,i}(z)\,\mathrm{d}z \tag{5-227}$$

式中,$h_{i,\text{ex}}$ 和 $h_{i,\text{in}}$ 分别表示第 i 个通道的冷却剂的出口比焓和进口比焓;$q_{L,i}(z)$ 是第 i 个通道在高度 z 处的燃料元件的线功率密度。方程(5-227)等号左边表示第 i 个通道内由冷却剂带出的热焓,右边则表示第 i 个通道燃料元件释出的热功率。对于具有 n 个通道的堆芯,可以列出 n 个如式(5-227)那样的方程。

在求解方程(5-225)到(5-227)时,通常假定下面两个条件是已知的:(1)各冷却剂通道的进口压力 $p_{1,\text{in}}, p_{2,\text{in}}, \cdots, p_{n,\text{in}}$ 已由水力实验测出,或根据经验给出;(2)堆芯上腔室是一个等压面,即 $p_{1,\text{ex}} = p_{2,\text{ex}} = \cdots = p_{n,\text{ex}}$。对于具有 n 个通道的堆芯,要求解的未知量为:n 个通道的冷却剂流量 $m_1, m_2, \cdots, m_n$;用来确定 n 个通道内热物性的冷却剂比焓(比焓可以转换成温度,再由温度来决定热物性),它们在通道出口处可以表示为 $h_{1,\text{ex}}, h_{2,\text{ex}}, \cdots, h_{n,\text{ex}}$;堆芯上腔室压力 p_{ex}。这样一共有$(2n+1)$个未知量。包含这些未知量的方程有 n 个动量守恒方程、n 个能量守恒方程和 1 个质量守恒方程,即共有$(2n+1)$个方程。联立求解这$(2n+1)$个方程就可以得到所求的$(2n+1)$个解。

为了使计算结果准确,需要把通道沿冷却剂流动方向分成若干个步长,从堆芯进口开始,先给定一组满足质量守恒方程的流量分配数据,然后用各个动量守恒方程、能量守恒方程、已知各通道的进口压力以及冷却剂进口比焓等,计算出各通道第一个步长的出口压力和出口比焓。计算第一个步长流动压降所需要的冷却剂的物性可按堆芯进口温度确定。接下去再用第一个步长出口压力、出口比焓作为第二个步长的进口压力、进口比焓来计算第二个步长的出口压力和比焓。计算第二个步长流动压降所需要的冷却剂的物性可按第一个步长冷却剂的出口温度确定。如此沿通道轴向逐个步长计算下去直到堆芯出口处的最末一个步长为止。如果算得的各通道出口压力不满足已知条件(2),那么就必须重新假定进口流量分配数据,重复上述计算过程,直到满足已知条件(2)时为止。实际上要达到各通道出口压力完全相等是不容易的,通常是计算迭代到 $\Delta p_{i,\text{ex}}$ 小于某一个规定的误差 ε 为止,即

$$\Delta p_{i,\text{ex}} = \bar{p}_{i,\text{ex}} < \varepsilon \tag{5-228}$$

式中,$\bar{p}_{i,\text{ex}}$ 是各通道出口压力的平均值,ε 是允许误差。

求解开式通道流量分配的方法与闭式通道大体相仿。但是,在开式通道中由于存在着相邻通道冷却剂间的混合和交混,就使得描述冷却剂热工流体力学状态的方程变得复杂起来,而且,方程本身还包含若干需要直接由实验确定的参量。例如相邻通道冷却剂之间的交混系数,横流阻力系数等,这些都增加了开式并联通道流量分配计算的困难。

5.12 自然循环

自然循环是指在闭合回路内依靠冷段(向下流)和热段(向上流)中的流体密度差在重力作用下所产生的驱动压头来推动的流动循环。

核能系统同采用常规燃料的动力系统的主要区别之一是它需要排出衰变热。在第2章介绍过,停堆后继续释放的衰变功率可高达几十兆瓦。因此停堆以后还必须对反应堆继续冷却,以便带走这些热量。虽然可以通过多种方式进行停堆后的冷却,但是自然循环能够提供固有的而且是安全可靠的冷却过程。如果堆芯结构和回路布置设计的合理,就能够利用自然循环的驱动压头推动冷却剂在一回路中循环而不需要任何动力源,这对核电厂失去厂外电源而应急电源又不能及时启动时尤为重要。无论是单相流系统还是两相流系统,产生自然循环的原理都是相同的。下面以压水堆堆芯和一回路系统为例,讨论自然循环的驱动压头和自然循环流量的计算方法。

首先介绍反应堆一回路系统内循环流动的总压降。计算总压降通常采取的步骤是:先根据冷却剂在回路中的受热情况(加热、冷却、等温)把回路系统划分成若干段,计算出每一段内的各种压降之和,然后再把各段的压降相加,即得到整个一回路系统的总压降。假设把一回路系统划分成 i 段,则总压降 Δp_T 的表达式为

$$\Delta p_T = \sum_i (\Delta p_G + \Delta p_F + \Delta p_C + \Delta p_A)_i \tag{5-229}$$

式中,Δp_G、Δp_F、Δp_C、Δp_A 分别为提升压降、摩擦压降、形阻压降、加速度压降。下标 i 表示对一回路系统各分段求和。

在反应堆主冷却剂泵运行时,Δp_T 由主泵的驱动压头 Δp_D 提供,$\Delta p_T=\Delta p_D$;当主泵停止运行后,泵就不能给系统提供驱动压头了,即 $\Delta p_D=0$。此时一回路系统(包括堆芯)中的总压降 $\Delta p_T=\Delta p_D=0$,即

$$\sum_i (\Delta p_G + \Delta p_F + \Delta p_C + \Delta p_A)_i = 0 \tag{5-230}$$

在闭合回路中,加速度压降之和近似为零,即 $\sum_i \Delta p_{A,i} = 0$,所以式(5-230)简化成

$$-\sum_i \Delta p_{G,i} = \sum_i +(\Delta p_F + \Delta p_C)_i \tag{5-231}$$

从5.6.2节有关压降计算得知:

$$\Delta p_{F,i} = \left(\frac{\Delta z}{D_e} \cdot \frac{f_{L0} m_{NC}^2}{2\rho_L A^2} \cdot \Phi_{L0}^2\right)_i \tag{5-232A}$$

$$\Delta p_{C,i} = \left(\xi \cdot \frac{m_{NC}^2}{2\rho_L A^2}\right)_i \tag{5-232B}$$

$$\Delta p_{G,i} = (\bar{\rho} g \Delta z \sin\theta)_i \tag{5-232C}$$

式中:

Δz——分段长度,m;

D_e——通道等效直径,m;

A——流通横截面积,m^2;

f_{L0}——全液相达西摩擦因子;

ρ_L——液相密度，kg/m³；

Φ_{L0}——全液相两相摩擦压降倍率，对于单相流，取 $\Phi_{L0}^2=1$；

m_{NC}——自然循环流量，kg/s；

ξ——形阻系数(对于单相流，ξ 主要是几何结构的函数；对于两相流，ξ 主要是几何结构、含汽率 x 和空泡份额 α 的函数)；

$\bar{\rho}$——Δz 内流体的平均密度，kg/m³；

g——重力加速度，m/s²；

θ——通道轴线与水平面之间的夹角，(°)。

将式(5-232)代入式(5-231)得

$$-\sum_i(\bar{\rho}g\Delta z\sin\theta)_i=\sum_i\left(\frac{\Delta z}{D_e}\cdot\frac{f_{L0}m_{NC}^2}{2\rho_L A^2}\cdot\Phi_{L0}^2+\xi\frac{m_{NC}^2}{2\rho_L A^2}\right)_i \tag{5-233}$$

在稳态自然循环工况下，m_{NC}=常数，所以式(5-233)简化成

$$-\sum_i(\bar{\rho}g\Delta z\sin\theta)_i=\left[\sum_i\left(\frac{\Delta z}{D_e}\cdot\frac{f_{L0}\Phi_{L0}^2}{2\rho_L A^2}+\xi\frac{1}{2\rho_L A^2}\right)_i\right]m_{NC}^2 \tag{5-233A}$$

假定

$$\sum_i\left(\frac{\Delta z}{D_e}\cdot\frac{f_{L0}\Phi_{L0}^2}{2\rho_L A^2}+\xi\frac{1}{2\rho_L A^2}\right)_i=\frac{C_{PR}}{2\bar{\rho}} \tag{5-234}$$

其中，$\bar{\rho}$ 是冷却剂平均密度，kg/m³；C_{PR} 是堆芯和一回路的总阻力系数，1/m⁴，并假定 C_{PR}=常数，则式(5-234)变成

$$-\sum_i(\bar{\rho}g\Delta z\sin\theta)_i=\frac{C_{PR}m_{NC}^2}{2\bar{\rho}} \tag{5-235}$$

式(5-235)等号左边代表自然循环驱动压头 $\Delta p_{D,N}$，即

$$\Delta p_{D,N}=-\sum_i(\bar{\rho}g\Delta z\sin\theta)_i \tag{5-235A}$$

式(5-235)等号右边是整个一回路系统的总阻力压降。

为了计算 $\Delta p_{D,N}$，需要确定堆芯和一回路中每一分段的冷却剂平均密度 $\bar{\rho}$ 和高度变化 $\Delta z\sin\theta$。为了简单起见，把反应堆及一回路分成六部分，即堆芯(热源)、上腔室、一回路热管段、热交换器或蒸汽发生器(热阱)、一回路冷管段和下腔室。如图 5-37 所示。

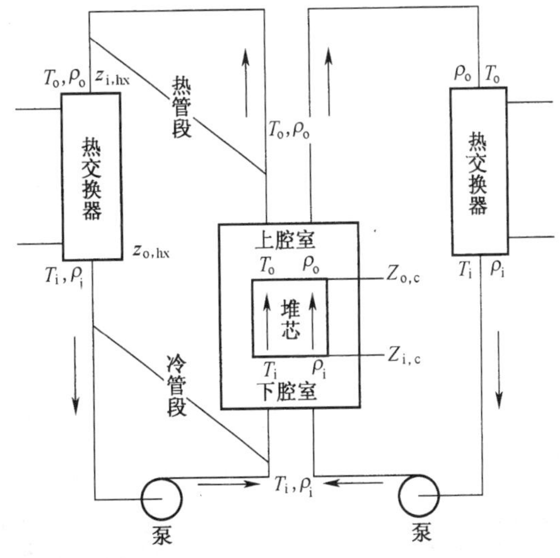

图 5-37　反应堆一回路简化流程

设堆芯进口标高为 $z_{i,c}$，堆芯出口标高为 $z_{o,c}$，热交换器进口标高为 $z_{i,h}$，其出口标高为 $z_{o,h}$。如果忽略回路压力变化对冷却剂密度的影响，就可以用 ρ_o 代表堆芯出口到热交换器进口之间的冷却剂密度，用 ρ_i 代表热交换器出口到堆芯进口之间的冷却剂密度。又假

定堆芯内和热交换器内冷却剂密度为线性变化，即 $\bar{\rho}_c=(\rho_i+\rho_o)/2=\bar{\rho}_h$。这样由式(5-235A)便得

$$\begin{aligned}\Delta p_{D,N} &= -\sum_i(\bar{\rho}g\Delta z\sin\theta)_i \\ &= -g\left[\frac{1}{2}(\rho_i+\rho_o)(z_{c,o}-z_{c,i})+\rho_o(z_{h,i}-z_{c,o})+\frac{1}{2}(\rho_i+\rho_o)(z_{h,o}-z_{h,i})+\rho_i(z_{c,i}-z_{h,o})\right] \\ &= g(\rho_i-\rho_o)\left[\frac{1}{2}(z_{h,i}+z_{h,o})-\frac{1}{2}(z_{c,i}+z_{c,o})\right] \\ &= g(\rho_i-\rho_o)(\bar{z}_h-\bar{z}_c) \end{aligned} \tag{5-236}$$

式中，ρ_i 和 ρ_o 分别是堆芯进口和出口冷却剂的密度，kg/m^3；$\bar{z}_h$ 和 $\bar{z}_c$ 分别是热交换器和堆芯的中心标高，m。

由式(5-236)可以得出建立自然循环(即产生驱动压头)的必要条件是(1)系统必须在重力场内；(2)系统中必须有热阱(即热交换器)和热源(堆芯)之间的高度差(热阱在上，热源在下)；(3)系统中的流体密度必须存在密度差。

下面根据堆芯热功率 P_{NC} 来求密度差$(\rho_i-\rho_o)$。设堆芯冷却剂的体积膨胀系数为 α_V，则有

$$\alpha_V=-\frac{1}{\rho}\cdot\left(\frac{\partial\rho}{\partial T}\right)_p \tag{5-237}$$

如果取堆芯冷却剂的平均体积膨胀系数 $\bar{\alpha}_V$，则式(5-237)可以写成

$$\rho_o-\rho_i=-\bar{\alpha}_V\bar{\rho}(T_o-T_i) \tag{5-238}$$

式中，$\bar{\rho}$ 是堆芯冷却剂平均密度，kg/m^3；(T_o-T_i)是堆芯冷却剂温升，℃。

由热量平衡可以得到

$$P_{NC}=m_{NC}\bar{c}_p(T_o-T_i) \tag{5-239}$$

式中，$\bar{c}_p$ 是堆芯冷却剂平均比定压热容，J/(kg·℃)。合并式(5-238)和(5-239)便得

$$\rho_i-\rho_o=\frac{\bar{\rho}\bar{\alpha}_V P_{NC}}{m_{NC}\bar{c}_p} \tag{5-240}$$

将式(5-240)代入式(5-236)得

$$\Delta p_{D,N}=\frac{g\bar{\rho}\bar{\alpha}_V P_{NC}}{m_{NC}\bar{c}_p}(\bar{z}_h-\bar{z}_c) \tag{5-241}$$

将式(5-241)代入式(5-235)得

$$\frac{g\bar{\rho}\bar{\alpha}_V P_{NC}}{m_{NC}\bar{c}_p}(\bar{z}_h-\bar{z}_c)=\frac{C_{PR}m_{NC}^2}{2\bar{\rho}} \tag{5-242}$$

由式(5-242)可以解得稳态自然循环流量 m_{NC} 和自然循环功率 P_{NC}、热阱与热源的高度差$(\bar{z}_h-\bar{z}_c)$以及堆芯和一回路的总阻力系数 C_{PR} 的关系：

$$m_{NC}=\left[\frac{2g\bar{\alpha}_V\bar{\rho}^2 P_{NC}}{\bar{c}_p C_{PR}}(\bar{z}_h-\bar{z}_c)\right]^{1/3} \tag{5-243}$$

从式(5-243)可以看到，自然循环流量 m_{NC} 随自然循环功率 P_{NC} 的增加而增大，随热阱与热源的高度差$(\bar{z}_h-\bar{z}_c)$加大而加大，随堆芯和一回路的总阻力系数 C_{PR} 的增加而减小。

将上式代热入式(5-239)可以得到通过堆芯的冷却剂的温升：

$$T_o-T_i=\left(\frac{P_{NC}}{\bar{\rho}\bar{c}_p}\right)^{2/3}\left[\frac{C_{PR}}{2g\bar{\alpha}_V(\bar{z}_h-\bar{z}_c)}\right]^{1/3} \tag{5-244}$$

从式(5-244)可以看到，对于固定的自然循环功率 P_{NC} 和固定的堆芯和一回路的总阻力系数 C_{PR}，通过堆芯的冷却剂温升随热阱与热源的高度差($\bar{z}_h-\bar{z}_c$)的加大而减小。

上面的简化计算仅作为一例来说明确定自然循环流量与堆芯功率之间关系的一种方法。在前面的计算中，曾假定堆芯和一回路的总阻力系数 C_{PR} 为常数，但实际上 C_{PR} 不仅是雷诺数和通道几何的函数，而且在汽—液两相流时它还与其他一些流动参量(如含汽率 x 和空泡份额 α)有关。一般说来，应根据通道几何结构、流动参量和物性参量等逐段计算 C_{PR} 和 $\Delta p_{D,N}$，并利用迭代方法求解自然循环流量。

自然循环有时会中断。如果堆芯中产生了蒸汽，并积存在压力容器上腔室，使热段管口裸露出水面，或者在蒸汽发生器倒 U 形管顶部积存了气体，则自然循环会中断。自然循环中断后，如果压力容器中有较大的汽空间，则热段管道及 U 形管上升段中的水靠自重返回压力容器，并在堆芯中产生蒸汽，而后蒸汽又流到蒸汽发生器 U 形管中进行冷凝，凝结的水又返回堆芯，如此循环可以把热量传到二次侧。这种循环传热方式称作冷凝回流。

另外，在自然循环时，如果蒸汽发生器二次侧冷却能力过强，会使一次侧的冷却剂在蒸汽发生器倒 U 形管上升段很快降温，从而使 U 形管的上升段和下降管之间的冷却剂的平均密度差变得很小，造成自然循环的流速降低。自然循环流速降低的结果，可能会使压力壳顶盖下部出现蒸汽，使自然循环中断。

复习题

1. 反应堆稳态工况流体力学计算主要包括哪些内容？
2. 作用在流体上的力有哪两种？
3. 静止流体中的应力特征有哪两项？
4. 写出压力传递的帕斯卡原理的表达式。
5. 流体的流动压降包括哪几部分？哪两种压降是不可逆压力损失？
6. 请写出实际流体(黏性流体)从通道的截面 1 流到截面 2 的伯努利方程式的两种形式，并说明每一项的物理意义。
7. 请写出提升压降 Δp_G 计算式，并给出式中各符号的名称。
8. 请写出包括摩擦因子 f 的摩擦压降 Δp_F 计算式，并给出式中各符号的名称。
9. 怎样判断流体在管内受迫流动是层流还是湍流？
10. 请画出圆管内定型层流和定型湍流的速度分布曲线。如何从速度分布曲线来判断层流壁面切应力 τ_W 一般小于湍流的 τ_W？
11. 以 Cole-Brook 湍流摩擦因子 f 的关系式为例，说明影响 f 的流动参量、物性参量和几何参量各有哪些？
12. 计算非等温流动的摩擦压降时，需要作哪两个方面的修正？
13. 单相流体在通道(包括变截面通道)中流动时，其加速度压降包括哪两部分加速度压降？
14. 试推导单相流体流过水平通道截面突然扩大的形阻压降 $\Delta p_{C,E}$ 的表达式。

15. 当流体流经截面突然扩大的通道时，既然损失了一部分形阻压降（转变成热能），为什么还会有一个静压力的升高？
16. 局部压降和形阻压降有何差别？
17. 何谓两相流动？何谓单组分两相流和双组分两相流？盐和水在一起流动是两相流吗？油和水在一起流动是两相流吗？
18. 在垂直加热通道中，向上流动的汽—液（水）两相流主要有哪几种流型？
19. 两相流的流型主要与系统的哪些因素有关？
20. 请给出下列术语的定义：质量含气（汽）率 x（即真实含气率）、体积含气率 β、截面含气率 α（即空泡份额）。
21. 什么是滑速比 S？
22. 对于向上和向下的气（汽）—液两相同方向流动，滑速比 S 的大小有何不同？
23. 试用空泡份额 α、质量含气率 x 和滑速比 S 的定义，导出它们之间的关系。
24. 试说明气（汽）—液两相流的泡状流、环状流和滴（雾）状流等流型的性状（或特点）？
25. 在相同质量流量下，流过相同的管段，为什么汽—液两相流的摩擦压降要比单相液体流的摩擦压降大？
26. 给出气相和液相折算速度的定义，两相混合物速度的定义。
27. 给出气（汽）—液两相流的流动密度和真实密度的定义。
28. 何谓均匀流模型？其压降如何计算？
29. 何谓分离流模型？其压降如何计算？
30. 就压水堆而言，堆芯冷却剂流量分配不均匀的主要原因是什么？
31. 如右图，曲线 $ABCD$ 是系统压降 Δp 随流量 W 的变化曲线，即系统的水动力特性曲线，曲线 E-F 和 G-H 是水泵的驱动压头 Δp_d 随流量 W 的变化曲线，即泵特性曲线，请问哪条水泵压头曲线能在 M 点有稳定的流量？为什么？

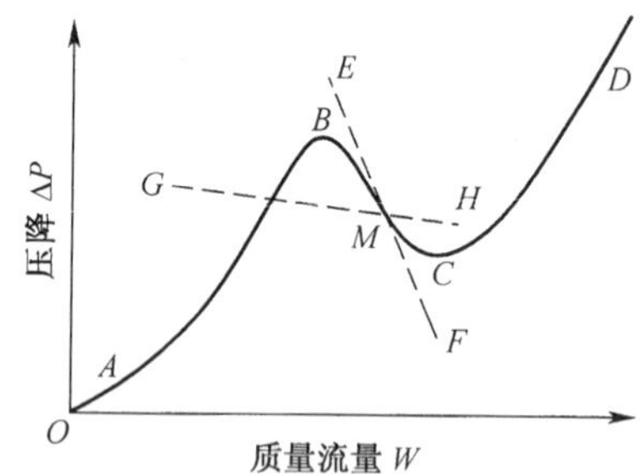

32. 判断单相临界流的三个准则是什么？
33. 临界流量的大小是取决于上游工况还是下游工况？为什么？

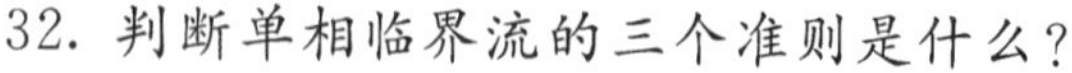

34. 研究两相临界流动对反应堆安全有何意义？

35. 何谓自然循环？建立自然循环必须具备的条件是什么？
36. 如果一个回路的热阱（冷源）和热源都看作点源，已知热阱和热源之间的高度差为 H，冷却剂在热源出口处的密度为 ρ_h，在热阱出口处的密度为 ρ_c，试

求该回路的自然循环驱动压头(见右图)。

37. 压水堆一回路系统的稳态自然循环流量主要与哪些参量有关?

38. 何谓垂直的气(汽)一液逆向流动?气(汽)一液逆向流动的制约关系是什么?

39. 从动量守恒方程出发,可压缩流体单相临界流量的表达式的推导。

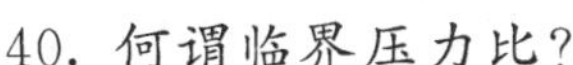

40. 何谓临界压力比?

41. 给出两相临界流量的一般表达式的推导。

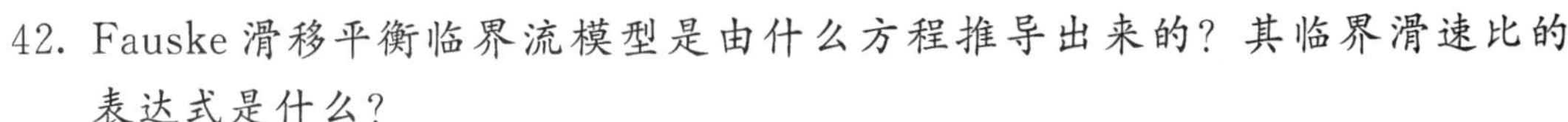

42. Fauske 滑移平衡临界流模型是由什么方程推导出来的?其临界滑速比的表达式是什么?

43. Moody 滑移平衡临界流模型是由什么方程推导出来的?其临界滑速比的表达式是什么?

44. 何谓水锤现象?如果管道中欠热水的密度 $\rho_L=725\ kg/m^3$,欠热水的声速 $c=1\,500\ m/s$,管道中水的流速 $u_1=5\ m/s$,突然关闭管道上的截止阀,其产生多大的压力脉冲?

45. 压水堆一回路中发生水锤现象会造成什么样的危害?如何消除水锤现象?

46. 写出反应堆一回路系统内冷却剂循环流动的总压降 Δp_T 的表达式。

47. 定义空泡份额 $\alpha=A_G/A$,质量流速 $G=m/A$,试推导出 $G=f(\rho_G,\rho_L,u_G,u_L,\alpha)$ 的具体表达式。

48. 设有一内径 $D=0.02\ m$ 的水平圆管,管内上游流动着常压等温的单相水,且流动状态为湍流。为了造成空气一水两相流,在 C 点注入空气,空气的注入流量 $m_g=0.05\ kg/s$。今测量得上游 AB 段($AB=1\ m$)单相水的压降 $p_A-p_B=293\ Pa$。试用均匀流模型计算出下游 DE 段($DE=2\ m$)空气一水两相流的压降(p_D-p_E)。(已知空气一水两相都处于湍流状态,水的密度 $\rho_l=1\,000\ kg/m^3$,水的黏度 $\mu_l=8.9\times10^{-4}\ Pa\cdot s$,空气密度 $\rho_g=1.18\ kg/m^3$。)

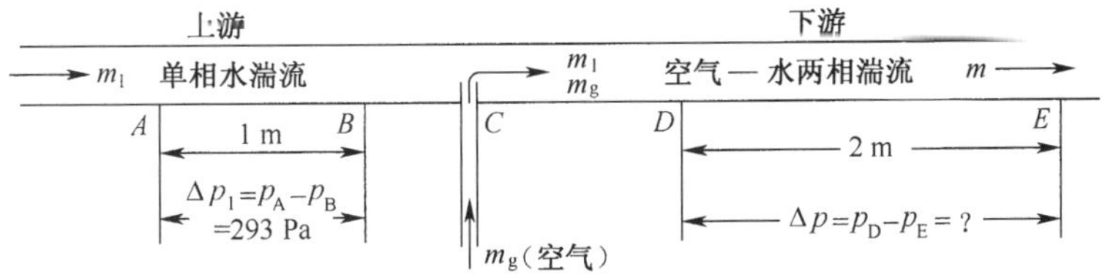

49. 什么是“水锤”现象?

50. 水锤有什么危害?

51. 说明在高压高速流动的管线中防止"水锤"产生的方法。
52. 自然循环对核电厂安全运行的重要意义是什么?
53. 什么原因会使一回路的自然循环中断?自然循环中断后一回路还能不能继续通过蒸汽发生器向二回路排热?
54. 在自然循环时,为什么蒸汽发生器二次侧冷却能力过强反而会使一回路的自然循环中断?

第 6 章　堆芯稳态热工水力设计

6.1　稳态热工设计概述

在第 2 章中曾经指出，从物理方面来讲反应堆可以在任意中子注量率上达到临界。然而，对一个实际的反应堆，正常运行的最高功率水平，要受到热工和其他一些工程方面的因素限制。例如，反应堆在稳态运行时，其功率输出的极限值与燃料元件的最高工作温度，冷却剂的传热性能，热工参量的选择以及堆芯功率分布的均匀程度等有关。这些都是影响发电成本和反应堆安全性的重要因素。因此，堆芯热工设计在整个反应堆系统设计中占有很重要的地位。

6.1.1　热工设计的范围和任务

堆芯热工设计涉及的面很广，它不仅与反应堆的物理、结构、测量和控制等的设计有关，而且还与回路系统的设计有密切关系。一个较好的堆芯设计方案是由物理和热工的多次反复计算得到的，在方案确定之后，结构设计尽可能满足热工和物理方面的要求。假如工艺上遇到难解决的问题，或者是材料加工费用太高，就要求热工和物理设计方面对有关参量作必要的调整，最后得到一个比较现实可行的方案。

热工设计还必须以热工流体力学实验为依据，在热工设计中的一些关键数据要经过实验验证，才能确保设计安全可靠。

反应堆热工设计的任务是随着反应堆的发展而越来越繁重。初期的反应堆大都是生产核燃料的反应堆，或者用于实验研究的研究堆，对于这些堆型来说，热工设计的任务仅仅是把堆芯内的热量安全地导出，并不把它们利用。因此热工设计往往采用很保守的设计原则以达到安全可靠的目的。对于核电厂反应堆，它是作为热源供应热能的动力装置。因此要在确保安全的前提下，如何更有效地、经济地利用堆芯内所产生的热量，便对热工流体力学设计提出了更苛刻的要求。所以动力反应堆的热工设计不仅要保证堆芯安全可靠地发出规定的功率，而且还要尽可能地提高堆芯功率密度，提高整个装置总效率和降低成本。

堆芯热工设计的主要任务有：

1. 根据核动力装置所要发出的电功率和装置总体设计要求，与回路系统设计协调提出反应堆所应发出的总热功率；

2. 与回路系统设计协调平衡，确定反应堆的主要热工流体力学参量：工作压力、温度和流量等；

3. 与堆物理、结构和燃料元件设计协调平衡，确定堆芯慢化剂和燃料的比例、堆芯结构、燃料元件的尺寸和栅格布置等；

4. 以初步确定的堆芯尺寸、主要的热工流体力学参量和物理设计提供的整个寿期内的功率分布等，来进行稳态热工流体力学计算。要计算出堆芯在整个寿期内是否能够达到额定功率，算出整个堆芯内各种部件的压降，确定旁通流量，提出是否要进行堆芯入口处安装节流装置；

5. 对已经确定了的反应堆和一回路系统在运行中可预期的瞬态和事故工况进行分析计算，为反应堆保护系统提出各种动作的整定值，所应设置的应急冷却、安全注射等系统的容量以及各种设备和部件在运行中可能遇到的工况等。

总的来说，反应堆热工设计的任务就是根据动力装置总体指标要求与有关专业共同协调平衡，确定反应堆总功率和主要参量，设计出一个能安全可靠地发出额定功率的堆芯。

6.1.2 堆芯热工设计的步骤

反应堆热工流体力学设计的主要过程可以分为如下几个步骤：

1. 根据业主或上级领导部门提出的任务书和规定的一些基本性能要求，如堆型、净电输出功率等，确定设计指导思想；

2. 根据科研成果，运行实践和经验，设计水平等因素确定热工设计准则；

3. 由蒸汽循环设计确定主蒸汽参量，提出对一回路冷却剂的温度要求；

4. 确定整个核动力装置的净热效率，算出反应堆输出的热功率；

5. 根据反应堆物理、流体力学和传热学以及结构和工艺等方面的考虑，确定基本的燃料栅格。它包括采用什么燃料，元件形式（板状或棒状），燃料富集度，包壳材料，燃料元件的尺寸，慢化剂与燃料之比，燃料组件包含的元件数目，元件间距大小等；

6. 根据回路装置、堆物理、热工流体力学、结构等方面的考虑，选择压力、流量和进出口温度等热工参量；

7. 按照初步确定的堆内结构、燃料组件等条件计算出工程热通道因子和冷却剂的旁通流量；

8. 进行热工稳态计算，给出冷却剂焓场（温度场）和燃料及包壳的温度分布等；

9. 进行热工瞬态性能分析。

6.1.3 热工设计和其他专业的关系

整个反应堆的设计是由多种专业联合完成的，反应堆热工设计与它们有密切关系。下面简要讨论热工设计与堆物理、回路、结构和燃料元件设计的关系。

1. 热工设计与堆物理设计的关系

热工流体力学设计与堆物理设计的关系密切而复杂，要反复地进行设计。热工流体力学设计之前需要具备下述堆物理设计数据：

(1) 给出燃料利用最经济、反应性控制合适的慢化剂与燃料之比（水—铀比）和燃料棒尺寸，以此来初步确定棒栅距和堆芯尺寸；

(2) 堆芯整个寿期内稳态和瞬态功率分布，以此来确定功率峰值，核热通道因子。

热工初步设计后要为堆物理设计提供下述数据：

(1) 局部沸腾和容积沸腾产生的空泡分布；

(2) 各种功率水平下的燃料平均温度；

(3) 各种功率水平下的冷却剂平均温度。

堆物理设计要用热工流体力学初步设计所提供的数据来修正原来提供的功率分布。这样的过程要反复几次，直到所得的结果相符合为止。

2. 热工设计与回路设计的关系

热工设计应与反应堆回路设计一起根据业主所要求发出的电功率，以尽力提高整个动力装置的效率为目标，通过整个装置的热传输计算，合理的选取二回路的蒸汽压力和热交换器（蒸汽发生器）二次侧的进口温度，确定反应堆所应发出的总热功率和反应堆冷却剂的出口温度（或平均温度，或入口温度）。

核能动力装置二回路目前一般都使用饱和蒸汽，因此希望一回路的平均温度尽量高，这样可以提高热效率或减少热交换器的换热面积。但是反应堆的平均温度要受到热工设计准则的限制而不能无限的提高。

3. 热工设计与堆内结构设计的关系

堆内结构设计是保证堆物理和热工的指标能够实现，当然堆物理和热工设计也不能脱离现实的设计和制造水平而提出不能实现的指标要求。热工流体力学设计在计算分析后要提出控制棒和其他要冷却的堆内部件所需要的冷却流量；要求入口腔室流量分配均匀的程度或需要节流的程度；堆内部件配合处允许冷却剂泄漏量等，对于这些要求堆内结构设计时都应考虑。另外，在设计过程中热工设计要提供堆内部件的温度分布，以便进行部件的应力分析。在结构基本确定后，还要进行一定比例的反应堆流体力学模拟试验，来确定总阻力系数，局部阻力系数和入口流量分配的情况等，以校核设计的正确性，若不能满足设计要求就要重新修改结构设计。

4. 热工设计与燃料元件设计的关系

目前压水堆所用的燃料几乎都是二氧化铀，也有一些核电厂开始使用二氧化钚作燃料。燃料元件的形式有棒状元件和板状元件，从热工角度上来看各有所长。从制造工艺上来讲棒状元件制造容易，运行稳定性方面棒状元件也是比较好的，所以目前绝大多数压水堆采用棒状元件。燃料元件的几何尺寸要根据传热特性和加工制造两个方面考虑。从热工角度要求棒径细，这样燃料内的裂变能容易导出，因此可以提高燃料体积释热率。但是燃料棒径过小，燃料元件的加工费用大幅度提升，所以要通过计算分析取折中方案。

整个燃料组件的设计对热工设计也有较大的影响，燃料棒的排列方式和棒间距的大小决定了所构成的通道的形状和流通面积，将直接影响到冷却剂的流速和速度分布，也影响传热特性和临界热流密度比。燃料元件定位件的设计对传热性能和临界热流密度都有一定的影响。

6.1.4　热工设计准则

在设计反应堆堆芯和冷却剂系统时，为了保证反应堆安全可靠地运行，针对不同的堆型，预先规定了热工设计必须遵守的要求，这些要求通常称为热工设计准则。反应堆在整个运行寿期内，在每一种运行状态及预期的事故工况下，反应堆的热工参量必须满足设计准则。热工设计准则不但是热工设计的依据，而且也是设计安全保护系统和制定运行规程的依据。热工设计准则要根据现有的设计水平尽量制定的恰当，既不过分保守又不偏于危险。不过，从确保反应堆和整个核动力装置安全运行出发，设计准则一般要制定得适当保守些，即留有足够的安全裕度。随着科学技术的发展、堆设计和运行经验的积累以及堆用材料性能和制造工艺等的改进,热工设计准则相应的做些修改,使设计的保守性更加合理。

热工设计准则的内容因堆型而异,在现代压水动力堆中通常提出下列稳态热工设计准则:

1. 燃料芯块最高温度应低于对应燃耗下燃料的熔化温度。压水堆大多采用二氧化铀作燃料。二氧化铀的熔点约为 2 800 ℃,但经过辐照后,其熔点有所降低。在压水堆目前所达到的燃耗深度下,熔点可降低到 2 650 ℃左右。在稳态热工设计中,燃料中心最高温度的限制值一般在 2 200～2 450 ℃之间。

2. 燃料元件外表面不允许发生沸腾临界,即要求堆芯中任何燃料元件表面上任何点的实际热流密度 q_R 小于该点的临界热流密度 q_C。为了定量表达这个限制要求,引用了临界热流密度比 CHFR(或 DNB 比 DNBR)这一概念,它的定义为

$$\mathrm{CHFR} = \frac{q_C}{q_R} \qquad \text{或者 } \mathrm{DNBR} = \frac{q_{DNB}}{q_R} \tag{6-1}$$

式中,q_C(或 q_{DNB})是根据实验或采用适当的临界热流密度(CHF)关系式计算得到的临界热流密度值,W/m^2;q_R 是计算点上燃料元件表面的实际热流密度值,W/m^2。

在整个堆芯内所计算的 CHFR 分布中的最小值的 CHFR 称为最小 CHFR,记作 MCHFR。为了保证燃料元件不被烧毁,要求 MCHFR 应该大于某一限定值。如果计算 q_C 的关系式没有误差,则 MCHFR 为 1 时即表示燃料元件表面发生了沸腾临界。事实上计算 q_C 的关系式存在误差,因此要把 MCHFR 定得比 1 大,例如用 W—3 关系式计算 q_C 时,稳态额定工况取 MCHFR=1.8～2.2,对于预计的常见事故工况,要求 MCHFR>1.3。

3. 在稳态额定工况,要求在计算的最大热功率情况下,不允许堆芯发生流动不稳定性。

6.2 堆芯热工设计参量的分析

压水堆内冷却剂的运行压力、堆的进口和出口温度、质量流量和流速等热工参量的选择,直接关系到反应堆的安全和核电站的经济性(堆电功率输出、电站效率和发电成本等)。因此,合理地选择冷却剂的热工参量是堆芯热工设计的重要内容。在这里只扼要阐述堆热工参量对核动力装置设计的一些影响及这些参量的取值范围。

6.2.1 冷却剂的工作压力

根据水的热力学性质,要想提高压水堆冷却剂出口温度,从而提高电站的效率,就必须提高冷却剂的运行压力。然而,这方面的潜力是很有限的。例如,当冷却剂的工作压力提高到接近临界压力 22.1 MPa 时,其对应的饱和温度只有 374 ℃。而现代压水堆常用压力为 15.5 MPa,其对应的饱和温度约为 345 ℃。两者相比,压力提高了 6.6 MPa,饱和温度只提高了 29 ℃。为提高不太大的电站效率,却要大幅度的提高反应堆的运行压力,这对反应堆及其辅助系统的有关设备的设计和制造都将带来许多困难,并且大大提高电站建造成本。其实,提高反应堆的运行压力,主要受到包壳和设备的材料的限制。因此,不应片面追求过高的冷却剂压力。在现代核电站的压水堆中,工作压力一般不超过 16 MPa。

6.2.2 冷却剂的出口温度

电站的热效率与冷却剂的平均温度有密切关系,冷却剂出口温度越高,电站效率也就越

高。然而，出口温度的取值应该考虑下面三个因素。

1. 首先，包壳材料要受到抗高温腐蚀性能的限制，不同堆型所用的包壳材料不同，对于压水堆而言，一般选用锆合金作为燃料的包壳。而锆合金所允许的表面工作温度不应超过 350 ℃。

2. 为了保证反应堆热功率正常输出，或者说保证堆内的正常热交换，燃料元件表面与冷却剂之间要有足够的对流传热温差（$T_C - T_f$）。如果压水堆中燃料包壳外表面温度 T_C 限制在 350 ℃左右，冷却剂温度至少应比此值低 10～15 ℃左右，这样才能保证堆内正常传热。

3. 为了确保反应堆工作稳定性，冷却剂出口温度一般应比工作压力下的饱和温度低 20 ℃左右。

由此可见，冷却剂出口温度的变化范围是很有限的。例如，特里卡斯坦核电站反应堆，其运行压力为 15.5 MPa，相应的饱和温度为 345 ℃，堆的出口温度取 323 ℃，比饱和温度低 22 ℃。

6.2.3　冷却剂的进口温度

冷却剂的出口温度确定之后，由载热方程 $P_{th,t} = m_t \bar{c}_p (T_{f,out} - T_{f,in})$ 可以看出，在反应堆总热功率 $P_{th,t}$ 已知的情况下，冷却剂进口温度 $T_{f,in}$ 与流量 m_t 有单值关系。$T_{f,in}$ 取值越高，则冷却剂温升（$T_{f,out} - T_{f,in}$）就越小，平均温度（$T_{f,in} + T_{f,out}$）/2 就越高，从而得到较高的循环效率和电站效率。然而，从另一方面看到，冷却剂温升低就意味着有较大的冷却剂流量 m_t，这就增加了主循环泵的泵耗功，从而使电站的净效率降低并减少了电功率的输出。因此，冷却剂的进口温度应该在综合上述考虑之后，选取最佳值。

在热工计算时，可以根据已经确定的冷却剂总流量 m_t，再由载热方程计算出 $T_{f,in}$。由于总流量 $m_t = \rho A_t u$，A_t 为总流通面积，它根据总流量 m_t，或者通道内流速 u 来定，我们知道流速越高，对流传热系数就越大，临界热流密度也越大；但是流速 u 过高，不仅使堆芯内腐蚀和侵蚀加剧，而且会使泵耗功增加。压水堆堆芯内燃料组件中冷却剂流速一般取 3～6 m/s，局部最大流速不超过 9～12 m/s。在流速 u 选定后，根据总流量 m_t 就可以确定通道流通面积 A_t。

当 $P_{th,t}$、$T_{f,out}$、u 和 A_t 确定之后，把 ρ 和 $\bar{c}_p$ 视为常数，则冷却剂进口温度 $T_{f,in}$ 就可以用载热方程计算出来。

6.2.4　冷却剂流量

冷却剂流量 m_t 的确定，取决于核电站的经济性和安全性。如前面分析的那样，流量越大，主循环泵的唧送功率也就相应的增加，这会降低净电效率，并且减少净电功率的输出。此外，加大流量还会使系统的管道和设备尺寸增大。反之，在其他条件相同的情况下，如果减小流量，则冷却剂温升增加，所以冷却剂进口温度要降低，平均温度下降，从而使电站效率降低。另外，流量减小，将会使对流传热系数和临界热流密度都要下降，这对反应堆的安全是不利的。

综合上述分析可知，反应堆冷却剂最佳流量的选择，应使主循环泵的唧送功率最小，净电功率输出最大，并使反应堆及其主要设备以及主回路系统具有适中的尺寸和容量。在反应堆热工设计中，对于已给定的反应堆功率，常见有两种流量和温升的匹配方案：核电站反应堆一般采用单流程的大流量小温升方案，冷却剂通过堆芯的温升一般为 40 ℃左右，例如，特里卡斯坦反应堆的进口温度为 286 ℃，堆内温升为 37.2 ℃；船用反应堆由于受到整个装置的尺寸和重量的限制，一般采用双流程的小流量大温升方案，冷却剂通过堆芯的温升一般为 80 ℃左右，例如，列宁号核动力破冰船的堆芯为双流程，堆内温升为 82 ℃。双流程还有一个优点，就是冷却剂经过一个流程后可得到很好的混合，使堆芯出口处冷却剂比较均匀。

6.3 堆内功率分布不均匀性问题

对于热工设计者来说，所关心的重要问题之一是堆芯在整个寿期内最不利的功率分布。在第 2 章我们详细分析了均匀裸堆的功率分布和在核方面影响功率分布的因素。在这一节首先简要回顾一下影响堆内功率分布的因素，然后引入热通道和热点的概念，用它来描述堆内热工参量的不均匀程度。

6.3.1 影响堆内功率分布的主要因素

我们已经知道，即使在无干扰的均匀裸堆的堆芯内，其功率分布也是不均匀的，沿堆芯径向功率呈零阶贝塞尔函数分布，沿轴向功率按余弦函数分布。这就是说，在最简单的情况下堆内宏观功率分布也不均匀。除此之外，在核方面和工程方面还有许多因素影响堆内功率分布。

1. 在核方面

在第 2 章我们已经详细分析了在实际反应堆内，燃料分区装载、控制棒、结构材料、水隙和空泡等对堆内功率分布的影响，由于这些影响使堆内功率分布更加复杂化。

2. 在工程方面

在工程方面的某些因素，如燃料元件和堆内构件的加工制造的机械偏差，冷却剂流量与设计值的偏差等，它们对堆内功率分布的影响也比较大。如果局部燃料富集度和密度超过了设计值，则局部地区的释热功率就会偏高，温度也就偏高；元件直径的加工偏差，也会使局部热阻加大，从而形成局部温度过高；栅格板结构尺寸的偏差、元件在运行过程中可能发生弯曲、肿胀以及节流孔径尺寸偏差等，都可能引起流通面积变小，流过的冷却剂流量下降，从而导致局部温度过高。

由于上述核方面的和工程方面的影响因素具有随机性，因而堆芯各冷却通道的热工状态与功率分布变得极为复杂。这种不均匀性很难用精确的数学关系式来表达。所以引入热通道和热点以及热通道因子和热点因子这些概念来描述这些不均匀性的问题。

6.3.2 热通道和热点，热通道因子和热点因子

如果不考虑在堆芯进口处冷却剂流量分配的不均匀性（即认为流量均匀），也不考虑燃料元件的尺寸、性能等在加工、安装、运行中的工程因素造成的偏差，单纯从核方面来看，堆芯内就存在着某一积分功率输出最大的燃料元件冷却剂通道，这种积分功率输出最大的冷却剂通道通常就称为核热通道（或称为核热管）；同时，堆芯内还存在着某一燃料元件表面热流密度最大的点，这种点通常称为核热点。可以说核热通道和核热点对确定堆芯功率的输

出量起着决定性作用。以上就是在反应堆发展的早期，单纯从核方面考虑的反应堆热通道和热点的定义。为了保证反应堆的安全，常常保守地将堆芯内的中子注量率局部峰值人为地都集中到热通道中，这样一来，热点自然也就位于热通道内了，即热通道包含了热点；同时还保守地认为，径向核热通道因子 F_R^N 沿热通道全长是常数，以及热通道的轴向归一化功率分布 $\varphi(z)$ 与堆芯其他通道的相同。$\varphi(z)$ 的定义为 $\int_0^H \varphi(z)\mathrm{d}z/H=\varphi(H)=1$。显然，按照上述确定的热通道和热点，其工作条件肯定是堆芯内最"热"的了。因此，只要保证热通道的安全，而无需再计算堆芯内其余通道和燃料元件的热工参量，就能保证堆芯其余通道和燃料元件的安全了。这就是早期反应堆热工设计中采用的热通道和热点分析模型(或称单通道分析模型)。

为了定量表征热通道和热点的工作条件，在第 2 章中已经引出了热流密度核热通道因子 F_q^N(因为热点位于热通道中，故 F_q^N 也称热流密度核热点因子)，用 F_q^N 来表示堆芯功率分布不均匀程度。F_q^N 的表达式为

$$F_q^N=F_R^N\cdot F_z^N\cdot F_L^N\cdot F_\theta^N\cdot F_U^N \tag{6-2}$$

式中：

F_R^N——热流密度径向核热通道(或核热点)因子；

F_z^N——热流密度轴向核热通道(或核热点)因子；

F_L^N——热流密度局部峰核热通道(或核热点)因子；

F_θ^N——方位角修正因子；

F_U^N——核计算误差修正因子。

热通道与平均通道中冷却剂焓升的比值，称为焓升核热通道因子，并用 $F_{\Delta h}^N$ 来表示。如果整个堆芯装载完全相同的燃料元件(燃料富集度相同)，并假定热通道和平均通道内冷却剂的流量相等，且忽略其他工程因素的影响，则堆芯冷却剂的焓升核热通道因子 $F_{\Delta h}^N$ 就等于径向核热通道因子 F_R^N，即

$$F_{\Delta h}^N=F_R^N \tag{6-3}$$

在实际计算热通道冷却剂焓升时，还应该计入 F_L^N、F_θ^N 和 F_U^N 这三个因子的影响，一般常将 F_L^N、F_θ^N 和 F_U^N 归并在 F_R^N 中(即 $F_R^N=F_R^N\cdot F_L^N\cdot F_\theta^N\cdot F_U^N$)。

近年来，随着反应堆的设计、建造和运行经验的积累，计算模型的发展，实验技术的提高以及测量仪表的改进等，对热通道和热点的处理已不再像早期那样保守了，而是应用由实际计算得到的比较精确的热通道和热点的位置和参量大小。目前，在反应堆热工设计中已广泛采用了子通道分析模型(见本章 6.5 节)，在这种模型中要对堆芯内大量的燃料元件冷却剂通道进行计算，而不再是只计算由核方面确定的热通道。通过计算可以得到真正的热通道所在的位置和其热工参量值；也可以得到燃料元件最高中心温度和最高包壳表面温度的数值和其位置。最高中心温度和最高表面温度的点不一定位于热通道中。应用这种比较精确的子通道分析模型进行反应堆设计，既保证了堆的安全性，又提高了堆的经济性。但是采用子通道分析模型，计算工作量很大，计算机时也较长。因此，在反应堆热工初步方案设计中，仍可采用建立在热通道和热点概念上的较保守的单通道分析模型，待初步方案确定后，再用子通道分析模型进行精细的计算。

上面所讨论的热流密度核热通道因子和焓升核热通道因子都没有考虑工程上加工、安

装和运行等因素的影响。实际上由它们所确定的最大热流密度和热通道的焓升仅仅是名义值(设计值),所以,上面两个核热通道因子的定义可以写成

$$F_q^N = \frac{\text{堆芯名义最大热流密度}}{\text{堆芯平均热流密度}} = \frac{q_{n,max}}{\bar{q}} \tag{6-4}$$

$$F_{\Delta h}^N = \frac{\text{堆芯名义最大焓升}}{\text{堆芯平均焓升}} = \frac{\Delta h_{n,max}}{\overline{\Delta h}} \tag{6-5}$$

式中,$\bar{q}$ 是堆芯平均热流密度,对于棒状燃料元件,它由下式确定:

$$\bar{q} = \frac{P_{th,t} \cdot F_U}{N \cdot \pi d_{CS} H} \tag{6-6}$$

式中:

$P_{th,t}$——反应堆的总热功率,W;

F——燃料元件中释热份额;

N——全堆芯中含燃料棒根数;

d_{CS}——燃料元件棒外表面直径,m;

H——堆芯燃料高度,m。

在工程上,必须考虑到燃料元件和堆内构件等在加工、安装和运行中的各类工程因素所造成的实际值与设计值(名义值)之间的偏差。由于这些工程上不可避免的误差,会使堆芯内燃料元件的热流密度、冷却剂流量、冷却剂焓升和燃料元件的温度等偏离名义值。为了定量分析由工程因素引起的热工参量偏离名义值的程度,这里引出了热流密度工程热通道(或热点)因子和焓升工程热通道因子的概念,即

热流密度工程热通道(或热点)因子 F_q^E 为

$$F_q^E = \frac{\text{堆芯实际最大热流密度}}{\text{堆芯名义最大热流密度}} = \frac{q_{h,max}}{q_{n,max}} \tag{6-7}$$

焓升工程热通道因子 $F_{\Delta h}^E$

$$F_{\Delta h}^E = \frac{\text{堆芯热通道实际最大焓升}}{\text{堆芯名义最大焓升}} = \frac{\Delta h_{h,max}}{\Delta h_{n,max}} \tag{6-8}$$

同时考虑了核和工程两方面的因素后,热流密度热点因子 F_q 和焓升热通道因子 $F_{\Delta h}$ 的表达式应为

$$F_q = F_q^N \cdot F_q^E = \frac{q_{n,max}}{\bar{q}} \cdot \frac{q_{h,max}}{q_{n,max}} = \frac{q_{h,max}}{\bar{q}} \tag{6-9}$$

$$F_{\Delta h} = F_{\Delta h}^N \cdot F_{\Delta h}^E = \frac{\Delta h_{n,max}}{\overline{\Delta h}} \cdot \frac{\Delta h_{h,max}}{\Delta h_{n,max}} = \frac{\Delta h_{h,max}}{\overline{\Delta h}} \tag{6-10}$$

同时考虑了核和工程两方面的因素后,对热通道和热点的定义可进一步阐述为:热通道是堆芯内具有最大焓升的冷却剂通道。这时热通道中的释热率和冷却剂的流量都已考虑了核的和工程的两个方面的因素的影响。至于热点,则是燃料元件上限制堆芯热功率输出的局部点(压水动力堆通常只引用热流密度热点因子)。

为了更清楚起见,下面用数学表达式来说明单通道分析模型中热通道和热点上热工参量的计算方法,同时也可说明热通道因子和热点因子的用法。

热通道冷却剂焓升 $\Delta h_{h,max}$ 为

$$\Delta h_{h,max} = \left[\int_0^H \bar{q} \cdot F_{\Delta h}^N \cdot F_{\Delta h}^E \cdot \varphi(z) \cdot \pi d_{CS} dz\right] / m_h \tag{6-11}$$

式中,$F_{\Delta h}^{N}=F_{R}^{N}\cdot F_{L}^{N}\cdot F_{\theta}^{N}\cdot F_{U}^{N}$,$m_{h}$ 是热通道冷却剂的质量流量,$\varphi(z)$是轴向归一化功率分布。

燃料元件表面最大热流密度 $q_{h,max}$ 为

$$q_{h,max}=\bar{q}\cdot F_{q}^{N}\cdot F_{q}^{E} \tag{6-12}$$

燃料包壳外表面温度 $T_{c}(z)$为

$$T_{C}(z)=T_{f}(z)+\bar{q}\cdot F_{R}^{N}\cdot F_{q}^{E}\cdot\varphi(z)/h(z) \tag{6-13}$$

式中,$F_{R}^{N}=F_{R}^{N}\cdot F_{L}^{N}\cdot F_{\theta}^{N}\cdot F_{U}^{N}$,$T_{f}(z)$是冷却剂温度,$h(z)$是对流传热系数。

在单通道分析模型中,热通道集中了所有核的和工程的两方面的不利因素,它的积分功率输出最大和冷却剂流量最小;在子通道分析模型中,热通道发生在积分功率输出和冷却剂流量这两个最不利的组合位置上,而并不一定发生在积分功率输出最大或者冷却剂流量最小的通道。

6.3.3　影响工程热通道因子的主要因素

有关工程热通道因子的计算读者可参考《核反应堆热工分析》一书(参考文献[5])。下面只简单介绍影响工程热通道因子的主要因素。

1. 热流密度工程热点因子 F_{q}^{E}

影响 F_{q}^{E} 的主要因素是燃料元件芯块的直径、密度、裂变物质的富集度和包壳外径等的加工制造误差,这些误差影响着燃料元件外表面的热流密度。

2. 焓升工程热通道因子 $F_{\Delta h}^{E}$

反应堆类型不同,影响冷却剂焓升工程热通道因子的因素也不同,对于压水动力堆来说,其焓升工程热通道因子主要有以下几个分因子组成:

(1) 燃料芯块加工误差引起的焓升工程热通道分因子 $F_{\Delta h,1}^{E}$

燃料芯块的直径、密度和裂变物质的富集度的加工误差,这些误差影响着冷却剂的焓升。

(2) 燃料元件冷却剂通道尺寸误差引起的焓升工程热通道分因子 $F_{\Delta h,2}^{E}$

冷却剂通道尺寸误差包括:燃料元件包壳外径的加工误差、燃料元件栅距的安装误差、在堆运行后燃料元件因弯曲变形而使通道尺寸产生误差等,这些误差影响冷却剂的流量,因而影响了冷却剂的焓升。

(3) 堆芯下腔室冷却剂流量分配不均匀引起的焓升工程热通道分因子 $F_{\Delta h,3}^{E}$

由于堆芯下腔室结构上的原因,分配到堆芯各冷却剂通道的流量是不均匀的。实验测量表明,堆芯各冷却剂通道的流量与平均通道流量相比,有大,有小。但是,从热工设计安全出发,总是取热通道分配到的流量小于平均通道的流量。这种流量分配不均匀同样影响冷却剂的焓升。

(4) 热通道内冷却剂流量再分配时引起的焓升工程热通道分因子 $F_{\Delta h,4}^{E}$

在现代压水堆中,允许热通道内冷却剂发生欠热沸腾和饱和沸腾。这样,由于热通道内有汽泡生成,热通道内冷却剂的流动压降就要比没有发生沸腾的通道的压降大,但是所有通道两端的总压降相等,因此热通道发生沸腾时冷却剂的流量就要减小,多出来的这一部分冷却剂就要通过燃料棒间隙流到其他通道中去。上述这种现象通常称为并联平行通道间冷却剂流量的再分配。当燃料元件的释热量不变时,流量再分配会使热通道冷却剂的焓升增加。

(5) 相邻通道冷却剂间相互交混的焓升工程热通道分因子 $F_{\Delta h,5}^{E}$

在相邻通道内的冷却剂相互之间存在着横向的质量、动量和能量的交换。热通道内较热的冷却剂与相邻通道内较冷的冷却剂之间相互交混，使热通道的冷却剂焓升有所降低。

这样对于开式栅格，总的焓升工程热通道因子 $F_{\Delta h}^{E}$ 为

$$F_{\Delta h}^{E} = F_{\Delta h,1}^{E} \cdot F_{\Delta h,2}^{E} \cdot F_{\Delta h,3}^{E} \cdot F_{\Delta h,4}^{E} \cdot F_{\Delta h,5}^{E} \tag{6-14}$$

式中，除了 $F_{\Delta h,5}^{E}$ 是小于 1 的数之外，其余各焓升工程热通道分因子都是大于 1 的数，因而，总的 $F_{\Delta h}^{E}$ 是大于 1 的数。

6.3.4 热点因子对堆芯热工性能的影响以及降低热点因子的方法

根据式(6-9)和式(6-6)可以将 $q_{\mathrm{h,max}}$、F_{q} 和 $\bar{q}$ 之间的关系写成

$$q_{\mathrm{h,max}} = F_{\mathrm{q}} \cdot \bar{q} = F_{\mathrm{q}} \cdot F_{\mathrm{U}} \cdot \frac{P_{\mathrm{th,t}}}{N\pi d_{\mathrm{CS}} H} \tag{6-15}$$

式中 $N\pi d_{\mathrm{CS}} H = A_{\mathrm{st}}$，为堆芯总传热面积。

从式(6-15)可以得出：

(1) 当 $q_{\mathrm{h,max}}$ 为定值时，热流密度热点因子 F_{q} 越小，则平均热流密度 $\bar{q}$ 就越大。这表明在同样大小堆芯总传热面积 A_{st} 的条件下，降低 F_{q} 可以提高堆的输出热功率；相反，当堆功率一定时，F_{q} 越小，所需要的堆芯总传热面积 A_{st} 就越小，从而堆芯就越小。

(2) 在堆芯总传热面积 A_{st} 和堆功率 $P_{\mathrm{th,t}}$ 都相同的条件下，如果 F_{q} 越小，则最大热流密度 $q_{\mathrm{h,max}}$ 就越低，就越接近平均热流密度 $\bar{q}$，这种情况表明功率分布较均匀，燃料元件偏离烧毁的裕度较大，因而堆芯较安全。

由此看来，在反应堆热工设计时，降低 F_{q} 值是十分有益的。降低 F_{q} 值可以从两个方面着手：一个是展平堆芯功率分布，另一个是改善堆内冷却条件。在展平堆芯功率分布方面，可以采用中子反射层、设置棒束控制棒和可燃毒物、采取燃料不同富集度的分区装载，这些措施都不同程度地使堆芯中子注量率分布均匀化，从而也就使堆芯功率分布均匀化。堆芯功率分布均匀有利于使堆芯温度分布均匀。在改善堆内冷却条件方面，常采用的办法是合理分配堆芯内的冷却剂流量，根据堆芯径向功率分布，沿堆芯径向分为几个流量区，使每一个流量区的冷却剂流量与该区功率大小相匹配，这样使堆芯冷却剂出口温度基本上相同。现代压水堆中已经取消了燃料组件盒壁而成为开式栅格，流量分区已很困难，但是在组件内安装了交混翼，增加相邻通道之间的交混，可以使热通道内冷却剂焓升降低。另外，要合理地确定元件及堆内有关部件的加工和安装误差，可以减小热通道热点因子。

6.4 单通道模型的反应堆稳态热工设计

单通道模型把所要计算的堆芯平均通道或热通道看作是孤立的、封闭的通道，不考虑它与相邻的其他通道之间的冷却剂的质量、动量和能量的交换过程。这种分析模型适合于计算闭式通道。对于开式通道(如现代压水堆那样)，由于相邻通道间的流体发生横向的总质量、动量和能量的交换，应用这种单通道模型进行分析计算就显得比较粗糙了。不过，作为反应堆热工初步方案的计算，仍然采用这种简单的单通道模型。

6.4.1　单通道模型热工设计的一般步骤和方法

核电站压水堆单通道模型热工设计的一般步骤和方法如下：

1. 计算反应堆输出热功率 $P_{th,t}$

$$P_{th,t} = \frac{P_E}{\eta_T} \tag{6-16}$$

式中：

P_E——电站生产的毛电功率，W，它由任务书提出；

η_T——电站总毛效率，它由一、二回路热工参量确定。

2. 确定燃料元件的形状、尺寸、栅距、排列方式及每个燃料组件的燃料元件数目；确定全堆芯内燃料元件总传热面积和燃料元件总数目等。

在已知全堆燃料元件总数 N、元件发热段长度 H(m)、元件包壳外径 d_{CS}(m)以及燃料元件内释热功率占堆总热功率的份额 F_U 的条件下，就可以计算出堆芯平均通道的平均热流密度 $\bar{q}$(W/m^2)：

$$\bar{q} = \frac{P_{th,t}F_U}{N\pi d_{CS}H} \tag{6-17}$$

3. 计算堆芯平均通道的热工参量。

4. 计算堆芯热通道的热工参量，确定最小临界热流密度比(MCHFR)和燃料中心最高温度以及包壳外表面最高温度等。验证各种热工参量是否满足热工设计准则。若不满足热工设计准则，就要重新调整堆芯元件尺寸、布置、数目等，甚至要重新确定堆芯热工参量，直到符合设计准则为止。

6.4.2　堆芯平均通道的热工参量计算

平均通道代表堆芯的平均特性，其热工参量代表堆芯的平均参量。

1. 计算平均通道内冷却剂的质量流密度 G_M

平均通道内冷却剂的质量流密度 G_M，等于冷却堆芯燃料元件的有效冷却剂流量除以冷却剂的有效流通截面积。所谓有效冷却剂流量是指进入堆压力容器的冷却剂总流量中用来冷却燃料元件的那一部分流量。还有一小部分流量不参与燃料元件的冷却，它们是：(1)从压力容器进口直接漏到出口接管的流量；(2)从堆芯下腔室向上流经堆芯外面围板与吊篮之间的环形空间，而后进入堆芯上腔室，再流到压力容器出口接管的流量；(3)流入控制棒套管内用以冷却控制棒，而后流出套管，再与上腔室的流体混合，随后再流出压力容器的流量；(4)从压力容器进口处直接流到压力容器上封头内，供冷却上封头的流量。以上四部分流量称为堆芯旁通流量(无效流量)。在某些单通道分析模型中，还把流经控制棒套管外围的不直接参与冷却燃料元件的那部分流量也归属旁通流量。常用旁流系数 ξ_S 来定量描述以上旁通流量：

$$\xi_S = \frac{m_S}{m_T} \tag{6-18}$$

式中，m_S 是冷却剂的旁通流量，kg/s；m_T 是进入反应堆的总流量，kg/s。

不同结构的反应堆，其旁流系数是不同的。通常先由堆热工设计者提出一个合理的数值，而后由结构设计和结构试验予以验证。

在已知旁流系数后，就可求出平均通道的冷却剂质量流密度 G_M：

$$G_M = \frac{(1-\xi_S)m_T}{NA_M} \tag{6-19}$$

式中，A_M 是相应于一根燃料元件栅元的冷却剂流通截面积，m^2；N 是堆芯燃料元件总数。

2. 计算平均通道内冷却剂的温度沿轴向分布

先将平均通道沿轴向分成若干步，其步长为 $\Delta z(m)$，由堆芯进口算起[进口处坐标 $z=0$，进口比焓 $h_{f,M}(0)$ 为已知量]，用差分法逐步计算各步长出口的冷却剂比焓 $h_{f,M}(z)$：

$$h_{f,M}(z) = h_{f,M}(z-\Delta z) + \frac{\pi d_{CS}\Delta z}{G_M A_M} \cdot \frac{\bar{q}}{F_U} \cdot \varphi\left(z-\frac{\Delta z}{2}\right) \tag{6-20}$$

式中，$\varphi\left(z-\frac{\Delta z}{2}\right)$ 是坐标 $\left(z-\frac{\Delta z}{2}\right)$ 处的轴向归一化功率分布，它由物理计算得到的轴向中子注量率分布求得；$\bar{q}$ 由式(6-17)算得，之所以除以 F_U，是为了保守起见，把反应堆的总热功率 $P_{th,t}$ 都加到堆芯内。

式(6-20)也可以写成如下积分形式：

$$h_{f,M}(z) = h_{f,M}(0) + \frac{\pi d_{CS}}{G_M A_M} \cdot \frac{\bar{q}}{F_U} \cdot \int_0^z \varphi(z)\mathrm{d}z \tag{6-20A}$$

平均通道内冷却剂的温度 $T_{f,M}(z)$ 可由式(6-20)算得的比焓 $h_{f,M}(z)$ 从物性手册中查出，或由焓温转换式算得。

3. 计算平均通道的压降

除了沿程加速度压降和通道进出口局部压降外，其他压降都按步长逐段计算，然后累加起来。

在坐标 z 处步长 Δz 内的摩擦压降 $\Delta p_{F,M}(z)$ 为

$$\Delta p_{F,M}(z) = f_M(z) \cdot \frac{\Delta z}{D_e} \cdot \frac{G_M^2}{2\rho_{L,M}(z)} \cdot \Phi_{L0,M}^2(z) \tag{6-21}$$

式中，$f_M(z)$ 是单相流或两相流摩擦因子；$\Phi_{L0,M}^2(z)$ 是全液相两相流摩擦压降倍数。对于单相流，令 $\Phi_{L0,M}^2(z)=1$；对于两相流，可以按适当的两相流摩擦压降计算模型计算。

在坐标 z 处步长 Δz 内的提升压降 $\Delta p_{G,M}(z)$ 为

$$\Delta p_{G,M}(z) = g\Delta z\rho_M(z)\sin\theta \tag{6-22}$$

定位格架压降 $\Delta p_{GD,M}(z)$ 也按步长逐段计算，当步长内无格架时，可令格架形阻系数 $\xi_{GD,M}(z)=0$；当某步长内存在格架时，$\xi_{GD,M}(z)$ 取设计值。$\Delta p_{GD,M}(z)$ 由下式计算：

$$\Delta p_{GD,M}(z) = \frac{\xi_{GD,M}(z)G_M^2}{2\rho_{GD,M}(z)} \tag{6-23}$$

堆芯全程加速度压降 $\Delta p_{A,M}$ 与步长无关，其计算式为

$$\Delta p_{A,M} = G_M^2\left(\frac{1}{\rho_{out,M}} - \frac{1}{\rho_{in,M}}\right) \tag{6-24}$$

式中，$\rho_{in,M}$ 是平均通道进口处冷却剂的密度，kg/m^3；$\rho_{out,M}$ 是平均通道出口处冷却剂的密度，kg/m^3。当通道出口为汽—液两相流工况时，$\rho_{out,M}$ 可用如下公式计算：

对于均匀流模型：

$$\frac{1}{\rho_{\text{out,M}}}=\left(\frac{x_{\text{out,M}}}{\rho_{\text{G,out,M}}}+\frac{1-x_{\text{out,M}}}{\rho_{\text{L,out,M}}}\right) \tag{6-25}$$

对于分离流模型：

$$\frac{1}{\rho_{\text{out,M}}}=\left(\frac{x_{\text{out,M}}^2}{\alpha_{\text{out,M}}\rho_{\text{G,out,M}}}+\frac{(1-x_{\text{out,M}})^2}{(1-\alpha_{\text{out,M}})\rho_{\text{L,out,M}}}\right) \tag{6-26}$$

式中，$x_{\text{out,M}}$是通道出口的真实含汽率，$\alpha_{\text{out,M}}$是通道出口的空泡份额。

平均通道进口局部压降 $\Delta p_{\text{C,in,M}}$为

$$\Delta p_{\text{C,in,M}}=\frac{\xi_{\text{in,M}}G_{\text{M}}^2}{2\rho_{\text{in,M}}} \tag{6-27}$$

平均通道出口局部压降 $\Delta p_{\text{C,out,M}}$为

$$\Delta p_{\text{C,out,M}}=\frac{\xi_{\text{out,M}}G_{\text{M}}^2}{2\rho_{\text{out,M}}} \tag{6-28}$$

式中，$\xi_{\text{in,M}}$和 $\xi_{\text{out,M}}$分别为通道进口和出口的局部阻力系数，它们包括截面变化引起的局部加速度压降系数和形阻系数。

平均通道的总压降 Δp_{T} 为

$$\Delta p_{\text{T}}=\Delta p_{\text{C,in,M}}+\sum\Delta p_{\text{F,M}}(z)+\sum\Delta p_{\text{G,M}}(z)+\sum\Delta p_{\text{GD,M}}(z)+\Delta p_{\text{A,M}}+\Delta p_{\text{C,out,M}} \tag{6-29}$$

6.4.3　堆芯热通道的热工参量计算

单纯从核的方面，堆芯热通道就是积分功率输出最大的冷却剂通道，常用热流密度核热通道因子和焓升核热通道因子来定量表征热通道的工作条件。同时考虑了核和工程两方面的因素后，热通道定义为堆芯内具有最大焓升的冷却剂通道，用核热通道因子和工程热通道因子来定量表征热通道的工作条件。用最大焓升来定义热通道就同时考虑了释热率和冷却剂流量的影响。利用热通道有效驱动压头等于热通道实际总压降的方法来确定热通道内冷却剂的质量流密度 G_{H}(读者可参阅《核反应堆热工分析》一书)。

1. 热通道内冷却剂温度沿轴向分布

根据前面对热通道的定义，热通道内冷却剂比焓 $h_{\text{f,H}}(z)$的计算应该考虑焓升核热通道因子 $F_{\Delta h}^{\text{N}}$和焓升工程热通道因子 $F_{\Delta h}^{\text{E}}$，即

$$h_{\text{f,H}}(z)=h_{\text{f,H}}(z-\Delta z)+\frac{\pi d_{\text{CS}}\Delta z}{G_{\text{H}}A_{\text{H}}}\cdot\frac{\bar{q}}{F_{\text{U}}}\cdot F_{\Delta h}^{\text{N}}\cdot F_{\Delta h}^{\text{E}}\cdot\varphi\left(z-\frac{\Delta z}{2}\right) \tag{6-30}$$

式中，$F_{\Delta h}^{\text{N}}$是焓升核热通道因子，$F_{\Delta h}^{\text{N}}=F_{\text{R}}^{\text{N}}\cdot F_{\text{L}}^{\text{N}}\cdot F_{\theta}^{\text{N}}\cdot F_{\text{U}}^{\text{N}}$；$F_{\Delta h}^{\text{E}}$是焓升工程热通道因子[见式(6-14)]，但不需要引入 $F_{\Delta h,3}^{\text{E}}$和 $F_{\Delta h,4}^{\text{E}}$两项，所以 $F_{\Delta h}^{\text{E}}=F_{\Delta h,1}^{\text{E}}\cdot F_{\Delta h,2}^{\text{E}}\cdot F_{\Delta h,5}^{\text{E}}$。

式(6-30)也可以写成如下积分形式：

$$h_{\text{f,H}}(z)=h_{\text{f,H}}(0)+\frac{\pi d_{\text{CS}}}{G_{\text{H}}A_{\text{H}}}\cdot\frac{\bar{q}}{F_{\text{U}}}\cdot F_{\Delta h}^{\text{N}}\cdot F_{\Delta h}^{\text{E}}\int_0^z\varphi(z)\text{d}z \tag{6-30A}$$

热通道内冷却剂的温度 $T_{\text{f,H}}(z)$可由式(6-30)算得的比焓 $h_{\text{f,H}}(z)$从物性手册中查出，或由焓温转换式算得。

2. 热通道的 CHFR(或 DNBR)沿轴向分布

算得了热通道内冷却剂的质量流密度和焓的分布之后，就可按式(6-1)计算热通道内

CHFR 的分布。

燃料元件释热沿轴向分布不均匀(该分布近似于余弦状),而冷却剂比焓又沿轴向逐渐升高,由于这两者的共同作用,就使 MCHFR(或 MDNBR)既不是发生在燃料元件最大表面热流密度处,也不是发生在通道出口处,而是发生在最大热流密度点和出口之间的某个位置上,如图 6-1 所示。

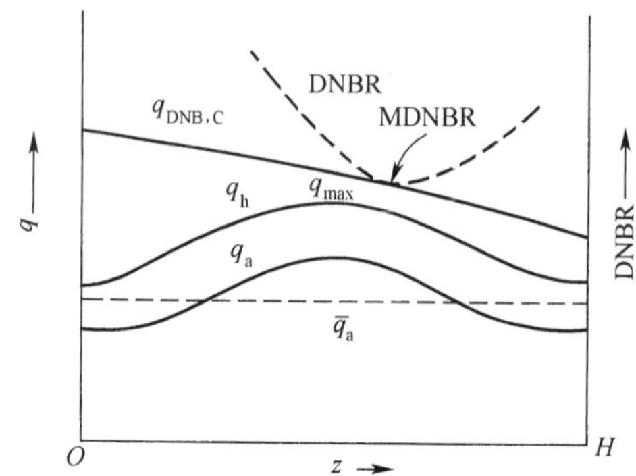

图 6-1 燃料元件表面热流密度 q、q_{DNB}和 DNBR 沿轴向的分布

根据式(6-1),热通道的 DNBR(z)用下式计算:

$$\mathrm{DNBR}(z)=\frac{q_{DNB}(z)}{\bar{q}\cdot F_R^N\cdot F_L^N\cdot F_\theta^N\cdot F_U^N\cdot F_q^E\cdot\varphi(z)} \tag{6-31}$$

式中,$q_{DNB}(z)$是热通道的偏离泡核沸腾的热流密度。

3. 热通道内燃料元件温度沿轴向分布

由式(6-30)算得的冷却剂比焓 $h_{f,H}(z)$,可根据冷却剂局部压力 $p(z)$下的焓温转换关系求得热通道冷却剂温度 $T_{f,H}(z)$。燃料元件包壳外表面温度 $T_{C,H}(z)$为

$$T_{C,H}(z)=T_{f,H}(z)+\Delta T_{f,H}(z) \tag{6-32}$$

式中,$\Delta T_{f,H}(z)$是包壳外表面与冷却剂之间的膜温差。在压水堆情况下,由于热通道的元件外表面与冷却剂之间的对流传热工况沿轴向会发生变化,一般有单相对流传热、欠热泡核沸腾传热和饱和泡核沸腾传热三种工况。这三种不同传热工况下的传热强度是不同的,因而计算 $\Delta T_{f,H}(z)$的公式也就不一样,后两种工况可近似使用同一个泡核沸腾传热公式计算。但首先必须确定发生欠热泡核沸腾的开始点 ONB。

单相对流传热方程为

$$\Delta T_{f,H,S}(z)=\frac{\bar{q}_H\cdot\varphi(z)}{h(z)} \tag{6-33}$$

式中,$\bar{q}_H$ 是热通道的平均热流密度,由下式计算:

$$\bar{q}_H=\bar{q}\cdot F_R^N\cdot F_L^N\cdot F_\theta^N\cdot F_U^N\cdot F_q^E \tag{6-34}$$

$h(z)$是单相对流传热系数。

泡核沸腾传热方程有许多计算公式,这里选用 Jenss-Lottes 公式:

$$\Delta T_{f,H,J}(z)=T_S-T_{f,H}(z)+25\left[\frac{\bar{q}_H\cdot\varphi(z)}{10^6}\right]^{0.25}\cdot e^{-p/6.2} \tag{6-35}$$

式中：

T_S——冷却剂饱和温度，℃；

p——冷却剂压力，MPa。

用式(6-33)算得的 $\Delta T_{f,H,S}(z)$ 曲线与用式(6-35)算得的 $\Delta T_{f,H,J}(z)$ 曲线的交点就是欠热泡核沸腾开始点 ONB，如图 6-2 所示。

确定了欠热泡核沸腾开始点 ONB 之后，在该点之前用式(6-33)计算 $\Delta T_{f,H}(z)$；在 ONB 点之后用式(6-35)计算 $\Delta T_{f,H}(z)$。若把以上两种传热工况统一表达，则

$$\Delta T_{f,H}(z)=\begin{cases}\Delta T_{f,H,S}(z) & \text{当 } \Delta T_{f,H,S}(z)\leqslant \Delta T_{f,H,J}(z) \text{ 时}\\ \Delta T_{f,H,J}(z) & \text{当 } \Delta T_{f,H,J}(z)<\Delta T_{f,H,S}(z) \text{ 时}\end{cases} \tag{6-36}$$

燃料元件包壳内表面温度 $T_{CI,H}(z)$ 为

$$T_{CI,H}(z)=T_{C,H}(z)+\frac{\bar{q}_H\varphi(z)d_{CS}}{2k_C(z)}\ln\left(\frac{d_{CS}}{d_{CI}}\right) \tag{6-37}$$

式中，d_{CI} 是包壳内表面直径，$k_C(z)$ 是包壳热导率。

燃料芯块表面温度 $T_{S,H}(z)$ 为

$$T_{S,H}(z)=T_{CI,H}(z)+\frac{\bar{q}_H\varphi(z)d_{CS}}{2k_G}\ln\left(\frac{d_{CI}}{d_U}\right) \tag{6-38}$$

式中，d_U 是燃料芯块直径，k_G 是燃料—包壳之间的间隙内的气体的热导率。

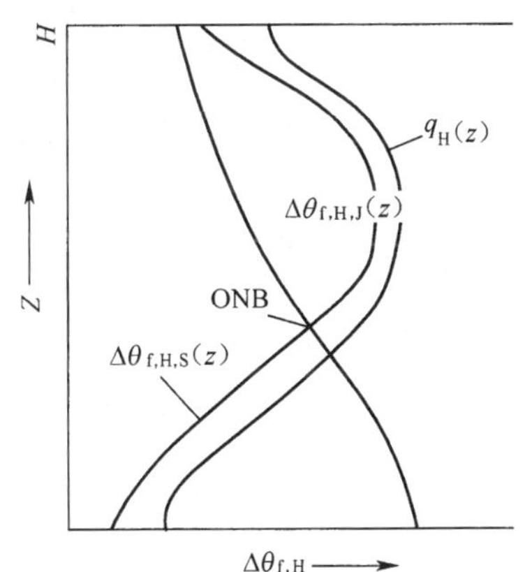

图 6-2　表面热流密度 $q_H(z)$ 和膜温差 $\Delta T_{f,H}(z)$ 沿轴向的变化

燃料芯块的中心温度 $T_{0,H}(z)$ 为

$$T_{0,H}(z)=T_{S,H}(z)+\frac{\bar{q}_H\varphi(z)d_{CS}}{4k_U} \tag{6-39}$$

式中，k_U 是燃料的热导率，并假定了 k_U＝常数。

假定 k_U 是燃料温度 T 的函数，即 $k_U(T)$，则燃料芯块的中心温度 $T_{0,H}(z)$ 为

$$\int_0^{T_{0,H}(z)}k_U(T)\mathrm{d}T=\frac{\bar{q}_H\varphi(z)d_{CS}}{4}\int_0^{T_{S,H}(z)}k_U(T)\mathrm{d}T \tag{6-39A}$$

在算得 $T_{S,H}(z)$ 之后，等号右边全为已知量，因而，可以从积分热导率的图表上查出 $T_{0,H}(z)$ 之值。

例题 6-1

某压水堆堆芯热功率 $P_{th,c}=2\ 900\times10^6$ W，一回路冷却剂总质量流量 $m=13\ 300$ kg/s，进入压力容器后的旁通流量占总流量的 6.5%(旁流系数 $\xi_s=0.065$)，堆芯进口冷却剂温度 $T_{f,in}=292$ ℃。堆芯焓升热管因子 $F_{\Delta H}=1.56$，堆芯冷却剂平均压力 $p=15.5$ MPa(恒定不变)。已知燃料元件棒包壳外径 $d_{CS}=9.6$ mm，堆芯活性区高度 $L=3.6$ m，堆芯热管(热通道)中燃料元件棒的线功率分布为 $q_{l,h}(z)=4\times10^4\cos\frac{\pi z}{L}$(W/m)，如下图所示。在堆芯单相水的对流区，对流放热系数 $h=4\times10^4$ W/(m^2·℃)；在泡核沸腾(欠热和饱和沸腾)区，包壳外表面温度 T_{CS} 按 Jens-Lottes 公式计算

$T_{CS}=T_S+25\left(\frac{q}{10^6}\right)^{0.25}\cdot e^{-p/6.2}$，℃，式中 q 的单位 W/m^2，p 的单位 MPa。在 15.5 MPa

下，水的物性为：饱和温度 $T_S=345$ ℃，饱和水比焓 $h_f=1.634\times10^6$ J/kg，汽化潜热 $h_{fg}=0.962\times10^6$ J/kg，进口水比焓 $h_{in}=1.295\times10^6$ J/kg，堆芯冷却剂平均比定压热容 $c_p=5.84\times10^3$ J/(kg·℃)。试求：

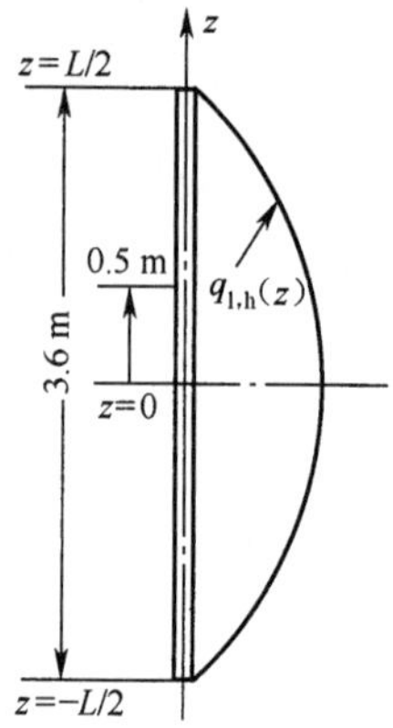

(1) 热管最大焓升 $\Delta h_{max}=$? 和出口热平衡含汽率 $x_{E,O}=$?

(2) 热管中饱和沸腾开始点的位置 $z_s=$?（坐标原点 $z=0$ 在元件的中间）。

(3) 在热管中 $z=0.5$ m 处的包壳外表面温度 $T_{CS}=$?

z=L/2, 0.5 m, $q_{l,h}(z)$, 3.6 m, z=0, z=−L/2, z

解：(1) 堆芯中燃料元件的有效冷却剂流量 m_C 为：

$$m_C=(1-\xi_s)m=(1-0.065)\times13\ 300=12\ 435.5\ \text{kg/s},$$

堆芯平均焓升：$\Delta h=\dfrac{P_{th,c}}{m_C}=\dfrac{2\ 900\times10^6}{12\ 435.5}=0.233\ 2\times10^6$ J/kg；

堆芯热管最大焓升：$\Delta h_{max}=\Delta h\cdot F_{\Delta H}=0.233\ 2\times10^6\times1.56=0.363\ 8\times10^6$ J/kg，

堆芯热管出口焓：$h_{out}=h_{in}+\Delta h_{max}=(1.295+0.363\ 8)\times10^6=1.658\ 8\times10^6$ J/kg

堆芯热管出口热平衡含汽率：$x_{E,O}=\dfrac{h_{out}-h_f}{h_{fg}}=\dfrac{(1.658\ 8-1.634)\times10^6}{0.962\times10^6}=0.025\ 78$

(2) 设堆芯热管的冷却剂流量为 m_h，则有：

$$m_h\cdot\Delta h_{max}=\int_{-L/2}^{L/2}q_{l,h}(z)\mathrm{d}z=\int_{-L/2}^{L/2}4\times10^4\cos\frac{\pi z}{L}\mathrm{d}z=4\times10^4\ \frac{3.6}{\pi}\sin\frac{\pi z}{3.6}\bigg|_{-1.8}^{1.8}$$
$$=9.167\times10^4\ \text{J/s}$$

所以，$m_h=\dfrac{9.167\times10^4}{0.363\ 8\times10^6}=0.252$ kg/s，

确定饱和沸腾开始点的位置 z_S：

$$m_h(h_f-h_{in})=\int_{-L/2}^{z_{sc}}4\times10^4\cos\frac{\pi z}{L}\mathrm{d}z$$

$$0.252\times(1.634-1.295)\times10^6=\frac{4\times10^4\times3.6}{\pi}\left(\sin\frac{\pi z_{sc}}{3.6}+1\right)$$

$$\sin\frac{\pi z_{sc}}{3.6}=0.863\ 75,\text{得 } z_s=1.195\ \text{m}$$

(3) $z=0.5$ m 位于饱和沸腾开始点的上游，因此

$$m_h c_{pf}(T_f-T_{f,in})=\int_{-L/2}^{0.5}4\times10^4\cos\frac{\pi z}{L}\mathrm{d}z=\frac{4\times10^4\times3.6}{\pi}\left(\sin\frac{0.5\pi}{3.6}+1\right)$$

$$0.252\times5.84\times10^3(T_f-292)=6.52\times10^4$$

解得：$T_f=336.3$ ℃

在 $z=0.5$ 处的线功率：$q_l(0.5)=4\times10^4\times\cos\dfrac{\pi\times0.5}{3.6}=3.625\times10^4$ W/m

根据 $q_l(0.5)=\pi d_{CS}h\Delta T_{fs}$

因此 $\Delta T_{fs}=\dfrac{q_l(0.5)}{\pi d_{CS}h}=\dfrac{3.625\times10^4}{\pi\times0.009\ 5\times4\times10^4}=30.4$ ℃

而按照泡核沸腾计算：$\Delta T_{fJ}=T_S-T_f+25\left(\dfrac{q_l}{\pi d_{CS}\times10^6}\right)^{0.25}e^{-p/6.2}=345-336.3$

$$+25\left(\frac{3.625\times 10^{4}}{\pi\times 0.0095\times 10^{6}}\right)^{0.25}e^{-15.5/6.2}=345-336.3+2.15$$
$$=10.85\ ℃$$

取 ΔT_{fs} 和 ΔT_{fJ} 中的最小者，所以 $T_{CS}=336.3+10.85=347.15$ ℃

6.5　子通道分析模型

6.5.1　子通道分析模型概述

单通道分析模型只孤立地计算一个通道(平均通道或热通道)，它不考虑与相邻通道冷却剂之间横向的质量、动量和能量的交换。用这种模型对反应堆进行热工分析虽然比较简单，但与开式栅格(无盒组件)的实际情况存在较大差别。虽然在单通道模型中引入了交混焓升工程热通道分因子来考虑相邻通道冷却剂间的相互交混对热通道的焓场的影响，但该分因子的确定(由实验测定或根据由实验整理出来的经验关系式计算)常带有不必要的保守性。况且，只用一个交混热通道分因子并不能反映堆芯内真实的热工流体过程。为了符合堆芯内实际的流动过程和提高堆芯热工水力计算的准确性，从 20 世纪 60 年代初期开始发展了更接近实际情况的子通道分析模型。按该模型分析堆芯时，不是只分析计算一个通道，而是分析计算堆芯内存在着的许多个互相联通、相互作用着的平行的小通道，即子通道，如图 6-3 所示。

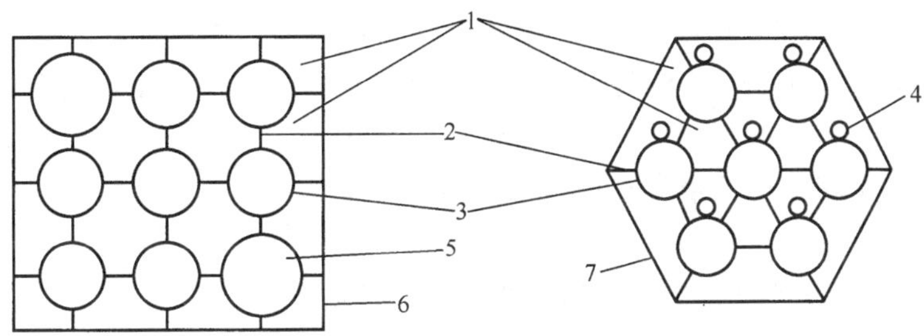

图 6-3　正方形和三角形栅格的子通道划分

1—子通道；2—子通道划分线；3—燃料元件棒；
4—绕丝；5—控制棒导向管；6—组件边框；7—元件盒

在相邻子通道之间，存在着冷却剂横向的质量、动量和能量的交换或转移，即交混。对全部子通道分别列出冷却剂的质量、能量和动量(包括轴向流动量和横向流动量)守恒方程，利用适当的边界条件或初始条件以及迭代计算程序求解守恒方程组，就能够计算出整个燃料组件内(包括许多个子通道)冷却剂的流量、横流、比焓(或温度)、密度(或含汽率)和压力等参量的分布。并和燃料元件棒导热模型相耦合可以计算出燃料元件的温度场。由这种方法算得的局部冷却剂压力、流量、含汽率和比焓用来确定局部临界热流密度(CHF)和临界热流密度比(CHFR)，再由局部的 CHFR 在堆芯或棒束内的分布找出最小的 CHFR 值和其位置，以评价反应堆的安全性。

6.5.2 冷却剂的交混

冷却剂在棒束燃料组件内的流动过程中，在相邻子通道之间，通过棒间间隙存在着流体质量、动量和能量的横向交换或转移，这种横向交换或转移过程称之为交混。由于冷却剂的横向交混，使各通道内冷却剂流量沿轴向将不断发生变化（在单通道模型中，通道内冷却剂的流量沿轴向是不变的）。另外，开式通道内的压力场和焓场也将与无交混的闭式通道内的压力场和焓场有所不同。冷却剂的交混造成如下效果：

1. 使各子通道内冷却剂的温度趋于均匀，从而使热通道内冷却剂的比焓和温度比无交混时有所降低；

2. 与之相应，燃料元件温度和包壳热点温度也会有所下降；

3. 在水堆中，提高临界热流密度和 CHFR。

所有这些都有利于提高反应堆的安全性和经济性。

冷却剂的交混是一种复杂而重要的过程，通常把它分成如下四种机理：

(1) 湍流交混

当流体作湍流运动时，由于流体微团作无定向的随机性湍动（流体速度脉动），而引起相邻子通道间质量的交换。伴此而造成流体动量和能量的交换或转移。在等质量湍流交混模型中（一维程序常用此模型），没有净的质量转移（即 $W'_{ij}=W'_{ji}$），只可能造成净的动量和能量的转移。在等体积湍流交混模型中（三维程序用此模型），有净的质量转移 W'_{t}。湍流交混属于自然交混类型。

(2) 横流交混

由相邻子通道之间的横向压差而引起的定向横流 W_{ij}，有净的质量转移，同时发生动量和能量的传输。横向压差可由组件进口段、通道几何尺寸的变化（如棒偏心、弯曲和通道截面积变化等）、热功率的差别、冷却剂局部沸腾以及流体性质的变化等造成的，它使沿轴向流动的流体产生一个横向流分量。它也属于自然交混类型。

(3) 流动扫掠

由绕丝、螺旋肋片或交混叶片等造成的附加定向强迫流动，它把部分流体连同它携带的动量和能量从一个子通道扫掠到相邻子通道中。这种交混有净的质量、动量和能量的转移，属于强迫交混类型。

(4) 流动散射

由定位格架、轴向或周向肋片以及端板等机械部件在流体中产生强迫扰动而造成的一种无定向交混，也无净的质量转移。它提高了流体的湍动水平，所以一般把它归并到湍流交混中。流动散射属于强迫交混。对于单相流，由湍流交混和流动散射造成的交混流量 W'_{ij} [kg/(m·s)]常表示成

$$W'_{ij} = \beta s\bar{G}_{ij} \tag{6-40}$$

式中：

β——湍流交混因子，对于有格架棒束，β 常取 0.01～0.02；

s——棒间隙，m；

$\bar{G}_{ij}$——两相邻棒之间的平均质量流密度，$\bar{G}_{ij}=(G_iA_i+G_jA_j)/(A_i+A_j)$。

6.5.3 子通道流体动力学方程

子通道分析的流体动力学方程主要分一维方程和三维方程两大类。CHAN—2、TORC和 COBRA 系列程序采用的是一维方程。这类程序较简单，计算速度快，但使用时有一定局限性。THINC—4 和 THERMIT—2 等程序采用三维方程。它们较复杂，但能够处理堆内存在的三维流动。下面对于单相流或均匀汽—液两相流以一维 COBRA—3C 程序为例给出其流体动力学方程(只列出一个子通道 i 的守恒方程)。

1. 质量守恒方程

$$A_i \frac{\partial \rho_i}{\partial t} + \frac{\partial m_i}{\partial z} = -\sum_{j=1}^{n_j} W_{ij} \tag{6-41}$$

式中：

A_i——子通道 i 的轴向流通截面积，m^2；

ρ_i——子通道 i 的流体密度，kg/m^3；

m_i——子通道 i 的轴向质量流量，kg/s；

W_{ij}——子通道 i 和相邻子通道 j 之间的横向流量，kg/(m·s)；

n_j——和子通道 i 直接相邻的子通道数目。

2. 能量守恒方程

$$A_i \frac{\partial}{\partial t}(\rho h)_i + \frac{\partial}{\partial z}(mh)_i = q_{L,i} - \sum_{j=1}^{n_j} \frac{s c_g k_f}{L_C}(T_i - T_j) + \frac{\partial}{\partial z}\left(A_i k_f \frac{\partial T_i}{\partial z}\right)$$

$$- \sum_{j=1}^{n_j}(W_{ij} h^*) - \sum_{j=1}^{n_j}(h_i - h_j) W'_{ij} \tag{6-42}$$

式中：

h——子通道 i 的流体比焓，J/kg；

$q_{L,i}$——子通道 i 周围的燃料棒传给子通道 i 流体的线功率，W/m；

T——子通道流体的温度，℃；

k_f——流体的热导率，W/(m·℃)；

L_C——相邻子通道的中心距离，m；

c_g——流体横向导热几何修正因子；

h^*——横向流携带的比焓，J/kg；

W'_{ij}——湍流横向流量，kg/(m·s)。

3. 轴向动量守恒方程

$$\frac{\partial m_i}{\partial t} + \frac{\partial}{\partial z}(mu)_i + \sum_{j=1}^{n_j}(W_{ij} u^*) = -A_i \frac{\partial p_i}{\partial z} - \frac{1}{2}\left[\left(\frac{f}{D_e} + \frac{\xi}{\Delta z}\right) mu\right]_i$$

$$- A_i g \rho_i \cos\theta - \sum_{j=1}^{n_j}(u_i - u_j) W'_{ij} \tag{6-43}$$

式中：

u——子通道流体的轴向速度，m/s；

u^*——横向流携带的轴向速度，m/s；

p_i——子通道 i 的流体压力，Pa；

f——流体的轴向摩擦因子；

D_e——子通道 i 的等效直径，m；

ξ——子通道 i 的形阻系数；

θ——子通道轴向与垂直方向的夹角，(°)。

4. 横向动量守恒方程

$$\frac{\partial W_{ij}}{\partial t}+\frac{\partial}{\partial z}(W_{ij}u^*)=\frac{s}{l}(p_i-p_j)-F_{ij} \tag{6-44}$$

式中：

$\frac{s}{l}$——横流几何参量，通常 $\frac{s}{l}=0.5$；

F_{ij}——横向流动引起的摩擦和形阻压力损失，Pa。

方程(6-44)是对子通道 i 的一个间隙而写的方程。

方程(6-41)到方程(6-44)就是对于一个子通道 i 而写的流体动力学方程。这些方程是子通道分析的数学模型，它们描述了子通道内流体的各种传输过程。对于单位轴向长度的一段子通道而言，质量、能量和轴向动量守恒方程中各项的意义如下：方程(6-41)中的第一项表示质量随时间的变化率，是由流体密度变化引起的。第二项是单位时间内轴向流出和流入的质量差。第三项是单位时间内通过该段子通道所有间隙面横向流出和流入质量的代数和，是由横流交混造成的。在方程(6-41)中没有出现湍流横向流量 W'_{ij} 是因为在等质量湍流交混模型中它不造成净的质量转移。方程(6-42)中的第一项是热焓随时间的变化率。第二项是单位时间内轴向流出和流入的热焓差。第三项是单位时间内从燃料棒表面传给子通道流体的热量。第四项代表相邻子通道之间流体的横向导热。第五项是子通道内流体的轴向导热。第六项是单位时间内通过该段子通道所有间隙由横向流带出和带入热焓的代数和。第七项是相邻子通道之间的湍流热交混，它是由流体的湍流横流 W'_{ij} 所造成的热量交换。方程(6-43)中的第一项表示轴向动量随时间的变化率。第二项是单位时间内轴向流出和流入的动量差。第三项是单位时间内通过所有间隙面由横向流带入和带出轴向动量的代数和，当横流由相邻子通道进入该子通道时，就把相邻通道的轴向动量带入该子通道。第四项是轴向压力梯度，表示该段子通道所受的外力。第五项是壁面摩擦和形阻压力梯度，同样为外力。第六项是重力造成的提升压力梯度，它是体积力。第七项是相邻子通道之间的湍流动量交换对该段子通道轴向动量的贡献。

对于间隙区而言，横向动量方程(6-44)等号左边两项分别表示横流的时间加速度和空间加速度压降。等号右边两项则表示相邻子通道之间的横向压差和横向阻力。

方程(6-41)到(6-44)中包含五个基本变量，即轴向质量流量 m、横向流量 W_{ij}、流体比焓 h(或温度 T)、流体压力 p 和流体密度 ρ(在汽—液两相流时，ρ 与含汽率 x 有关，而只有四个方程)。为了使方程组封闭，还必须补充一个状态方程：

$$\rho=f(h,p) \tag{6-45}$$

对于一个棒束燃料元件组件，假设有 N_S 个子通道和 N_G 个棒间隙，那么则可写出($4N_S+N_G$)个方程(即 N_S 个质量、N_S 个能量、N_S 个轴向动量、N_S 个状态方程和 N_G 个横向动量方程)，这些方程共有($4N_S+N_G$)个基本变量(即 N_S 个 p、m、h、ρ 和 N_G 个 W_{ij})，于是方程组可以进行求解。

6.6 核反应堆热工参量的选择

6.6.1 核动力反应堆热工参量的选择

对核电站动力反应堆而言，热工设计的要求就是在保证安全可靠的前提下尽可能提高其经济性。而经济性的要求最终体现在每千瓦小时（每度电）电能的成本上，电能成本越低越好。因此，反应堆热工设计要服从整个核电站设计的最优化，即达到整个电站在安全可靠前提下每度电成本最低这一总目标。下面将简要讨论电能成本的组成，堆热工参量和结构参量与电能成本间的关系，堆热工参量与二回路热工参量间的关系，热工参量的选择原则等问题。

核电站单位电能成本是由燃料费、设备折旧费和运行管理费这三方面组成，可以用下式表示

$$C_t = \frac{P_{th,t}C_f}{P_{e,t}} + \frac{C_d}{P_{e,t}} + \frac{C_m}{P_{e,t}} \quad \text{元} /(\text{kW} \cdot \text{h}) \tag{6-46}$$

式中：

C_t——单位电能成本，元/(kW·h)，即元/度电；

$P_{th,t}$——反应堆输出热功率，kW ；

C_f——反应堆每发出 1 kW·h 的输出热功率所消耗的燃料费，元/(kW·h)；

C_d——包括反应堆在内的一、二回路设备折旧费，元/h：

$$C_d = \frac{\text{设备投资(元)}}{\text{预计使用的总时数(h)}} \tag{6-47}$$

C_m——运行管理费，如运行维修费、工作人员工资和保健费等，元/h；

$P_{e,t}$——核电站有效电功率或净输出电功率，kW，可用下式表示

$$P_{e,t} = P_{th,t}\eta_R\eta_{SG}\eta_l\eta_{lT}\eta_M\eta_e - P_{pl} = P_e - P_{pl} \tag{6-48}$$

式中：

η_R——反应堆的热量利用率：

$$\eta_R = \frac{\text{反应堆释热量} - \text{散热损失量}}{\text{反应堆释热量}} \tag{6-49}$$

η_{SG}——蒸汽发生器的热量利用率：

$$\eta_{SG} = \frac{\text{冷却剂在蒸汽发生器中放出的热量} - \text{蒸汽发生器散热和排放的热量}}{\text{冷却剂在蒸汽发生器中放出的热量}} \tag{6-50}$$

η_l——汽轮机理想循环热效率；

η_{lT}——汽轮机的内效率；

η_M——汽轮机的机械效率；

η_e——发电机效率；

P_e——核电站生产的毛电功率，kW；

P_{pl}——核电站自耗功率，kW。

上述 η_R 和 η_{SG} 都与设备的热功率有关，但其数值变化不大。

η_{IT}、η_M 和 η_e 与设备容量和设计制造工艺水平等有关。功率确定后，它们的数值也就相应确定了。汽轮机理想循环热效率 η_l 除了与所选用的蒸汽循环类型(如给水回热或者蒸汽中间过热循环)有关外，主要取决于二回路系统的热工参量，例如二回路的蒸汽初压力、初温度和终压力等)。若蒸汽初参量改变较大，则 η_l 变化也较大，从而对单位电能成本的影响也就比较大。但是，二回路的热工参量与一回路的热工参量密切相关，二回路热工参量的提高是受一回路热工参量限制的。因此，反应堆热工参量的选择必须和整个核电站的参量选择联系在一起考虑。

运行管理费占电能总成本的相对份额相当小，且它随电站功率变化的改变量很小。所以电能成本主要由核燃料费和设备折旧费两项决定。

从以上讨论可以看到，在给定反应堆输出热功率 $P_{th,t}$ 的情况下，为了降低电能成本，就必须提高汽轮机理想循环热效率 η_l、降低核电站自耗功率 P_{pl} 和减少单位输出热功率所消耗的燃料费 C_f。同时，如果能够提高堆芯功率密度，则在堆芯热功率不变的情况下就可以减少堆芯尺寸，从而可以节省设备投资费用。此外，若能提高堆芯燃料的燃耗深度，则燃料费用也就可以减少。下面，分别讨论这几方面的问题。

1. 从提高动力循环热效率 η_l 来降低电能成本，可能的途径有：

(1) 提高一回路冷却剂的工作压力

压水堆一回路水的工作压力一定要高于反应堆出口水温度所对应的饱和压力，以便保证出口水处于过冷状态。因此若能提高工作压力，就可以提高堆出口水的温度，从而允许提高二回路蒸汽的压力和温度，这样就可以提高动力循环热效率 η_l。但是，出口水温度的提高，受到燃料元件包壳外表面腐蚀的限制。一回路冷却剂的工作压力的提高，又会使反应堆部件制造费用增加。此外，提高冷却剂温度还受到沸腾临界的限制。二回路蒸汽的初温度提的过高，也要求提高二回路设备材料的性能，从而增加了其设备费用。总而言之，一回路冷却剂的工作压力的提高，需要进行全面的考虑来确定。

(2) 提高反应堆冷却剂总流量

在反应堆热功率和出口冷却剂温度一定的情况下，提高堆冷却剂总流量可以使堆进口冷却剂温度提高，从而使堆芯冷却剂平均温度提高。当蒸汽发生器的传热面积一定时，这会使二回路蒸汽的初参量提高，从而使动力循环的热效率提高。但是，提高冷却剂流量，会增加主循环泵消耗的功率，从而使电站用电相应增加。此外，还会增加泵和一回路管道的制造费用。

(3) 适当选定堆冷却剂的工作温度

当反应堆功率一定时，冷却剂的压力和流量一经选定，堆芯进出口间的冷却剂温升也就随之而定。在堆进口温度、出口温度和平均温度这三个参量中，究竟先确定哪个值，这与电站控制运行的方案有关。如果控制对象是堆的冷却剂平均温度，则流量选定后冷却剂温升也就随之确定，与此同时，堆进口和出口的冷却剂温度也就随之分别确定了。堆芯冷却剂平均温度定得高，就可以提高动力循环蒸汽参量，从而可提高动力循环热效率。但是，提高堆芯冷却剂平均温度，会使堆芯出口冷却剂温度升高，因而反应堆工作压力也必须跟着提高。同时，堆芯冷却剂平均温度的提高，还会受到燃料元件包壳表面腐蚀的限制，也会使燃料元件表面临界热流密度降低。

2. 从提高堆芯的功率密度来降低电能成本

提高堆芯的功率密度，会使堆芯体积缩小，从而可降低堆芯和压力容器等设备的投资费用。但是，功率密度的提高，会增大燃料元件的最大热流密度，提高燃料元件的芯块的最高温度，从而影响燃料元件的燃耗深度。这会影响换料周期和燃料的投资费用。因此，对于堆芯功率密度的提高，需要权衡利弊，确定一个合理的数值。目前，大型压水动力堆的堆芯功率密度可高达 110 MW/m^3 左右。

3. 从增加核燃料的燃耗深度来降低电能成本

提高燃料的燃耗深度，可以充分利用燃料，减少燃料费用。目前，核电站压水堆的燃耗深度大约为 50 000 铀燃耗 MW·d/t。

4. 从减少核电站的厂用电来降低电能成本

主要是降低主循环泵耗电量。其措施是减小冷却剂体积流量和回路系统压降。

5. 从降低设备投资费用来降低电能成本

建造单堆大功率电站，降低安全设施的费用。

6.6.2 蒸汽发生器的工作条件，Q-T 图

反应堆系统的一回路与二回路是通过蒸汽发生器联系起来的，因此这两个回路的热工参量的选择必然要受到蒸汽发生器工作条件的限制。蒸汽发生器中的一次侧（即一回路冷却剂流过的一侧）的冷却剂与二次侧（即二回路工质流过的一侧）的工质之间的传热过程是：热量从一次侧流体传到一次侧管壁面的对流换热过程，由一次侧管壁面传到二次侧管壁面的热传导过程，和由二次侧管壁面传到二次侧流体的对流换热过程，如图 6-4 所示。

从一次侧到二次侧的传热量 Q 与一、二次侧温度 T 的关系示于图 6-5 中。图中 1-2 线表示一回路冷却剂的温度变化线，3-K-4 表示二回路工质的温度变化曲线。冷却剂由温度 $T_{f1,in}$ 进入蒸汽发生器，在那里把热量传给二次侧工质，温度逐渐降低，在蒸汽发生器出口处，温度降为 $T_{f1,out}$，而后又重新回到反应堆内。二回路工质先沿3-K线单相加热，给水温度

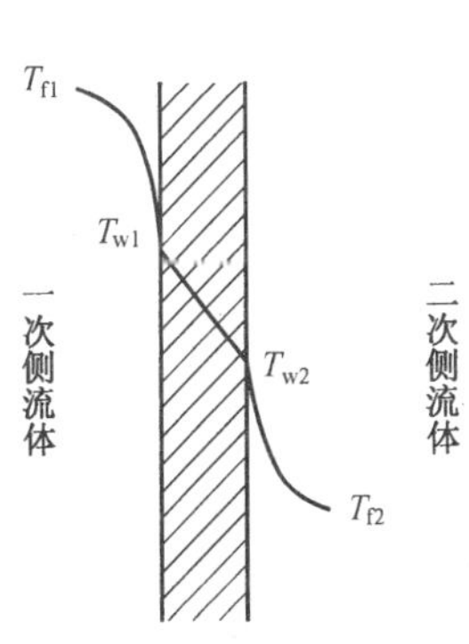

图 6-4　一次侧到二次侧的传热过程

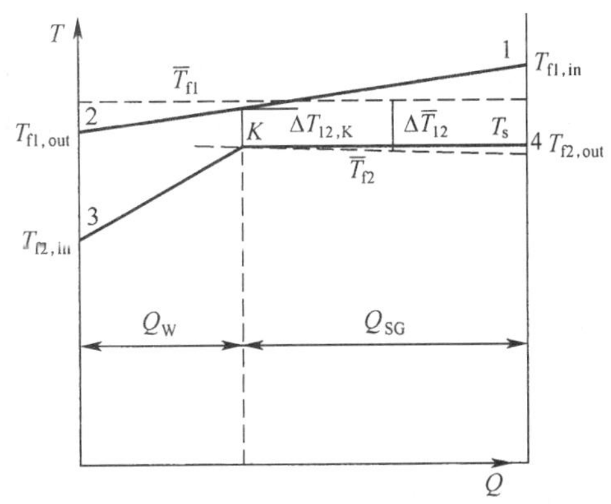

图 6-5　蒸汽发生器的 Q-T 图

$T_{f2,in}$逐渐上升，到达 K 点后，达到饱和温度 T_s并开始产生蒸汽，保持 T_S一直到二回路出口（$T_{f2,out}=T_S$）。图中 $\overline{T}_{f1}$为一次侧冷却剂平均温度，$\overline{T}_{f2}$为二次侧工质平均温度。由图 6-5 可见，冷却剂与工质温度变化时，两者的温差也随之变化，K 点的温差 $\Delta T_{12,K}$为整个蒸汽发生器中温差的最小值。根据热力学第二定律，只有当两侧流体之间的温差 $\Delta T_{12,K}>0$ 时，蒸汽发生器的热交换才能进行，这是蒸汽发生器中进行传热的工作条件。

6.6.3 核电站一回路和二回路热工参量间的关系与参量选择

下面主要讨论蒸汽发生器一次侧冷却剂与二次侧工质间的流量、温度和压力等的相互关系。

1. 冷却剂流量与工质流量间的关系可以通过热平衡方程式得到

$$m_1 c_p (T_{f1,in} - T_{f1,out}) = m_2 (h_{g,out} - h_{in}) \tag{6-51}$$

或者

$$m_1 (h_{1,in} - h_{1,out}) = m_2 (h_{g,out} - h_{in}) \tag{6-52}$$

式中：

m_1 和 m_2——分别为冷却剂和工质的总流量，kg/s；

c_p——冷却剂平均比定压热容，J/(kg·℃)；

$h_{1,in}$和 $h_{1,out}$——分别为冷却剂流进蒸汽发生器和流出蒸汽发生器的比焓，J/kg；

$h_{g,out}$和 h_{in}——分别为二次侧工质饱和蒸汽的比焓和工质给水的比焓，J/kg；

$T_{f1,in}$和 $T_{f1,out}$——分别为冷却剂流进蒸汽发生器和流出蒸汽发生器的温度，℃。

例如，某压水动力堆一回路的工作压力 $p=15.5$ MPa，冷却剂流进蒸汽发生器的温度 $T_{f1,in}=320$ ℃，流出蒸汽发生器的温度 $T_{f1,out}=290$ ℃，平均比定压热容 $c_p=5.5\times10^3$ J/(kg·℃)。蒸汽发生器二次侧工质的压力 $p_2=5.8$ MPa，在此压力下，饱和蒸汽的比焓 $h_{g,out}=2.786\times10^6$ J/kg，工质给水的比焓 $h_{in}=1.068\times10^6$ J/kg。则

$$m_1 5.5\times10^3\times(320-290) = m_2(2.786-1.068)\times10^6$$

得

$$\frac{m_1}{m_2} = 10.4$$

由此可见，产生 1 kg 的饱和蒸汽，就需要吸收 10.4 kg 的冷却剂自温度 320 ℃降至290 ℃所放出的热量。这主要是由于给水变成饱和蒸汽需要吸收大量的汽化潜热，而冷却剂则由 320 ℃降至 290 ℃并没有发生相变，放出的只有显热。因此一回路的冷却剂流量很大，从而主泵消耗的电也就很大。不同类型的核电站，其 m_1/m_2 值是不同的。

一次侧冷却剂与二次侧工质的流量大小还影响到蒸汽发生器的传热系数 K 的大小，蒸汽发生器的传热方程为

$$Q = KA_{SG}\Delta T_{12} \tag{6-53}$$

式中：

K——蒸汽发生器冷却剂与二次侧工质的总传热系数，W/(m^2·℃)；

A_{SG}——蒸汽发生器传热管的总传热面积，m^2；

ΔT_{12}——蒸汽发生器冷却剂与二次侧工质的平均温差，℃；

Q——蒸汽发生器中由冷却剂传给二次侧工质的热量，W。

总传热系数 K 由下式确定

$$K=\left(\frac{1}{h_1}+\frac{\delta}{k}+R_W+\frac{1}{h_2}\right)^{-1} \tag{6-54}$$

式中：

h_1——蒸汽发生器中一次侧冷却剂与传热管壁面之间的对流传热系数，W/(m^2·K)；

δ——蒸汽发生器传热管的壁厚，m；

k——蒸汽发生器传热管的材料的热导率，W/(m·K)；

R_W——二次侧传热管壁表面的污垢热阻，(m^2·K)/W；

h_2——蒸汽发生器中二次侧工质与传热管壁面之间的对流传热系数，W/(m^2·K)。

平均温差 ΔT_{12} 由下式计算

$$\Delta T_{12}=\overline{T}_{f1}-\overline{T}_{f2} \tag{6-55}$$

蒸汽发生器中 $\overline{T}_{12}$ 的大小与 $\Delta T_{12,K}$ 大小有关。若 $\Delta T_{12,K}$ 减小，则 ΔT_{12} 也减小。为了提高蒸汽动力循环的热效率，应使二次侧平均温度 $\overline{T}_{f2}$ 提高，在 $\overline{T}_{f1}$ 一定时，ΔT_{12} 就会减小。如果要使一定数量的热量 Q 能由一次侧传到二次侧，就必须增大传热面积 A_{SG} 和总传热系数 K。而增大传热面积 A_{SG} 会增加设备投资费用。在传热管材料选定后，热导率 k 也就定了。在传热管壁厚度 δ 一定的情况下，要增加总传热系数 K，就只有增大 h_1 和 h_2。而要增大 h_1 和 h_2，只有靠提高冷却剂和工质的流速。可是，提高冷却剂和工质的流速，会受到蒸汽发生器因为流体冲刷而引起的侵蚀、受激振动和冲击的限制。此外，还要受到泵耗功率的限制。

2. 冷却剂和工质温度及相应压力间的关系

(1) 提高二次侧工质的给水温度 $T_{f2,in}$

如图 6-6 所示，提高二次侧工质的给水温度 $T_{f2,in}$，在 $T_{f2,out}$（相应饱和压力 p_s）不变的情况下，可提高二次侧工质的平均温度 $\overline{T}_{f2}$，从而可提高动力循环的热效率。但是，如果保持 $\Delta T_{12,K}$ 不变（即 $\Delta T'_{12,K}=\Delta T_{12,K}$），则当给水温度 $T_{f2,in}$ 上升时，$T_{f2,out}$ 必须下降，而 $T_{f2,out}$ 对热效率的影响较 $T_{f2,in}$ 要大，所以动力循环效率反而降低。由此可见，给水温度 $T_{f2,in}$ 不能任意提高。

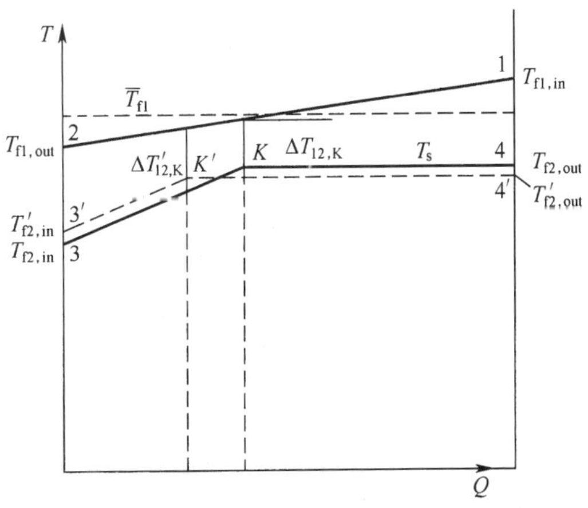

图 6-6　提高 $T_{f2,in}$ 时蒸汽发生器 Q-T 图

(2) 提高一次侧冷却剂热工参量

要想在保持 $\Delta T_{12,K}$不变的条件下来提高 $T_{f2,out}$或 $T_{f2,in}$，就必须提高一次侧冷却剂的温度 $T_{f1,out}$和 $T_{f1,in}$。可是提高 $T_{f1,in}$会受到燃料元件包壳加速腐蚀的限制，还要提高一次侧工作压力，这将受到多方面的限制。因而，只能提高 $T_{f1,out}$，但是提高 $T_{f1,out}$会使堆内冷却剂温升($T_{f1,in}-T_{f1,out}$)变小[由图 6-6 可以看到，($T_{f1,in}-T_{f1,out}$)变化较平坦]。如果维持反应堆总热功率不变，就要求增加冷却剂流量。

3. 选择合适的二次侧工质的平均温度

选择合适的二次侧工质的平均温度比较复杂，既要求符合有较大的总电功率，又必须有较高的汽轮机循环热效率。一般在这两种要求中进行折中，取一合适的中间数值。

复习题

1. 压水堆主要热工设计准则有哪些？
2. 给出 CHFR 或 DNBR 的定义。
3. 假定压水堆燃料元件释热率沿轴向呈余弦函数分布，试画出堆芯热通道的 $q_{DNBR}(z)$和DNBR(z)沿冷却剂流动方向的大致分布，并标出最小DNBR的轴向位置。
4. 堆芯冷却剂出口温度的取值应该考虑哪三个因素？
5. 热流密度核热通道因子 F_q^N 的定义是什么？
6. 热流密度工程热点因子 F_q^E 的定义是什么？
7. 焓升核热通道因子 $F_{\Delta h}^N$的定义是什么？
8. 焓升工程热通道因子 $F_{\Delta h}^E$的定义是什么？
9. 热流密度热点因子 F_q 的定义是什么？
10. 焓升热通道因子 $F_{\Delta h}$的定义是什么？
11. 同时考虑了核和工程两方面因素后，热通道和热点的定义是什么？
12. 影响热流密度工程热点因子的主要因素有哪些？
13. 影响焓升工程热通道因子的主要因素有哪些？
14. 反应堆热工设计的单通道模型和子通道模型的根本区别是什么？
15. 堆芯旁通流量包括哪几部分？
16. 对于压水堆而言，冷却剂交混造成的效果主要有哪些？
17. 冷却剂交混的四种机理是什么？哪两种机理有净的质量转移？哪两种机理不造成净的质量转移？
18. 压水堆棒状燃料元件某点处的燃料芯块的体积释热率 $q_{v,f}=7.4\times10^8$ W/m^3，该点对应的冷却剂温度 $T_f=304$ ℃，包壳外表面对流放热系数 $h=4.5\times10^4$ W/(m^2·℃)。已知燃料芯块的直径 $d_U=8.4$ mm，包壳外径 $d_{CS}=9.6$ mm。假定包壳内无内热源，并且只考虑元件径向导热。试求在稳态工况下，该点处包壳外表面温度 $T_C=$？

19. 某压水堆棒状燃料元件平均线功率 $q_l=17.8\ \mathrm{kW/m}$，热流密度核热通道因子 $F_q^N=2.4$，热流密度工程热点因子 $F_q^E=1.04$，燃料元件包壳外径 $d_C=9.6\ \mathrm{mm}$，燃料芯块直径 $d_U=8.4\ \mathrm{mm}$，试求堆芯热点处最大热流密度 $q_{h,max}$ 和最大燃料芯块体积释热率 $q_{v,max}$。
20. 何谓核电站的毛效率？
21. 何谓核电站的净效率？
22. 如果蒸汽发生器的蒸汽比焓是 h_g，给水比焓是 $h_{l,in}$，排污水的比焓是 h_f，给水流量是 $m_{l,in}$，蒸汽流量 m_g，求此时的蒸发器传热功率（忽略散热）。

附　录

附录Ⅰ　包壳和某些结构材料的热物性

材料	密度 ρ/kg/m³	熔点/℃	比定压热容 c_p/[J/(kg·℃)]	热导率 k/[W/(m·℃)]	热膨胀系数 α/[10^{-6}/℃]
			303.54(93 ℃)	11.80(38 ℃)	
			319.87(204 ℃)	11.92(93 ℃)	8.32(25～800 ℃)
锆-2	6.57×10^{3}	1 849	330.33(316 ℃)	12.31(204 ℃)	轧制方向
	(室温)		339.13(427 ℃)	12.76(316 ℃)	12.33(25～800 ℃)
			347.92(538 ℃)	13.22(427 ℃)	横向
			375.13(649 ℃)	13.45(482 ℃)	
				14.88(38 ℃)	16.29(20～38 ℃)
				15.58(93 ℃)	16.65(20～93℃)
347	8.03×10^{3}	1 399～1 427	502.42	16.96(204 ℃)	17.19(20～204 ℃)
不锈钢	(室温)		(0～100 ℃)	18.35(316 ℃)	17.64(20～316 ℃)
				19.90(427 ℃)	18.00(20～427 ℃)
				21.46(538 ℃)	18.45(20～538 ℃)
			460.55(21 ℃)	14.65(21 ℃)	13.4(20～100 ℃)
			460.55(93 ℃)	15.91(93 ℃)	13.8(20～200 ℃)
			502.42(240 ℃)	17.58(204 ℃)	14.1(20～300 ℃)
因科镍	8.42×10^{3}		502.42(316 ℃)	19.26(316 ℃)	14.5(20～400 ℃)
600			544.28(427 ℃)	20.93(421 ℃)	14.9(20～500 ℃)
			544.28(538 ℃)	22.61(538 ℃)	15.3(20～600 ℃)
			586.15(649 ℃)	24.70(649 ℃)	15.7(20～700 ℃)
			628.02(760 ℃)	26.80(760 ℃)	16.1(20～899 ℃)
			628.02(871 ℃)	28.89(871 ℃)	16.5(20～900 ℃)
			410.31(60 ℃)	12(149 ℃)	12.6(100～400 ℃)
			456.36(300 ℃)	14(302 ℃)	15.12(400～600 ℃)
哈斯特	8.95×10^{3}		481.48(538 ℃)	16(441 ℃)	17.82(600～1000℃)
洛依			577.78(700 ℃)	18(529 ℃)	15.48(100～1 000 ℃)
				20(629 ℃)	
				24(802 ℃)	

附录Ⅱ 饱和水和饱和水蒸气的某些热物性

温度 T/℃，压力 p/MPa，比容 v/(m^3/kg)，比焓 h/(kJ/kg)，动力黏度 μ/(Pa·s)，热导率 k/[W/(m·℃)]，比定压热容 c_p/[kJ/(kg·℃)]，表面张力 σ/(N/m)，普朗特数 Pr，汽化潜热 h_{fg}/(kJ/kg)

(1) 饱和水的热物性

T	p	v	h	$\mu\times10^4$	k	c_p	$\sigma\times10^3$	Pr
0.01	0.000 611	0.001 000 2	0.00	17.920 0	0.565	4.212	75.64	13.37
10	0.001 227	0.001 000 3	41.99	13.054 6	0.584	4.193	74.23	9.373
50	0.012 335	0.001 012 1	209.26	5.471 1	0.642	4.181	67.94	3.563
100	0.101 33	0.001 043 7	419.06	2.818 7	0.679	4.216	58.91	1.750
110	0.143 27	0.001 051 9	461.32	2.555 2	0.681	4.229	56.96	1.587
120	0.198 54	0.001 060 6	503.72	2.329 5	0.685	4.245	54.96	1.444
130	0.270 13	0.001 070 0	546.31	2.136 1	0.686	4.263	52.93	1.327
140	0.361 4	0.001 080 1	589.10	1.970 0	0.686	4.285	50.85	1.231
150	0.476 0	0.001 090 8	632.15	1.826 9	0.686	4.310	48.74	1.148
160	0.618 1	0.001 102 2	675.47	1.703 2	0.682	4.339	46.58	1.084
170	0.792 0	0.001 114 5	719.12	1.595 7	0.678	4.371	44.40	1.029
180	1.002 7	0.001 127 5	763.12	1.501 7	0.674	4.408	42.19	0.982
190	1.255 1	0.001 141 5	807.52	1.418 7	0.670	4.449	39.95	0.942
200	1.554 9	0.001 156 5	852.37	1.345 0	0.664	4.497	37.69	0.911
210	1.907 7	0.001 172 6	897.74	1.278 8	0.654	4.551	35.41	0.89
220	2.319 8	0.001 190 0	943.67	1.218 7	0.643	4.613	33.10	0.874
230	2.797 6	0.001 208 7	990.26	1.163 7	0.632	4.685	30.77	0.863
240	3.347 8	0.001 229 1	1 037.6	1.112 7	0.626	4.769	28.42	0.848
250	3.977 6	0.001 251 3	1 085.8	1.065 0	0.615	4.867	26.06	0.843
260	4.694 3	0.001 275 6	1 134.9	1.019 9	0.602	4.983	23.67	0.844
270	5.505 8	0.001 302 5	1 185.2	0.976 9	0.590	5.122	21.30	0.848
280	6.420 2	0.001 332 4	1 236.8	0.935 5	0.577	5.290	18.94	0.858
290	7.446 1	0.001 365 9	1 290.0	0.895 5	0.564	5.499	16.61	0.873
300	8.592 7	0.001 404 1	1 345.0	0.856 4	0.547	5.762	14.30	0.902
310	9.870 0	0.001 448 0	1 402.4	0.817 8	0.532	6.104	12.04	0.938
320	11.289	0.001 499 5	1 462.6	0.779 4	0.512	6.565	9.81	0.999
330	12.863	0.001 561 5	1 526.5	0.740 0	0.485	7.219	7.66	1.102
340	14.605	0.001 638 7	1 595.5	0.698 2	0.455	8.233	5.59	1.283
350	16.535	0.001 741 1	1 671.9	0.651 6	0.447	10.11	3.65	1.474
360	18.675	0.001 895 9	1 764.2	0.597 2	0.426	14.58	1.90	2.049
370	21.054	0.002 213 6	1 890.2	0.521 6	0.418	43.17	0.45	5.387
374	22.081	0.002 840 7	2 046.3	0.435 7	0.793		0.00	138.4
374.1	22.12	0.003 17	2 107.4	0.406 0	0.914	∞	0.00	∞

(2) 饱和水蒸气的热物性

T	p	v	h	$\mu\times10^6$	k	c_p	h_{fg}	Pr
0.01	0.000 611	206.2	2 501.6	8.84	0.016 7		2 501.6	0.981 6
10	0.001 227	106.4	2 519.9	9.17	0.017 4	1.860	2 477.9	0.981 2
50	0.012 335	12.05	2 592.2	10.51	0.020 4	1.899	2 382.9	0.978 4
100	0.101 33	1.673	2 676.0	12.37	0.025 0	2.028	2 256.9	1.003
110	0.143 27	1.210	2 691.3	12.71	0.025 7	2.070	2 230.0	1.024
120	0.198 54	0.891 5	2 706.0	13.04	0.026 8	2.120	2 202.3	1.032
130	0.270 13	0.668 1	2 719.9	13.37	0.028 7	2.176	2 173.6	1.014
140	0.361 4	0.508 5	2 733.1	13.69	0.029 7	2.241	2 144.0	1.033
150	0.476 0	0.392 4	2 745.4	14.02	0.031 0	2.314	2 113.3	1.047
160	0.618 1	0.306 8	2 756.7	14.35	0.031 9	2.398	2 081.2	1.079
170	0.792 0	0.242 6	2 767.1	14.69	0.033 6	2.491	2 048.0	1.089
180	1.002 7	0.193 8	2 776.3	15.03	0.035 2	2.596	2 013.2	1.109
190	1.255 1	0.156 3	2 784.8	15.38	0.037 2	2.713	1 977.3	1.122
200	1.554 9	0.127 2	2 790.9	15.74	0.038 8	2.843	1 938.5	1.153
210	1.907 7	0.104 2	2 796.2	16.10	0.040 5	2.988	1 898.5	1.188
220	2.319 8	0.086 04	2 799.9	16.46	0.043 2	3.150	1 856.2	1.200
230	2.797 6	0.071 45	2 802.0	16.83	0.045 3	3.331	1 811.7	1.238
240	3.347 8	0.059 65	2 802.2	17.20	0.047 9	3.536	1 746.6	1.270
250	3.977 6	0.050 04	2 800.4	17.57	0.051 0	3.772	1 714.6	1.299
260	4.694 3	0.042 13	2 796.4	17.94	0.054 2	4.047	1 661.5	1.340
270	5.505 8	0.035 59	2 789.9	18.31	0.057 7	4.373	1 604.7	1.388
280	6.420 2	0.030 13	2 780.4	18.69	0.061 3	4.767	1 543.6	1.453
290	7.446 1	0.025 54	2 767.6	19.09	0.067 3	5.253	1 477.6	1.490
300	8.592 7	0.021 65	2 751.0	19.53	0.073 2	5.863	1 406.0	1.564
310	9.870 0	0.018 33	2 730.0	20.03	0.079 8	6.650	1 327.6	1.669
320	11.289	0.015 48	2 703.7	20.64	0.088 3	7.722	1 241.1	1.805
330	12.863	0.012 99	2 670.2	21.40	0.099 1	9.361	1 143.7	2.021
340	14.605	0.010 78	2 626.2	22.39	0.116 7	12.21	1 030.7	2.343
350	16.535	0.008 799	2 567.7	23.73	0.138 0	17.15	895.8	2.949
360	18.675	0.006 940	2 485.4	25.68	0.174 0	25.12	721.2	3.707
370	21.054	0.004 973	2 342.8	29.72	0.293 0	76.92	452.6	7.802
374	22.081	0.003 458	2 155.0	38.35	0.791 0		108.7	212.77
374.1	22.12	0.003 17	2 107.4	40.60	0.914 0	∞	0.000	∞

附录Ⅲ 水和水蒸气在不同温度和不同压力下的物性

(1) 比容 $v/(m^3/kg)$

温度	压力/ MPa					
℃	0.1	4	8	12	15	17
0	0.001 000 2	0.000 998 2	0.000 996 2	0.000 994 3	0.000 992 8	0.000 991 9
10	0.001 000 2	0.000 998 4	0.000 996 5	0.000 994 7	0.000 993 3	0.000 992 4
20	0.001 001 7	0.000 999 9	0.000 998 1	0.000 996 3	0.000 995 0	0.000 994 2
30	0.001 004 3	0.001 002 5	0.001 000 8	0.000 999 0	0.000 997 7	0.000 996 9
40	0.001 007 8	0.001 006 0	0.001 004 3	0.001 002 6	0.001 001 3	0.001 000 4
50	0.001 012 1	0.001 010 3	0.001 008 6	0.001 005 8	0.001 005 5	0.001 004 7
60	0.001 017 1	0.001 015 3	0.001 013 5	0.001 011 8	0.001 010 5	0.001 009 6
70	0.001 022 8	0.001 021 0	0.001 019 2	0.001 017 4	0.001 016 0	0.001 015 1
80	0.001 029 2	0.001 027 3	0.001 025 4	0.001 023 5	0.001 022 1	0.001 021 2
90	0.001 036 1	0.001 034 2	0.001 032 2	0.001 030 3	0.001 028 9	0.001 027 9
100	1.696	0.001 041 7	0.001 039 6	0.001 037 6	0.001 036 1	0.001 035 1
110	1.744	0.001 049 8	0.001 047 6	0.001 045 5	0.001 043 9	0.001 042 9
120	1.793	0.001 058 4	0.001 056 2	0.001 054 0	0.001 052 3	0.001 051 3
130	1.841	0.001 067 7	0.001 065 4	0.001 063 0	0.001 061 3	0.001 060 2
140	1.889	0.001 077 7	0.001 075 2	0.001 072 7	0.001 070 9	0.001 069 7
150	1.938	0.001 088 3	0.001 085 6	0.001 083 0	0.001 081 1	0.001 079 8
160	1.984	0.001 099 7	0.001 096 8	0.001 094 0	0.001 091 9	0.001 090 6
170	2.031	0.001 111 9	0.001 108 8	0.001 105 8	0.001 103 5	0.001 102 1
180	2.078	0.001 124 9	0.001 121 6	0.001 118 3	0.001 115 9	0.001 114 3
190	2.125	0.001 138 9	0.001 135 3	0.001 131 7	0.001 129 1	0.001 127 4
200	2.172	0.001 154 0	0.001 150 0	0.001 146 1	0.001 143 3	0.001 141 4
210	2.219	0.001 170 2	0.001 165 8	0.001 161 5	0.001 158 4	0.001 156 4
220	2.266	0.001 187 8	0.001 182 9	0.001 178 2	0.001 174 8	0.001 172 5
230	2.313	0.001 207 0	0.001 201 5	0.001 196 2	0.001 192 4	0.001 189 9
240	2.359	0.001 228 0	0.001 221 8	0.001 215 8	0.001 211 5	0.001 208 8
250	2.406	0.001 251 2	0.001 244 1	0.001 237 3	0.001 232 4	0.001 229 3
260	2.453	0.051 72	0.001 268 7	0.001 260 9	0.001 255 3	0.001 251 7
270	2.499	0.053 63	0.001 296 4	0.001 287 2	0.001 280 7	0.001 276 5
280	2.546	0.055 44	0.001 327 7	0.001 316 7	0.001 309 0	0.001 304 1
290	2.592	0.057 17	0.001 363 9	0.001 350 4	0.001 341 1	0.001 335 2
300	2.639	0.058 83	0.024 26	0.001 389 5	0.001 377 9	0.001 370 7
310	2.685	0.060 44	0.025 60	0.001 436 2	0.001 421 2	0.001 4121
320	2.732	0.062 00	0.026 81	0.001 494 1	0.001 473 6	0.001 461 5
330	2.778	0.063 51	0.027 92	0.015 02	0.001 540 2	0.001 522 9
340	2.824	0.064 99	0.028 98	0.016 19	0.001 632 4	0.001 604 2
350	2.871	0.066 45	0.029 95	0.017 21	0.011 46	0.001 728 3
360	2.917	0.067 87	0.030 88	0.018 11	0.012 56	0.009 584
370	2.964	0.069 27	0.031 78	0.018 93	0.013 48	0.010 69

(2) 比焓 $h/(kJ/kg)$

温度 ℃	压力/ MPa								
	0.1	2	4	6	8	10	12	14	16
0	0.1	2.0	4.0	6.1	8.1	10.1	12.1	14.1	16.1
10	42.1	43.9	45.9	47.8	49.8	51.7	53.6	55.6	57.5
20	84	85.7	87.6	89.5	91.4	93.2	95.1	97.0	98.8
30	125.8	127.5	129.3	131.1	132.9	134.7	136.6	138.4	140.2
40	167.5	169.2	171.0	172.7	174.5	176.3	178.0	179.8	181.6
50	209.3	211.0	212.7	214.4	216.1	217.8	219.8	221.3	223.0
60	251.2	252.7	254.4	256.1	257.8	259.4	261.1	262.8	264.5
70	293.0	294.6	296.2	297.8	299.5	301.1	302.7	304.4	306.0
80	335.0	336.5	338.1	339.6	341.2	342.8	344.4	346.0	347.6
90	377.0	378.4	380.0	381.5	383.1	384.6	386.2	387.7	389.3
100	2 676.2	420.5	422.0	423.5	425.0	426.5	423.0	429.5	431.0
110	2 696.4	462.7	464.1	465.6	467.0	468.5	470.0	471.4	472.0
120	2 716.5	505.0	506.4	507.8	509.2	510.6	512.1	513.5	514.9
130	2 736.5	547.6	548.6	550.2	551.6	553.9	554.3	555.7	557.0
140	2 756.4	590.2	591.5	592.8	594.1	595.4	596.7	598.0	599.4
150	2 776.3	633.1	634.3	635.6	636.8	638.1	639.4	640.6	541.9
160	2 796.2	676.3	677.5	678.8	679.8	681.0	682.2	683.4	684.6
170	2 816.0	719.8	720.9	722.0	723.1	724.2	725.4	726.5	727.7
180	2 835.8	763.6	764.6	765.7	766.7	767.8	768.8	769.9	771.0
190	2 855.6	807.9	808.8	809.7	810.7	811.6	812.6	813.6	814.6
200	2 875.4	852.6	853.4	854.2	855.1	855.9	856.8	857.7	858.6
210	2 895.2	897.8	898.5	899.2	899.9	900.7	901.4	902.2	903.0
220	2 915.0	2 819.9	944.1	944.7	945.3	945.9	946.6	947.2	947.9
230	2 934.8	2 848.4	990.5	990.9	991.3	991.8	992.5	992.8	995.4
240	2 954.6	2 875.9	1 037.7	1 037.9	1 038.1	1 038.4	1 038.7	1 039.1	1 039.4
250	2 974.5	2 902.4	1 085.8	1 085.8	1 085.8	1 085.8	1 085.9	1 086.1	1 086.3
260	2 994.4	2 926.1	2 835.6	1 134.7	1 134.5	1 134.2	1 124.1	1 134.0	1 133.9
270	3 014.4	2 953.1	2 869.8	1 185.1	1 184.4	1183.9	1 185.4	1 185.0	1 182.6
280	3 034.4	2 977.5	2 902.0	2 804.9	1 236.0	1 235.0	1 234.1	1 233.3	1 232.6
290	3 054.4	3 001.5	2 932.7	2 846.7	1 289.5	1 287.9	1 288.5	1 285.2	1 284.0
300	3 074.5	3 025.0	2 952.0	2 885.0	2 786.8	1 343.4	1 341.2	1 339.2	1 337.4
310	3 094.6	3 046.2	2 990.2	2 920.7	2 835.2	1 402.2	1 398.8	1 395.9	1 395.2
320	3 114.6	3 071.2	3 017.5	2 954.2	2 878.7	2 783.5	1 460.8	1 456.3	1 452.4
330	3 135.0	3 093.8	3 044.0	2 988.1	2 918.4	2 836.5	2 730.2	1 522.6	1 518.4
340	3 155.3	3 116.3	3 069.5	3 016.5	2 955.3	2 883.4	2 794.7	2 675.7	1 588.3
350	3 175.6	3 138.6	3 095.1	3 045.8	2 989.0	2 925.8	2 849.7	2 754.2	2 620.8
360	3 196.0	3 160.8	3 119.9	3 074.0	3 022.7	2 954.8	2 898.1	2 818.1	2 716.5
370	3 216.5	3 182.9	3 144.3	3 101.5	3 054.0	3 001.3	2 941.8	2 873.0	2 789.9

(3) 动力黏度 $\mu \times 10^6/(Pa \cdot s)$

温度 ℃	压力/MPa										
	0.1	0.5	1	2.5	5	7.5	10	12.5	15	17.5	20
0	1 791	1 790	1 789	1 786	1 780	1 774	1 768	1 762	1 756	1 750	1 744
25	890.9	891.2	891.1	890.8	890.3	889.8	889.4	889.1	888.7	888.5	888.2
50	547.1	546.7	546.8	547.1	547.7	548.3	548.7	649.1	649.5	650.0	650.4
75	377.3	378.0	378.2	378.5	379.2	379.8	380.4	381.0	381.6	382.3	382.0
100	12.42	281.7	281.9	282.3	283.1	283.8	284.7	285.8	286.0	286.7	287.4
150	14.20	182.3	182.4	182.8	183.4	184.1	184.7	185.3	186.0	186.6	187.3
200	16.20	16.05	15.92	134.6	135.2	135.9	136.4	137.0	137.6	138.2	138.8
250	18.30	18.15	18.09	17.85	106.5	107.2	107.8	108.5	109.1	109.8	110.4
300	20.36	20.25	20.21	20.07	19.88	19.75	87.1	88.0	89.0	89.1	90.6
350	22.43	22.32	22.29	22.22	22.15	22.12	22.16	22.35	22.82	67.3	69.5
400	24.47	24.44	24.43	24.41	24.42	24.46	24.52	24.69	24.98	25.37	25.86
450	26.50	26.53	26.53	26.54	26.60	26.68	26.76	26.91	27.13	27.42	27.80
500	28.62	28.64	28.65	28.66	28.72	28.81	28.95	29.08	29.30	29.40	29.82
550	30.55	30.67	30.68	30.72	30.82	30.94	31.08	31.19	31.44	31.70	31.95
600	32.55	32.77	32.79	32.84	32.77	32.87	33.02	33.2	33.4	33.7	33.9
650	34.60	34.7	34.8	34.8	34.9	34.9	35.1	35.2	35.5	35.7	35.9

(4) 热导率 $k \times 10^3/[W/(m \cdot ℃)]$

温度 ℃	压力/MPa										
	0.1	0.5	1	2.5	5	7.5	10	12.5	15	17.5	20
0	563.0	563.4	563.7	565.6	567.0	570.0	570.9	571.3	572.7	572.7	573.8
25	610.0	610.5	610.8	611.1	612.5	613.3	614.8	616.3	616.5	618.1	619.1
50	643.2	643.2	643.3	643.7	645.2	646.6	648.4	649.1	650.4	651.4	652.0
75	664.0	664.3	665.5	666.2	667.2	668.8	669.3	672.5	672.9	674.3	675.6
100	25.0	680.3	680.9	682.4	683.4	684.7	686.2	687.4	689.3	690.6	691.1
150	28.9	687.6	687.7	690.3	691.2	694.1	695.1	697.2	699.7	700.9	703.2
200	33.3	34.1	35.0	668.5	671.4	673.0	674.8	675.0	680.0	682.3	683.7
250	36.1	38.7	39.5	43.6	625.0	628.5	631.9	634.0	638.3	639.1	640.0
300	43.3	43.7	44.3	45.5	52.7	63.6	657.4	661.6	665.3	570.5	575.5
350	49.0	49.1	49.5	50.9	54.1	59.5	68.2	81.2	112.3	402.5	465.0
400	54.9	55.5	56.0	56.9	58.6	62.7	66.9	72.4	79.9	90.0	104.9
450	60.6	61.4	61.7	62.6	64.0	66.7	69.4	74.1	78.4	84.0	90.3
500	67.1	67.7	68.0	68.7	69.3	73.3	75.6	79.4	82.4	85.7	91.6
550	73.1	74.0	74.3	75.1	75.4	80.0	82.5	85.0	87.5	90.2	94.9
600	79.9	80.5	81.0	81.5	81.6	87.3	89.4	90.7	93.4	96.2	98.6
650	86.4	87.2	87.7	88.6	91.4	96.4	97.5	97.9	100.3	102.5	105.5

(5) 比定压热容 c_p/[kJ/(kg・℃)]

温度 ℃	压力/ MPa										
	0.1	0.5	1	2.5	5	7.5	10	12.5	15	17.5	20
0	4.217	4.215	4.212	4.204	4.191	4.178	4.165	4.153	4.141	4.129	4.117
50	4.181	4.180	4.179	4.175	4.170	4.164	4.158	4.153	4.148	4.142	4.137
100	2.026	4.215	4.214	4.210	4.205	4.199	4.194	4.189	4.183	4.178	4.173
120	2.005	4.244	4.243	4.239	4.233	4.227	4.221	4.215	4.209	4.204	4.198
140	1.991	4.285	4.283	4.279	4.272	4.265	4.258	4.251	4.245	4.233	4.232
150	1.986	4.310	4.308	4.304	4.293	4.288	4.281	4.273	4.266	4.259	4.252
160	1.983	2.291	4.337	4.332	4.323	4.315	4.307	4.299	4.291	4.283	4.276
180	1.979	2.216	2.593	4.401	4.390	4.380	4.369	4.359	4.350	4.310	4.331
200	1.979	2.181	2.446	4.491	4.477	4.463	4.450	4.437	4.425	4.413	4.401
220	1.982	2.123	2.340	4.612	4.592	4.574	4.556	4.539	4.522	4.507	4.491
240	1.986	2.097	2.263	2.966	4.750	4.724	4.698	4.674	4.652	4.630	4.609
250	1.989	2.088	2.233	2.840	4.853	4.820	4.78	4.760	4.733	4.707	4.683
260	1.993	2.080	2.208	2.734	4.977	4.936	4.893	4.862	4.829	4.797	4.768
280	2.001	2.071	2.170	2.569	3.659	5.260	5.196	5.137	5.084	5.035	4.990
300	2.010	2.066	2.145	2.451	3.234	4.686	5.692	5.580	5.483	5.397	5.321
320	2.020	2.066	2.129	2.367	2.949	3.879	5.693	6.433	6.206	6.022	5.869
340	2.031	2.069	2.126	2.308	2.751	3.398	4.441	6.427	8.088	7.407	6.961
350	2.037	2.071	2.118	2.286	2.675	3.228	4.058	5.501	8.543	9.301	8.117
360	2.043	2.074	2.116	2.287	2.611	3.088	3.765	4.853	6.841	11.91	11.23
380	2.055	2.081	2.117	2.240	2.512	2.876	3.354	4.025	5.066	6.840	10.20
400	2.067	2.090	2.120	2.222	2.441	2.726	3.088	3.545	4.168	5.077	6.476

附录Ⅳ　弯管、接管和阀门的形阻因子

名称	形阻因子 ζ
弯管	见下表

弯管

R/D	0.5	1.0	1.5	2.0	3.0	4.0	5.0
ζ_{90°	1.20	0.8	0.60	0.48	0.36	0.30	0.29

$$\zeta_\alpha = a\zeta_{90^\circ}$$

α°	20	30	40	50	60	70	80	90	100	120	140	160	180
a	0.40	0.55	0.65	0.75	0.83	0.88	0.95	1.00	1.05	1.13	1.20	1.27	1.33

渐扩管

D_1	100	150	200	200	250	250	250	300	300	300	300	350	350
D_2	75	100	100	150	100	150	200	100	150	200	250	150	200
ζ	0.03	0.08	0.19	0.06	0.27	0.18	0.06	0.32	0.26	0.16	0.05	0.03	0.25
D_1	360	350	400	400	400	400	400	450	460	450	450	450	
D_2	250	300	150	200	250	300	350	200	250	300	350	400	
ζ	0.15	0.05	0.33	0.30	0.24	0.13	0.04	0.33	0.30	0.25	0.16	0.04	

注：ζ_{90°——90°弯管形阻因子；ζ_α——弯管角度为 α° 的形阻因子；

a——修正因子；D_1、D_2——接管粗端和细端的管径。

续表

名称	简图	形阻因子 ζ													
渐缩管		D_1	100	150	200	200	250	250	250	300	300	300	300	350	350
		D_2	75	100	100	150	100	150	200	100	150	200	250	150	200
		ξ	0.16	0.17	0.19	0.17	0.20	0.19	0.17	0.20	0.20	0.19	0.17	0.20	0.20
		D_1	360	350	400	400	400	400	400	450	450	450	450	450	
		D_2	250	300	150	200	250	300	350	200	250	300	350	400	
		ξ	0.19	0.17	0.21	0.20	0.20	0.19	0.17	0.21	0.20	0.20	0.19	0.17	
等径三通	直流	0.1													
	转弯流	1.5													
	分支流	1.5													

索 引

（本索引按汉语拼音排序，每个词条后面的数字，是它在本书中首次出现地方的页码）

B

C

D

F

G

H

J

K

L

M

N

P

Q

R

S

T

U

W

X

Y

Z

参考文献

[1] 于平安,等. 核反应堆热工分析. 北京:原子能出版社,1986.

[2] 杨福昌,郝老迷. 反应堆堆工流体力学. 核工业研究生院教材,1997.

[3] M. M. 埃尔—韦基尔,陈叔平等译. 核反应堆热工学. 北京:原子能出版社,1977.

[4] L S Tong, J Weisman. Thermal Analysis of Pressurized Water Reactors. American Nuclear Society,1979.

[5] J G Collier. Convective Boiling and Condensation. McGrawHill ,Inc,1972.

[6] A E Bergles, et al. Two-Phase Flow and Heat Transfer in the Power and Process Industries. New York: Hemisphere Publishing Corporation, 1981.

[7] 杨世铭,陶文铨. 传热学. 北京:高等教育出版社,1998.